Der
Dampfkessel-Betrieb.

Allgemeinverständlich dargestellt

von

E. Schlippe,
Königl. Gewerberath.

Mit zahlreichen in den Text gedruckten Abbildungen.

Dritte verbesserte und vermehrte Auflage.

Springer-Verlag
Berlin Heidelberg GmbH
1900

ISBN 978-3-662-38776-4 ISBN 978-3-662-39674-2 (eBook)
DOI 10.1007/978-3-662-39674-2

Softcover reprint of the hardcover 3rd edition 1900

Dem Andenken

des

Herrn Geheimen Rath Ed. Th. Böttcher,

weiland Direktor der Abtheilung für Ackerbau, Gewerbe und Handel
im Königl. Sächsischen Ministerium des Innern ꝛc.
Inhaber hoher Orden,

gewidmet.

Aus dem Vorwort zur ersten Auflage.

Die Fortschritte, welche in den letzten Jahrzehnten im Gebiete des Dampfkesselwesens gemacht worden sind, richteten ihr Augenmerk auf Dreierlei: Man suchte sich Dampfkesselanlagen zu verschaffen, welche die Erzeugung hochgespannter Dämpfe gestatten, hierbei eine weitgehende Sicherheit gegen Explosionsgefahren gewähren und endlich bei verhältnißmäßig reichlicher Dampferzeugung von der Heizkraft des Brennmateriales einen möglichst großen Theil nutzbar machen. Es darf wohl behauptet werden, daß in jeder dieser Richtungen von den Ingenieuren und Kesselfabriken ganz Bedeutendes geleistet worden ist, und die neueren Kesselanlagen auf einer sehr hohen Stufe der Vollkommenheit angelangt sind; ist es doch gelungen, bis zu 80 Prozent der im Brennmaterial aufgespeicherten Wärme zur Dampferzeugung nutzbar zu machen und die unvermeidlichen Wärmeverluste auf 20 Prozent herabzudrücken.

Die erstrebten Ziele voll zu erreichen, bedarf es indessen nicht ausschließlich des Scharfsinnes des Ingenieurs, welcher die Kesselanlage in allen Theilen zu schaffen hat; sollen insbesondere die Erfolge in der angedeuteten, möglichst besten Ausnutzung der Wärme gesicherte sein, so muß der Betrieb in geübte und sachverständige Hände gelegt werden, oder mit anderen Worten, die Anlage muß von einem tüchtigen, auf die Absichten des Ingenieurs eingehenden Heizer bedient werden. In dieser Beziehung mangelt es aber leider oft sehr, und hieran liegt es auch, daß so manche der neueren, eine gute Verbrennung ergebenden und die Bildung von Rauch und Ruß verhütenden Feuerungsanlagen an dem einen Orte zu den besten Resultaten führte, während sie am anderen Orte nicht aufkommen konnte und bald wieder verschwand; man hatte sie eben einem Heizer anvertraut, der sie nicht zu behandeln verstand. Allerdings blieb der Erfolg einer solchen Anlage auch manchmal aus dem einfachen Grunde aus, weil man von ihr Unmögliches verlangte.

Bis zu welchem Maße aber die Sparsamkeit des Betriebes von der Sachkenntniß und der Geschicklichkeit des Heizers abhängt, davon legen die Ergebnisse von sogenannten Wettheizversuchen recht beredtes Zeugniß ab.

Im Jahre 1885 nahm der um das Dampfkesselwesen hochverdiente, leider zu früh verstorbene Direktor Weinlig des Magdeburger Dampfkessel-Revisionsvereines eine Reihe derartiger Versuche mit 11 geübten Heizern vor; durch die Zusicherung von Geldprämien wurden die Heizer zu möglichst bester Leistung angespornt. Den Heizern war nun zwar ihre Arbeit durch einen zu groß angelegten Rost absichtlich erschwert worden; immerhin ist es aber doch recht wunderlich, daß der beste Heizer mit einem kg Steinkohle 6,89 kg Wasser in Dampf verwandelte, während es der schlechteste nur auf 4,00 kg brachte. . .

Weinlig sagt daher mit Recht*): „Wenn solche ungeheuere Unterschiede schon bei Wettheizversuchen entstehen, bei denen das Streben der Heizer, der erste zu sein und den Preis zu verdienen, aufs höchste angeregt ist, was mag dann in der großen Praxis vorkommen, wo Trägheit und Schlendrian die Bewartung leiten, und wo weder Besitzer noch Heizer wissen, was die Kesselanlage leisten könnte und müßte? Was hilft dem Ingenieur das Konstruiren und Erfinden guter Feuerungsanlagen, was hilft es ihm, wenn er die Fehler einer Anlage findet und die großen Mängel der Bewartung aufdeckt? Ohne Heizer, welche seine Absichten verstehen und befolgen können, bleibt eben Alles nur ein guter Rath. So gipfelt die ganze Sache in dem einen Hauptpunkte, daß die ordentliche Ausbildung von Dampfkesselheizern mit allen Mitteln erstrebt werden muß, wenn man die Erfolge der Verbesserung der Feuerungsanlagen genießen und die günstigste Ausnutzung der Kohle erzielen will. Bedenkt man,

*) Zeitschrift des Vereines deutscher Ingenieure 1886, Seite 124.

welcher Gewinn dadurch für den Kesselbesitzer, für das Nationalvermögen, und welcher Fortschritt für die Sicherheit des Betriebes erzielt wird, so sollte der Entschluß nicht schwer fallen können."

Das vorliegende Werk soll nun auch sein Scherflein zur Förderung der auf dieses Ziel gerichteten Bestrebungen beitragen; aber nicht nur dem Heizer, sondern auch dem Kesselbesitzer will es Belehrung und Auskunft über die Erfordernisse einer zweckmäßigen Dampfkesselanlage und die eines sachgemäßen Betriebes bieten.

Dem Inhalt des Buches liegt eine Reihe von Vorträgen, welche vom Verfasser mehrfach in einer der von dem Königlich Sächsischen Ministerium des Innern angeordneten Heizerschulen gehalten wurden, zu Grunde. Es behandelt zunächst die Vorgänge, welche sich bei der Verdampfung des Wassers, der Verbrennung des Brennmateriales und der Dampferzeugung durch Dampfkessel abspielen; im Sinne der Weinlig'schen Ausführungen ist aber den Verbrennungsvorgängen und der eigentlichen Kunst des sparsamen und möglichst rauchfreien Heizens eine größere Aufmerksamkeit zugewendet, und sind diese Dinge in ausführlicherer Weise besprochen worden, als dies in Büchern der gleichen Art bisher üblich war. . . .

Ein Augenmerk glaubte der Verfasser darauf richten zu müssen, den zu behandelnden Stoff in einer möglichst klaren, auch dem weniger Vorgebildeten verständlichen Weise zur Darstellung zu bringen; aus diesem Grunde ist auch jede mathematische Formel, als etwas dem größeren Theil der am Dampfkesselbetrieb Betheiligten Unverständlichbleibendes, vermieden worden. . .

Vorwort zur dritten Auflage.

Die Ueberzeugung, daß auch der Heizer ein gewisses Maß von Kenntnissen sich aneignen muß, damit er den Erwartungen, die in ihn gesetzt werden, gerecht zu werden vermag, bricht sich erfreulicherweise mehr und mehr Bahn. Auch der Heizer kann sich dieser Einsicht nicht verschließen; er ist redlich bemüht, das bisher Versäumte nachzuholen und die bestehenden Lücken seines Wissens auszufüllen. Einen Beweis hierfür liefert die Thatsache, daß die von der Königlichen Gewerbe-Inspektion Dresden im vergangenen Winter veranstalteten Lehrkurse für Heizer und Maschinisten von nicht weniger als 436 Hörern besucht wurden.

Das vorliegende Buch wird den Besuchern der Sächsischen Heizerschulen als Lehrbuch empfohlen. Der Verfasser hatte diesem Umstand Rechnung zu tragen und hielt es bei der neuen Auflage für angezeigt, die Lehre vom sparsamen und rauchfreien Heizen nochmals durchzuarbeiten und zu vertiefen. Weiter wurden eine Anzahl Abbildungen älterer Kesselbauarten durch solche zeitgemäßerer ersetzt. Auch im Uebrigen sind Neuerungen, soweit es der festgesetzte Umfang des Buches gestattete, berücksichtigt worden.

Möge auch die neue Auflage des Buches eine freundliche Aufnahme finden!

Der Sächsischen Maschinenfabrik und der Maschinenfabrik Germania zu Chemnitz, der Dresdner Maschinenfabrik und Schiffswerft zu Dresden und der Worthington-Pumpen-Compagnie zu Berlin sei auch an dieser Stelle für gütige Ueberlassung von Zeichnungen herzlich gedankt.

Dresden, im März 1900.

Der Verfasser.

Inhaltsübersicht.

Vierter Abschnitt.

Fünfter Abschnitt.

Sechster Abschnitt.

Siebenter Abschnitt.

Achter Abschnitt.

Erster Abschnitt.

Die Wärme und die Verdampfung des Wassers.

Inhalt: Das Wesen der Wärme; Temperatur. Uebertragung der Wärme durch Leitung und Strahlung; Wärmequellen. — Die drei Wirkungen der Wärme: 1. Die Ausdehnung der Körper (Messung der Temperatur, Thermometer) 2. Die Erhöhung der Temperatur (Messung der Wärmemenge, Wärmeeinheit oder Calorie, specifische Wärme). 3. Die Aenderung des Körperzustandes (Schmelzen des Eises, Sieden des Wassers; Messung des Druckes, atmosphärischer Luftdruck, Barometer, Atmosphärendruck, Ueberdruck). — Die Verdampfung des Wassers; Siedepunkttabelle des Wassers; Flüssigkeitswärme, Verdampfungswärme und Gesammtwärme; Wasserdampftabelle; gesättigter und ungesättigter oder überhitzter Wasserdampf, Sättigung des Dampfes, Ueberkochen.

Die Wärme, welche früher für einen besonderen Stoff gehalten wurde, ist eine Naturkraft und verursacht, wie die Physik lehrt, einen bewegten Zustand aller der denkbar kleinsten Theilchen des erwärmten Körpers. Die Bewegungen dieser Theilchen sind außerordentlich kleine und ungeheuer schnelle; sie können deshalb mit unseren Sinnen nicht wahrgenommen werden. Man hat sich vorzustellen, daß jedes Körpertheilchen sich auf ein benachbartes, ihm entgegenkommendes zu bewegt, auf dieses stößt, von demselben zurückprallt, wieder auf ein anderes stößt u. s. f. Alle Theilchen des Körpers befinden sich demnach in lebhaftester, ununterbrochen hin und her schwingender, zitternder Bewegung. Ob der Körper ein fester, ein flüssiger oder ein gasförmiger ist, ändert an dieser Anschauung nichts; die Wärme, welche irgend einem Körper innewohnt, veranlaßt immer Bewegungungserscheinungen der eben geschilderten Art. Je mehr ein Körper Wärme aufgenommen hat, um so heftiger sind die Bewegungen seiner Theilchen, auf einer um so höheren Wärmestufe befindet sich der Körper, oder um so höher ist seine Temperatur.

Wird ein Körper von hoher Temperatur mit einem Körper

von niedriger Temperatur in Berührung gebracht, so geht von dem ersteren Wärme an den zweiten über; die Bewegungen der Theilchen des ersteren nehmen von ihrer Heftigkeit ab, die des zweiten nehmen an Lebhaftigkeit zu. Es findet in diesem Falle eine Wärmeübertragung durch Leitung statt. Je rascher dieser Wärmeübergang sich vollzieht, ein um so besserer Wärmeleiter ist der wärmeaufnehmende Körper. Zu den guten Wärmeleitern gehören alle Metalle; zu den schlechten die Luft, der Sand, die Asche und andere.

Aber auch auf eine zweite Art geht Wärme von einem heißen Körper an einen kälteren über, nämlich durch Strahlung; dabei können die beiden Körper, der wärmeabgebende und der wärmeaufnehmende, beliebig weit von einander entfernt sein. Die Uebertragung durch Strahlung erfolgt blitzschnell in geradliniegen Strahlen, nach allen Richtungen, auch durch andere Körper hindurch.

Um den Vorgang der Strahlung zu erklären, nimmt man an, daß der ganze Weltraum mit einem überaus feinen, unsichtbaren, alle Körper durchdringenden Stoff, dem sogenannten Aether, erfüllt ist. Dieser Stoff vermittelt und überträgt die Bewegungen der Theilchen des wärmeausstrahlenden Körpers an den wärmeaufnehmenden, indem er selbst an den Bewegungen Theil nimmt und dieselben fortpflanzt. Nur der Beihülfe des Aethers verdanken wir denn auch, daß der Erde von der Sonne, trotz deren 20 Millionen Meilen betragenden Entfernung, ununterbrochen so gewaltige Mengen von Wärme durch Strahlung zugeschickt werden.

Das in seinem Wesen der Wärme völlig gleiche und von dieser sich nur durch eine größere Schnelligkeit der Schwingungen unterscheidende Licht wird von einem lichtausstrahlenden Körper anderen Körpern auf die gleiche Weise mitgetheilt. Letztere strahlen hierauf das empfangene Licht zum Theil wieder nach allen Seiten aus. Durch die unser Auge treffenden Strahlen aber werden uns die Körper, welche demnach entweder eigenes Licht ausstrahlen oder fremdes zurückwerfen, erst sichtbar.

Von dem Unterschiede der beiden Arten des Wärmeüberganges erhält man einen recht überzeugenden Beweis, wenn man die Hand einem im Schmiedefeuer glühend gemachten Eisenstück nähert. Je näher man dem Eisen kommt, um so mehr Wärmestrahlen treffen die Hand, und ein um so heißeres Gefühl stellt sich ein. Die der Hand mitgetheilte Wärme heißt strahlende Wärme und gelangt auch durch die Luft, einen schlechten Wärmeleiter, hindurch zur Hand. Erst von dem Augenblicke an, in welchem man das Eisen berührt, geht an die Hand auch Wärme durch Leitung über. Die auf diese Weise an die Hand abgegebene Wärme, welche übrigens wegen der hohen Temperatur des Eisens das Gefühl des Schmerzes erzeugen wird, nennt man leitende Wärme.

Eine Hauptquelle der Wärme ist die Sonne. Es kann aber auch Wärme auf künstlichem Wege erzeugt werden. Hierbei kommen in erster Reihe die chemischen Vorgänge, namentlich die später noch eingehend zu besprechende Verbrennung der Körper, in Betracht; es ist weiter bekannt, daß eine starke Erhitzung eintritt, wenn man Schwefelsäure mit Wasser mischt, oder frisch gebrannten Kalk mit Wasser übergießt. Unter Umständen wird auch die mechanische Arbeit in Wärme verwandelt; so entsteht bei dem sogenannten Warmlaufen der Maschinen aus der mechanischen Arbeit durch Reibung Wärme; auch erwärmen sich die Metalle bei dem Hämmern, Bohren und sonstigen Bearbeiten. Weiter erzeugt der elektrische Strom Wärme; er erwärmt die Leitungsdrähte und bringt in den elektrischen Lampen Kohle zum lebhaftesten Glühen. Endlich wird auch Wärme entwickelt durch den Lebensprozeß des Menschen, der Thiere und Pflanzen.

Führt man einem Körper Wärme zu, so wird Folgendes bewirkt:

1. Der Körper wird ausgedehnt, sein Rauminhalt oder sein Volumen wird vergrößert;
2. seine Temperatur wird erhöht;
3. bei genügend großer Wärmezufuhr wird auch sein Körperzustand oder Aggregatzustand verändert, d. h. der feste Zustand des Körpers geht in den flüssigen und dieser in den dampf- oder gasförmigen über.

Bei dieser Gelegenheit sei bemerkt, daß man unter Dampf die luftartige Form eines Körpers versteht, welcher bei gewöhnlichem Luftdruck und gewöhnlicher Temperatur entweder flüssig oder fest wird, während man als Gase solche Luftarten bezeichnet, die unter diesen Verhältnissen luftförmig bleiben.

Die zuerst genannte Wirkung der Wärme, die Ausdehnung der Körper vollzieht sich bei den festen und flüssigen Körpern mit großer Gewalt; ein an der freien Ausdehnung verhinderter Eisenstab wird krumm, eine in ein Gefäß eingeschlossene Flüssigkeit zersprengt das Gefäß, wenn sich dieses weniger stark ausdehnt, wie jene. Bei den Gasen und Dämpfen führt die Erwärmung, wenn sich dieselben in einem geschlossenen Raume befinden, zu einer Vermehrung des in dem Raume herrschenden Druckes.

Die ausdehnende Wirkung der Wärme wird nun auch dazu benutzt, die Temperatur der Körper selbst zu messen; das hierzu dienende Instrument heißt *Thermometer*. Dasselbe besteht gewöhnlich aus einem kleinen Glasgefäß, welches meistens die Form einer Kugel besitzt und sich nach oben in ein feines Glasröhrchen fortsetzt (siehe Figur 1). Das Gefäß und der untere Theil des Röhrchens sind mit Quecksilber oder gefärbtem Alkohol gefüllt; der obere Theil des Röhrchens aber ist luftleer gemacht und zugeschmolzen, damit die Füllung nicht von der Luft verändert wird oder verdunstet.

Jede Erwärmung dehnt die Quecksilber- oder Alkoholfüllung des Thermometers aus und bringt den Spiegel derselben im Glasröhrchen, da das Glasgefäß selbst seinen Rauminhalt nur in äußerst geringem Maße vergrößert, zum Steigen; jede Wärmeentziehung verursacht dagegen ein Sinken des Spiegels.

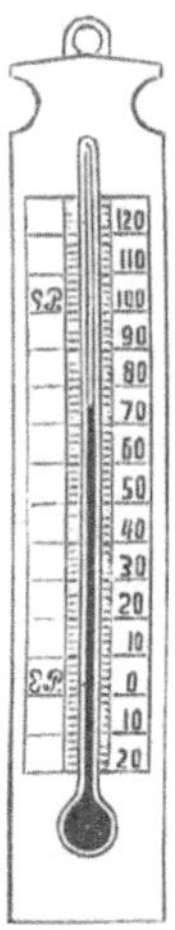

Fig. 1.

Um nun einen Maßstab oder eine Eintheilung für das Thermometer zu gewinnen, ist es nothwendig, zwei von der Natur gegebene, feste Temperaturpunkte an demselben festzustellen. Man benutzt hierzu den Schmelzpunkt des Eises und den Siedepunkt des Wassers und steckt einfach das Thermometer einmal in schmelzendes Eis oder schmelzenden Schnee und das andere Mal in siedendes Wasser oder in die Dämpfe desselben; in beiden Fällen wird der Spiegel des Quecksilbers im Glasröhrchen je einen ganz bestimmten Punkt einnehmen. Die beiden ermittelten Punkte, kurzweg *Eis- oder Schmelzpunkt* und *Siedepunkt* genannt, werden nun hinter dem Glasröhrchen durch wagerechte Striche angemerkt.

Die Entfernung zwischen dem Eispunkt und dem Siedepunkt wird verschieden eingetheilt. Bei der Eintheilung nach *Celsius*, welche die bei allen wissenschaftlichen Untersuchungen allein im Gebrauche befindliche ist, wird der Eispunkt mit der Zahl 0 und der Siedepunkt mit der Zahl 100 bezeichnet, und der Raum zwischen beiden Punkten in 100 gleiche Theile oder Grade getheilt. Bei dem Thermometer nach *Réaumur* (sprich Reomür) befindet sich die 0 ebenfalls auf dem Eispunkt, auf dem Siedepunkte aber der 80. Grad; die Entfernung zwischen Eispunkt und Siedepunkt wird hier in 80 Theile getheilt. Ein Grad Celsius ist mithin kleiner, als ein Grad Réaumur; sie verhalten sich ihrer Größe nach zu einander wie 4 : 5. Andererseits verhält sich die Zahl der Celsiusgrade einer bestimmten Temperatur zu der der Réaumurgrade wie 5 : 4;

so sind z. B. 20 Grad, oder wie man schreibt: 20 ⁰ nach Celsius, gleich 16 Grad (16 ⁰) nach Réaumur. Eine dritte Art der Eintheilung des Thermometers ist die nach Fahrenheit, welche in England und Amerika gebräuchlich ist; bei dieser steht auf dem Eispunkte die Zahl 32 und auf dem Siedepunkte die Zahl 212; zwischen beiden Punkten liegen sonach 180 Theile oder Grade.

Die Eintheilung der Thermometer wird über den Eispunkt nach unten und über den Siedepunkt nach oben weiter fortgesetzt. Die Grade über dem 0^0 bezeichnet man mit dem Zeichen + (plus), diejenigen unterhalb des 0 Grades mit dem Zeichen — (minus); gewöhnlich nennt man die ersteren auch Wärmegrade, die letzteren Kältegrade. Endlich ist es gebräuchlich, die Temperaturbezeichnung in der leichtverständlichen Weise abzukürzen, daß man z. B. unter $+ 16^0$ C : 16 Wärmegrade nach Celsius, unter $— 5^0$ R : 5 Kältegrade nach Réaumur und unter $+ 112^0$ F : 112 Wärmegrade nach Fahrenheit versteht.

Zur Messung höherer Temperaturen kann das Quecksilber- und Alkoholthermometer nicht verwendet werden; man benutzt dann Metallthermometer, bei welchen die durch die Wärme bewirkte Ausdehnung von Metallstäben die Messung der Temperatur ermöglicht. Sehr hohe Temperaturen aber mißt man mit sogenannten Pyrometern, welche in sehr verschiedener Weise hergestellt werden. Es kann auf diese Instrumente hier nicht näher eingegangen werden, und ist nunmehr zur zweiten Wirkung der Wärme überzugehen.

Die zweite Wirkung der Zuführung von Wärme an einen Körper besteht in der Erhöhung seiner Temperatur. Es ist natürlich wichtig, zu wissen, wie groß diese Temperaturerhöhung ist, oder um wie viele Grade die Temperatur eines Körpers zunimmt, wenn man ihm Wärme zuführt.

Die Physik lehrt, daß die Größe der Temperaturzunahme von drei Dingen abhängt: Erstens wird selbstverständlich die Temperatur eines Körpers nur in demselben Maße zunehmen, in welchem man ihm Wärme zuführt, d. h. die Temperaturerhöhung ist unmittelbar abhängig von der Menge der zugeführten Wärme. Zweitens hängt die Temperaturzunahme ab von dem Gewichte des wärmeaufnehmenden Körpers; ein doppelt so schwerer Körper wird durch dieselbe Wärmemenge nur eine halb so große Temperaturzunahme erfahren, wie der einfache Körper gleicher Art, weil sich die zugeführte Wärme auf eine doppelt so große Körpermenge verteilen muß. Drittens wird die Temperaturzunahme abhängig sein von der Natur des wärmeaufnehmenden Körpers; das heißt, dieselbe Wärmemenge wird eine wesentlich verschieden Temperaturerhöhung herbeiführen, je nachdem man sie z. B. einer 30 kg schweren Wassermasse oder einem 30 kg schweren Eisenblock zuführt.

Ein sehr wichtiger, bei diesen Erörterungen auftretender Begriff ist die Wärmemenge; es wird also nunmehr die Wärme auch ihrer Menge nach zu bestimmen oder zu messen sein. Hierzu braucht man aber eine Maßeinheit; man benutzt als solche die Wärmeeinheit oder Calorie und versteht unter derselben diejenige Wärmemenge, welche, einem Kilogramm Wasser zugeführt, dessen Temperatur um einen Grad Celsius erhöht. Dieses Maß, die Wärmeeinheit, ist nun, wie sich weiterhin zeigen wird, ein außerordentlich wichtiges.

Zunächst ist es jetzt leicht, beispielsweise diejenige Wärmemenge anzugeben, welche dazu gehört, um eine 15 kg schwere Wassermasse von 10 ° auf 30 °, also um 20 ° C zu erwärmen; die hierzu erforderliche Wärmemenge berechnet sich zu 15×20, das sind 300 Wärmeeinheiten. Umgekehrt kann ebenso leicht die durch Zuführung einer bestimmten Wärmemenge hervorgerufene Temperaturerhöhung des Wassers berechnet werden; hat man z. B. 10 kg Wasser in einem Gefäße, und führt man diesem Wasser 150 Wärmeeinheiten zu, so wird jedem Kilogramm des Wassers eine Wärmemenge von $\frac{150}{10} = 15$ Wärmeeinheiten zugeführt und mithin die Temperatur desselben um 15 ° C erhöht.

Für jeden anderen Körper ist die erforderliche Wärmemenge, um die Temperatur eines Kilogramm desselben um einen Grad Celsius zu erhöhen, wie schon oben angedeutet, eine wesentlich andere, als die des Wassers; für Schmiedeeisen beträgt sie z. B. 0,11, für Quecksilber nur 0,03 von der des Wassers. Man nennt diese durch Versuche ermittelten Zahlen die spezifischen Wärmen der betreffenden Körper. Aber auch hier bleibt die Rechnung dieselbe einfache. So brauchen z. B. 20 kg Schmiedeeisen, um von 15 ° auf 500 °, also um 485 ° C erwärmt zu werden, hierzu $20 \times 0{,}11 \times 485 = 1067$ Wärmeeinheiten. Wenn man dagegen 24 Wärmeeinheiten einer 10 kg schweren Quecksilbermenge, deren Temperatur 120 ° C beträgt, entzieht, so entfällt auf jedes Kilogramm des Quecksilbers eine Wärmeentziehung von $\frac{24}{10} = 2{,}4$ Wärmeeinheiten; da nun aber für einen jeden ° C weniger dem kg Quecksilber immer 0,03 Wärmeeinheiten zu entziehen sind, so ergeben die 2,4 entzogenen Wärmeeinheiten eine Temperaturabnahme von $\frac{2{,}4}{0{,}03} = 80$ °. Das Quecksilber besitzt mithin nach der Wärmeentziehung noch eine Temperatur von 40 ° C.

Die dritte Wirkung der Wärmezuführung, welche aber nur bei der Zuführung genügend großer Wärmemengen und von einem bestimmten Temperaturpunkte ab eintritt, ist die Aenderung des Körperzustandes oder des Aggregatzustandes; ein fester Körper wird infolge der Wärmezuführung flüssig, er schmilzt, und ein flüssiger Körper wird dampfförmig, er verdampft. Entzieht man dagegen einem Körper Wärme, so werden diese drei Zustände des Körpers umgekehrt durchlaufen; der Dampf verdichtet sich oder wird kondensirt und bildet eine Flüssigkeit, die Flüssigkeit aber erstarrt endlich und wird zu einem festen Körper.

Diese Verwandlungen treten indessen nicht bei allen Körpern ein; eine Anzahl von Körpern wird vielmehr durch die Zuführung von Wärme auch in ihrem Wesen verändert; dieselben werden zersetzt oder verbrennen, und es entstehen andere, neue Körper.

Ein sehr wichtiger Körper, der in der Natur in allen drei Körper- oder Aggregatzuständen vorkommt, ist das Wasser; seine feste Form nennt man Eis oder Schnee, seine dampfförmige Form Wasserdampf.

Füllt man ein offenes Gefäß mit Eis oder Schnee, dessen Temperatur 0 ° C ist, und erwärmt die Masse unter fleißigem Umrühren, so wird zunächst ein in den Gefäßinhalt gestecktes Thermometer, so lange noch ein Restchen Eis oder Schnee vorhanden ist, doch keinerlei Temperaturzunahme anzeigen, obgleich dem Gefäßinhalt ununterbrochen Wärme zugeführt wird; das Thermometer bleibt auf dem 0 Punkt, dem Eis- oder Schmelzpunkt, stehen. Die von dem Gefäßinhalt aufgenommene Wärme dient ausschließlich dazu, das Wasser aus dem festen in den flüssigen Zustand überzuführen; dieselbe beträgt für jedes kg des geschmolzenen Eises oder Schnees ziemlich genau 80 Wärmeeinheiten. Man nennt diese Wärmemenge die Schmelzwärme des Eises.

Erst die weitere Wärmezuführung an den schließlich nur aus Wasser bestehenden Gefäßinhalt macht sich am Thermometer durch ein Steigen der Temperatur bemerkbar; je eine Wärmeeinheit auf jedes Kilogramm des Wasserinhaltes bewirkt eine Erhöhung der Temperatur um einen ° C. Die Temperaturzunahme findet aber bald eine Grenze; welche Wärmemengen auch zugeführt werden, die Quecksilbersäule des Thermometers steigt nicht mehr und stellt sich auf einen ganz bestimmten Punkt, den Siedepunkt, welcher unter den gegebenen Verhältnissen bei 100 ° C liegt. Alle weiter zugeführte Wärme wird von jetzt ab dazu verwendet, das erhitzte Wasser in die Dampfform überzuführen. Das Wasser siedet, und überall, im Inneren der Flüssigkeit, besonders aber an den Gefäßwänden, bilden sich Dampfbläschen, die, weil sie sehr leicht sind, mit großer Geschwindigkeit der Oberfläche des Wassers zueilen und entweichen. Bald ist der ganze Wasserinhalt des Gefäßes mit Dampfbläschen durchsetzt; es hebt sich daher auch sein Spiegel, eine Erscheinung, welche man an jedem Dampfkessel beobachten kann, dessen Wasserstand während des Anheizens steigt, während er mit dem Erlöschen des Feuers und dem Aufhören der Dampfentwickelung ein ganz beträchtliches Stück wieder herabsinkt.

Aber auch in einem geschlossenen Gefäß, z. B. in einem Dampfkessel, läßt sich das Wasser, welches in denselben im kalten oder vorgewärmten Zustande gepumpt wird, stets nur bis zu einer gewissen Temperatur, der Siedetemperatur, erhitzen; alle weiter zugeführte Wärme hat nur eine Umwandelung des Wassers in Dampf zur Folge.

Es sei an dieser Stelle bemerkt, daß man unter Verdunstung eine schwache Verdampfung an der Oberfläche einer Flüssigkeit versteht, welche bei jeder Temperatur eintritt. Diese Erscheinung bietet indessen für den Dampfkesselbetrieb kein Interesse, weshalb ein Eingehen auf dieselbe unterbleiben kann.

Man hat nun gefunden, daß die Temperatur des Siedens oder der Siedepunkt einer jeden Flüssigkeit in ganz bestimmter Weise abhängig ist von dem Druck, unter welchem die Flüssigkeit zum Sieden gebracht wird. Siedet das Wasser in einem offenen Gefäß, so steht die Flüssigkeit unter dem Druck der atmosphärischen Luft, und beträgt die Siedetemperatur 100 ° C. Bei dem Sieden des Wassers in einem geschlossenen Gefäß, in welchem ein höherer Druck herrscht, ist dagegen die Siedetemperatur auch eine wesentlich höhere.

Um nun den Zusammenhang zwischen Druck und Siedetemperatur ziffernmäßig festzustellen, ist es nötig, auch den Druck zu messen; hierzu bedarf man aber einer Maßeinheit. Es liegt nahe, hierzu wieder eine der Natur zu entnehmende Größe zu benutzen, als welche sich der Druck der uns umgebenden atmosphärischen Luft, als unmittelbar gegeben, besonders empfiehlt. Neben diesem sind indessen auch andere Meßverfahren im Gebrauch.

Von dem Vorhandensein und der Größe des Druckes der atmosphärischen Luft kann man sich zunächst eine recht anschauliche Vorstellung auf folgende Weise verschaffen: Ein offenes Gefäß wird mit Quecksilber gefüllt, und in dasselbe eine an beiden Enden offene, etwa einen Meter lange Glasröhre mit dem unteren Ende getaucht (siehe Figur 2a). Hält man die Glasröhre lothrecht, so wird man bemerken, daß sowohl in der Glasröhre, wie im Gefäß der Quecksilberspiegel gleich hoch steht, weil auf beiden Spiegeln derselbe Druck, der Druck der atmosphärischen Luft, ruht. Wird jetzt über das obere Glasrohrende ein Gummischlauch gezogen, welcher nach einer kleinen Luftpumpe führt, so kann mittelst der letzteren die Luft aus dem Glasrohr entfernt werden. Mit jedem Zuge der Pumpe wird eine gewisse Luftmenge aus dem Rohr herausgeholt, und sinkt der Druck der im Rohr noch befindlichen Luft; in demselben Maße hebt sich aber auch der Quecksilberspiegel im Glasrohr. Der auf letzterem Spiegel ruhende Druck ist eben ein geringerer, als der auf dem Quecksilberspiegel im Gefäße wirkende äußere Luftdruck, und dieser letztere preßt das Quecksilber in die Röhre hinein. Endlich ist alle Luft aus der Röhre entfernt worden; der Druck in derselben ist vollständig verschwunden, und der äußere Luftdruck zur vollen Wirkung gekommen. Die Quecksilbersäule im Glasrohr steigt dann nicht mehr; ihre Höhe beträgt jetzt ungefähr 76 Centimeter. Diese Quecksilbersäule und deren Höhe geben uns demnach ein sichtbares Bild von dem Vorhandensein und der Größe des atmosphärischen Luftdruckes.

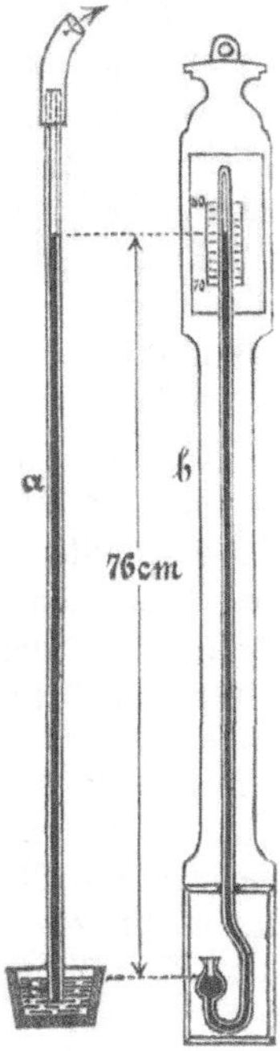

Fig. 2.

Der atmosphärische Luftdruck ist nicht zu allen Zeiten und nicht an allen Punkten der Erde derselbe; so ist er auf hohen Bergen stets kleiner, als im Thale. Um die Größe des Luftdruckes und die Veränderungen desselben bequem beobachten zu können, bedient man sich eines Instrumentes, welches der Vorrichtung, an welcher soeben das Vorhandensein und die Größe des Luftdruckes nachgewiesen wurde, im Wesentlichen gleicht und nur in der Form sich von derselben unterscheidet. Dieses Instrument besteht wieder aus einem nahezu einen Meter langen, senkrechten Glasrohr, welches indessen an seinem oberen Ende zugeschmolzen und an seinem unteren Ende umgebogen und mit einem offenen Glasgefäß versehen ist (siehe Figur 2b). Der obere Theil des Glasrohres ist vollkommen luftleer gemacht; der übrige Theil desselben und das Glasgefäß sind mit Quecksilber gefüllt. Auch bei dieser Vorrichtung wird durch den auf dem Quecksilberspiegel im Glasgefäß lastenden Luftdruck eine Quecksilbersäule getragen, deren Höhe wieder ungefähr 76 Centimeter beträgt. Hinter dem oberen Theile der Glasröhre ist eine Theilung angebracht, welche die Höhe der Quecksilbersäule, vom Quecksilber=

spiegel im Glasgefäße aus gemessen, in Centimetern angiebt; die jeweilige Größe des Luftdruckes kann demnach unmittelbar in Centimetern abgelesen werden. Man nennt ein solches Instrument ein Barometer. Im Mittel beträgt also die Höhe der Quecksilbersäule, welche vom atmosphärischen Luftdruck getragen wird, oder wie man sagt, der Barometerstand, 76 Centimeter.

Wäre zu dem oben geschilderten Versuch anstatt des Quecksilbers Wasser verwendet worden, so hätte ein weit längeres Rohr benutzt werden müssen; in diesem Rohre wäre dann die Wassersäule auf eine Höhe von etwa 10,3 Meter gestiegen, weil das Wasser 13,59 mal leichter ist, als das Quecksilber, und infolgedessen 13,59 mal höher gedrückt wird. Der atmosphärische Luftdruck entspricht somit auch im Mittel einer Wassersäule von 10,3 Meter Höhe.

Faßt man nun einmal ein kleines, im oberen Spiegel der Quecksilbersäule des Barometers gelegenes Quecksilbertheilchen ins Auge, so ist ohne weiteres klar, daß auf dieses Theilchen von keiner Seite her ein Druck ausgeübt wird. Ein weiter abwärts gelegenes Theilchen erfährt dagegen von allen Seiten einen gewissen Druck, dessen Größe von der Höhe der über dem Theilchen befindlichen, durch ihr Gewicht wirkenden Quecksilbersäule abhängig ist; mit demselben Drucke wirkt aber auch das Theilchen nach allen Seiten auf seine Umgebung zurück. Bei einem, mit dem Quecksilberspiegel des Gefäßes in gleicher Höhe gelegenen Theilchen hat man natürlich dieselbe Erscheinung vor sich, nur mit dem Unterschiede, daß hier der Druck, entsprechend der höheren Quecksilbersäule, auch ein größerer ist. Genau denselben Druck, wie das zuletzt betrachtete Theilchen, erfährt aber offenbar auch jedes Quecksilbertheilchen des Gefäßspiegels durch den atmosphärischen Luftdruck und übt denselben Druck nach allen Richtungen hin auf seine Umgebung aus. Die beiden zuletzt betrachteten Drücke, der Flüssigkeitsdruck am Fuße der Quecksilbersäule und der äußere Luftdruck, sind also einander gleich.

Bemerkenswerth ist, daß der im Glasrohr herrschende Druck ganz unabhängig ist von der Form des Glasrohres; dasselbe kann beliebig gekrümmt sein, Verengungen oder Erweiterungen irgend welcher Art besitzen, immer hängt der Druck nur ab von der senkrechten Höhe der belastenden Quecksilber- oder, allgemeiner ausgedrückt, Flüssigkeitssäule, wie sich durch Versuche leicht nachweisen läßt.

Gilt es nun, für die Größe eines beliebigen Druckes ein Maß anzugeben, so liegt es natürlich nahe, hierzu die Höhe einer Flüssigkeitssäule, welche durch ihre Schwere denselben Druck zu erzeugen im

Stande ist, zu benutzen. Dies geschieht auch stets, wenn man es mit kleineren Drücken zu thun hat, und spricht man dann von dem Drucke, welcher gleich ist dem einer so und so viel Centimeter hohen Quecksilbersäule, oder dem einer so und so viel Meter hohen Wassersäule. Für größere Drücke ist dagegen ein anderes Meßverfahren gebräuchlich. Man giebt dann den Druck in Kilogrammen an, welchen eine ganz bestimmte, ebene Fläche erfahren würde, wenn auf jedes Theilchen dieser Fläche der eben zu messende Druck wirkte; als vergleichende Fläche verwendet man hierbei das Quadratcentimeter, eine □förmige Fläche, deren Breite sowohl als Höhe einen Centimeter beträgt. Fragt man in diesem Sinne wieder nach der Größe des mittleren atmosphärischen Luftdruckes, welcher also gleich ist dem Drucke einer 76 cm hohen Quecksilbersäule oder einer 10,3 m hohen Wassersäule, nun, so kann man durch Versuche oder eine einfache Rechnung leicht nachweisen, daß derselbe gerade 1,03 kg auf den Quadratcentimeter beträgt.

Im Dampfkesselwesen ist es immer gebräuchlich gewesen, den Dampfdruck mit dem atmosphärischen Luftdruck zu vergleichen und nach sogenannten Atmosphären zu rechnen. Während man indessen hierzu früher den mittleren Luftdruck benutzte, hat man sich neuerdings geeinigt, das genaue Maß des letzteren des bequemeren praktischen Gebrauches halber abzurunden, und versteht jetzt unter der Atmosphäre einen Druck von gerade einem Kilogramm auf den Quadratcentimeter. Der im Dampfkesselwesen als Maßeinheit benutzte Atmosphärendruck ist demnach etwas kleiner, als der mittlere atmosphärische Luftdruck, und zwar ist er nunmehr gleich dem Druck einer nur 73,55 cm hohen Quecksilbersäule oder einer gerade 10,0 m hohen Wassersäule. Die so bemessene Atmosphäre hat denn auch gesetzliche Giltigkeit erlangt (vergleiche § 11 Absatz 2 der Bekanntmachung des Reichskanzlers, betreffend allgemeine polizeiliche Bestimmungen über die Anlegung von Dampfkesseln, vom 5. August 1890, im letzten Abschnitt dieses Buches).

Es ist endlich üblich geworden, den Betriebsdruck der Dampfkessel in Atmosphären Ueberdruck anzugeben; diese Bezeichnung findet man auch stets auf den Zifferblättern der Manometer vor. Die Bedeutung des Ueberdruckes ist rasch klar gemacht:

Hat man in einem Dampfkessel Dampf von atmosphärischem Druck erzeugt, so ist mit diesem Dampf für gewöhnlich nichts anzufangen; öffnet man ein Ventil des Kessels, so hat der Dampf gar nicht das Bestreben, den Kessel zu verlassen, weil ihm der Druck der äußeren atmosphärischen Luft entgegenwirkt und das Gleichgewicht hält. Erst wenn der Druck des Dampfes den Luftdruck übersteigt, strömt der Dampf aus dem Kessel heraus, und ist auch erst dann im Stande, in den gewöhnlichen Dampfmaschinen, welche den verbrauchten Dampf in die atmosphärische Luft ausstoßen, treibend zu wirken. Man versteht nun unter Ueberdruck den Ueberschuß des Dampfdruckes über den atmosphärischen Druck, und es ergiebt sich hieraus, daß der eigentliche Druck des Dampfes, auch kurzweg Dampfdruck oder Dampfspannung genannt, stets eine Atmosphäre mehr beträgt, als der Ueberdruck. Arbeitet also ein Kessel mit 6 Atmosphären Ueberdruck, so besitzt sein Dampf in Wirklichkeit einen Druck oder eine Spannung von 7 Atmosphären. Dieser Umstand ist wohl zu beachten bei der Benutzung der nachfolgenden Tabellen.

Nach diesen Erläuterungen ist zu dem Sieden des Wassers zurückzukehren. Zwischen dem Siedepunkt des Wassers und dem Druck, unter welchem das Sieden erfolgt, finden nun nach den Versuchen von Regnault (spr. Reniol) und den auf diese Versuche gestützten Berechnungen von Fliegner folgende, in einer kleinen Tabelle zusammengestellte Beziehungen statt:

Siedepunkt-Tabelle des Wassers.

Dampfdruck in Atmosphären (1 Atmosphäre = 73,55 cm Quecksilbersäule = 1 kg auf den □ cm)	Siedetemperatur in Celsius-Graden
0,1	45,6
0,5	80,9
1,0	99,1
2,0	119,6
3,0	132,8
4,0	142,8
5,0	151,0
6,0	157,9
7,0	164,0
8,0	169,5
9,0	174,4
10,0	178,9
11,0	183,0
12,0	186,9
13,0	190,6
14,0	194,0

Man sieht aus dieser Tabelle, daß die Siedetemperatur des Wassers mit dem Wachsen des Dampfdruckes nicht gleichen Schritt hält, sondern bei den höheren Atmosphärenzahlen immer langsamer zunimmt. Weiter ist bemerkenswerth, daß die Siedetemperatur bei dem Druck einer Atmosphäre nunmehr 99,1^{0} C beträgt. Es kommt dies daher, daß bei der Eintheilung der Thermometer die 100 angemerkt wird, wenn sich das Thermometer in siedendem Wasser befindet, welches unter einem Druck siedet, der gleich dem mittleren Luftdruck oder dem Druck einer Quecksilbersäule von 76 cm Höhe ist. Unter dem Druck der Dampfkessel-Atmosphäre, welcher gleich ist dem Druck einer nur 73,55 cm hohen Quecksilbersäule, tritt natürlich das Sieden etwas früher ein.

Von großer Wichtigkeit ist es nun auch, zu wissen, welche Wärmemenge erforderlich ist, eine bestimmte Menge Wasser in Dampf von beliebiger Spannung zu verwandeln; hängt doch bei einem Dampfkessel von dieser Wärmemenge unmittelbar die Brennmaterialmenge ab, die aufgewendet werden muß, eine bestimmte Dampfmenge zu erzeugen.

Die zur Dampferzeugung erforderliche Wärmemenge setzt sich zusammen aus der Flüssigkeitswärme und der Verdampfungswärme, auch gebundene oder latente Wärme genannt. Die Flüssigkeitswärme ist diejenige Wärmemenge, welche erforderlich ist, um das Wasser von 0^{0} Celsius auf die entsprechende Siedetemperatur zu bringen; die Verdampfungswärme aber diejenige Wärmemenge, welche die Ueberführung des Wassers in die Dampfform erfordert. Die Summe dieser beiden Wärmemengen giebt die Gesammtwärme.

Auch diese für den Dampfkesselbetrieb ungemein wichtigen Werthe sind durch genaue Versuche ermittelt worden. Die auf der nächsten Seite folgende kleine Tabelle, ebenfalls nach Regnault und Fliegner, giebt die Gesammtwärmemengen an, welche erforderlich sind, um 1 kg Wasser von 0^{0} Celsius in Dampf von irgend welchem Druck zu verwandeln. Diesen Werthen ist beigefügt der Rauminhalt oder das Volumen in Litern, welches von einem kg Dampf eingenommen wird. In der letzten Spalte aber findet man das Gewicht eines Kubikmeter Dampfes in kg angegeben.

Umgekehrt giebt diese Wasserdampftabelle auch darüber Aufschluß, welche Wärmemengen bei dem Wiederflüssigwerden oder der Kondensation des Dampfes gewonnen werden, oder welche Wärmemenge z. B. 1 kg Dampf in einer Dampfheizung zu liefern vermag. Man hat dann nur von der Gesammtwärme des verwendeten Dampfes die Wärme abzuziehen, welche das aus dem Dampfofen abfließende Kondensationswasser noch besitzt; der Unterschied dieser beiden Wärmemengen ist die von dem Ofen an die Zimmerluft abgegebene Wärme.

Wasserdampf-Tabelle.

Dampfdruck in Atmosphären (1 Atmosphäre = 73,55 cm Quecksilbersäule = 1 kg auf den □cm)	Wärmemenge in Wärmeeinheiten für 1 kg Dampf aus Wasser von 0° C	Rauminhalt oder Volumen von 1 kg Dampf in Litern	Gewicht von 1 Kubikmeter Dampf in kg
0,1	620,4	14891	0,07
0,5	631,2	3267	0,31
1,0	636,7	1701	0,59
2,0	643,0	888	1,13
3,0	647,0	607	1,65
4,0	650,1	463	2,16
5,0	652,6	375	2,66
6,0	654,7	316	3,16
7,0	656,5	274	3,65
8,0	658,2	241	4,14
9,0	659,7	216	4,63
10,0	661,1	196	5,11
11,0	662,3	179	5,58
12,0	663,5	165	6,06
13,0	664,6	153	6,53
14,0	665,7	143	7,00

Der durch die Verdampfung des Wassers erzeugte Wasserdampf ist ein durchsichtiger, farbloser, luftartiger Körper und nimmt, wie die dritte Spalte der Wasserdampftabelle zeigt, einen außerordentlich viel größeren Rauminhalt ein, wie das Wasser, welchem er entstammt. Bei Dampf von einer Atmosphäre Spannung z. B. beträgt dieser Rauminhalt 1701 Liter, während das ursprüngliche kg Wasser bekanntlich nur 1 Liter Raum einnahm; der Rauminhalt des Dampfes ist also rund 1700 mal so groß, als der der gleichen Gewichtsmenge Wasser.

Die mitgetheilten beiden Tabellen gelten indessen nur für eine bestimmte Art von Wasserdampf, und zwar nur für den gesättigten. Man unterscheidet zwei Arten von Dampf, den gesättigten und den ungesättigten oder überhitzten.

In einem im Betriebe befindlichen Dampfkessel sind das den Dampf erzeugende, siedende Wasser und der gebildete Dampf stets in Berührung. Die Temperatur beider ist die gleiche; sie hängt von dem herrschenden Druck ab und hat die in der Siedepunkttabelle angegebene Höhe.

Wird dem Kessel rasch eine größere Menge Dampf entnommen, so wird natürlich der Druck sinken, und es könnte vermuthet werden, daß hierbei die Temperatur des im Kessel verbleibenden Dampfes, welchem keine Wärme entzogen wird, dieselbe bleibt, und auch das Wasser seine frühere Temperatur beibehält. Der im Kessel enthaltene Dampf sowie das Kesselwasser besäßen somit eine höhere Temperatur, als die dem jetzt herrschenden, geringeren Drucke entsprechende der Tabelle; beide wären, wie man sagt, überhitzt.

Die Natur läßt nun einen derartigen Zustand gar nicht zu. Sind überhitztes Wasser und überhitzter Dampf miteinander in Berührung, so wird die im Wasser enthaltene, überschüssige Wärme sofort dazu verwendet, neuen Dampf zu bilden, welcher von dem vorhandenen Dampf begierig aufgenommen wird, wobei eine Abnahme der Temperatur und eine Wiederzunahme des Druckes stattfindet. Diese Dampfbildung geht so lange vor sich, bis die Temperatur des Wassers und des Dampfes und der Druck im Kessel auf einem ganz bestimmten Punkt angekommen sind, bei welchem wieder zwischen gemeinschaftlicher Temperatur des Wassers und des Dampfes und Druck das in der Siedepunkttabelle angegebene Verhältniß eingetreten ist. Der vorhandene Dampf kann dann keinen weiteren, frisch gebildeten Dampf mehr aufnehmen; man sagt, er hat sich gesättigt, und nennt ihn daher gesättigten Dampf. Erst eine erneute Dampfentnahme oder auch eine Wärmezuführung an den Wasserinhalt des Kessels wäre im Stande, eine weitere Dampfentwickelung unter abermaliger Veränderung der Wasser- und Dampftemperatur herbei zu führen.

Der geschilderte Vorgang des Ausgleiches zwischen Temperatur und Druck des Kesselinhaltes, die Sättigung des Dampfes genannt, geht in jedem Dampfkessel schon bei der kleinsten Druckverminderung vor sich, und man findet deshalb in den Dampfkesseln auch immer nur gesättigten Dampf vor. Diese Erscheinung ist übrigens die Ursache, weshalb ein Dampfkessel noch lange Zeit nach dem Erlöschen des Feuers Dampf zu erzeugen im Stande ist; ja, man hat diesen Umstand dazu benutzt, sich sogenannte feuerlose, also keine Feuergase ausstoßende und auch keinen Rauch oder Ruß erzeugende Lokomotiven zu verschaffen. Es sind dies den gewöhnlichen Lokomotiven ähnliche Maschinen, welche mit erhitztem Wasser und Dampf gefüllt werden. Die Füllung entnimmt man einem feststehenden, geheizten Kessel, der unter etwa 15 Atmosphären Druck steht. Mit einer solchen Füllung ist die feuerlose Lokomotive im Stande, einige Stunden lang eine Anzahl der auf den unterirdischen Bahnen von Gruben laufenden Förderwagen in Bewegung zu setzen; ist der Druck im Kessel soweit gesunken, daß die Lokomotive die Wagen nicht mehr fortzubewegen vermag, so muß sie natürlich wieder frisch gefüllt werden.

Jede rasche Entnahme größerer Dampfmengen hat für einen Dampfkessel eine Verminderung des Druckes zur Folge, welcher die stürmische Entwickelung neuer Dampfmengen auf dem Fuße folgt. Hierbei tritt ein mehr oder weniger lebhaftes Aufschäumen der ganzen, im Kessel befindlichen Wassermasse ein, welche sich mit einem Male ganz mit Dampfbläschen durchsetzt, und es kann sogar vorkommen, daß der Wasserspiegel bis an die Dampfventile emporsteigt, und daß mit dem abgeführten Dampf gleichzeitig Wasser fortgerissen wird. Man sagt dann, der Kessel kocht über. Das Ueberkochen der Dampfkessel stellt sich leicht bei dem zu raschen, bedeutende Dampfmengen erfordernden Ingangsetzen großer Dampfmaschinen und überhaupt bei dem zu schnellen Oeffnen weiter Dampfventile ein; es kann unter Umständen recht üble Folgen haben, denn die mitgerissenen Wassermassen geben zu gefährlichen Stößen in den Rohrleitungen und im Cylinder der Maschine Anlaß, so daß schließlich der Bruch irgend eines Rohr- oder Maschinentheiles eintritt. Hieraus ergiebt sich aber für den sorgsamen Maschinisten die wichtige Regel, alle Ventile stets langsam zu öffnen und die Maschine nur allmählich und vorsichtig in Gang zu setzen.

Es bedarf noch einiger Bemerkungen über den zu weiterer Dampfaufnahme fähigen, überhitzten oder ungesättigten Dampf, dessen Hauptunterschied vom gesättigten Dampf gleichen Druckes in einer höheren Temperatur besteht.

Ueberhitzter Dampf kann, so lange er mit dem siedenden Wasser in Berührung bleibt, nicht entstehen; er wird erst erhalten, wenn man gesättigten, vom Wasser getrennten Dampf in besonderen Behältern, Ueberhitzer genannt, welche er auf dem Weg zur Maschine durchströmt, noch weiter erhitzt, oder auch, wenn man solchen Dampf vor Abkühlung schützt und sich ausdehnen läßt, wobei natürlich sein Druck sinkt. Nur das erstere Verfahren findet bei der Erzeugung überhitzten Dampfes Anwendung.

Außer der höheren Temperatur hat der überhitzte Dampf nun auch die Eigenschaft, bei gleichem Druck ein wesentlich geringeres Gewicht zu besitzen, als gesättigter Dampf, wie er denn auch keine Spur von Wasser mehr enthält, also sehr rein ist. Endlich bietet er den Vortheil, daß eine Abkühlung auf dem Wege zur Maschine, sobald die Temperatur nur nicht bis zu der des gesättigten Dampfes von gleichem Druck herabsinkt, zu keinem Druckverlust führt, während bei dem gesättigten Dampf jede Abkühlung die Kondensation eines Theiles des Dampfes und hiermit eine Abnahme des Druckes zur Folge hat.

Schon in den fünfziger Jahren hat Hirn nachgewiesen, welche große Vortheile vom Betrieb der Dampfmaschinen mit überhitztem Dampf zu erwarten sind. Denn dieselbe Kessel- und Maschinen-Anlage wird bei gleichem Dampfdruck und gleicher Leistung eine wesentlich geringere Gewichtsmenge Speisewasser verbrauchen, wenn die Anlage mit einem Ueberhitzer versehen ist, und der Maschine überhitzter, leichterer Dampf mit ungeschmälertem Druck und ohne Wassergehalt zuströmt. Demzufolge wird auch der Kohlenverbrauch der Anlage ein wesentlich geringerer sein. Da der gesättigte Dampf stets etwas Wasser und mit demselben feine Schlammtheilchen aus dem Kessel herüberführt, so ist weiter zu erwarten, daß eine mit überhitztem, also reinem Dampf betriebene Maschine weit weniger Abnutzung erleidet, als eine mit gesättigtem Dampf gespeiste Maschine.

Durch Versuche mit derartigen, durch überhitzten Dampf betriebenen Maschinen wurde denn auch die größere Sparsamkeit des Kohlenverbrauchs festgestellt. Andererseits ergab sich aber, daß diese Maschinen schon bei mäßiger Ueberhitzung des Dampfes ungemein rasch und stark abgenutzt wurden. Der überhitzte, durchaus trockene und sehr heiße Dampf zersetzte und verflüchtigte nicht nur das Schmiermaterial, so daß es ganz unmöglich war, die vom Dampf berührten und bewegten Theile, wie Kolben, Schieber u. a., in Stand zu halten, sondern zerstörte auch in kurzer Zeit alle Dichtungen. Die durch gesättigten Dampf getriebenen Maschinen erwiesen sich in Bezug auf Lebensdauer weit überlegen. Die Anwendung des überhitzten Wasserdampfes für den Maschinenbetrieb trat daher wieder in den Hintergrund, und wurde eine größere Sparsamkeit im Wasser- und Kohlenverbrauch zunächst auf einem anderen Wege, nämlich durch die Anwendung höheren Dampfdruckes und die weitere Vervollkommnung der Dampfmaschine erreicht.

Erst in neuerer Zeit, seit 1890, ist man wieder auf die Verwendung des überhitzten Dampfes zurückgekommen, und scheint es, daß alle Schwierigkeiten durch eine zweckmäßigere Bauart der Maschinen und die Verwendung geeigneterer Schmier- und Dichtungsmittel überwunden worden sind. Die Ueberhitzung des Dampfes wird bis auf 300 ° C (bei der Schmidt'schen Heiß-Dampfmaschine sogar bis 350 ° C) getrieben, und sind hiermit Ersparnisse an Brennmaterial bis zu 30 Prozent erzielt worden.

Der in den meisten Dampfmaschinen zur Verwendung kommende Dampf ist aber gesättigter, und für ihn gelten auch immer die in den Tabellen enthaltenen Zahlen.

Zweiter Abschnitt.

Die Brennmaterialien und ihre Verbrennung.

Inhalt: Die gebräuchlichen Brennmaterialien; ihre Zusammensetzung. — Die Verbrennung der Körper; die Entzündungstemperatur. — Die unvollständige und vollständige Verbrennung des Kohlenstoffes; die Verbrennung des Wasserstoffes. Die Verbrennungswärmen des Kohlenstoffes und Wasserstoffes. — Die erforderlichen theoretischen Luftmengen. Der Einfluß des Luftüberschusses auf die Ausnutzung der Wärme; die Verbrennungstemperatur — Das Verhalten der Brennmaterialien bei ihrer Verbrennung. Die Verbrennung der aus dem frischen Brennmaterial sich entwickelnden Gase; die Verbrennung des entgasten Brennmateriales. Die Zusammensetzung der dem Schornstein entströmenden Gase. — Der Hauptsatz von der Verbrennung. — Die Heizkraft der Brennmaterialien; freier und gebundener Wasserstoff.

Im Dampfkesselbetrieb wird die Verdampfung größerer Mengen Wassers und die Gewinnung großer Dampfmengen beabsichtigt; zu diesem Zweck ist es erforderlich, auf künstlichem Wege große Wärmemengen zu erzeugen, deren Herstellungskosten aber verhältnißmäßig geringe sein müssen. Auf welche verschiedene Weisen Wärme gewonnen werden kann, ist bereits im ersten Abschnitt, Seite 3, gezeigt worden; unter den dort aufgeführten Mitteln ist das einzige, für die Wärmeerzeugung im großen Maßstabe praktisch verwendbare die Verbrennung geeigneter Stoffe, welche in der Natur in großen Mengen vorkommen, dem entsprechend billige sind und Brennmaterialien genannt werden.

In unseren Gegenden finden als Brennmaterialien vorzugsweise die Steinkohlen, die Braunkohlen, der Torf und das Holz Verwendung; daneben ist der Koks zu nennen.

Die Steinkohlen sind die Ueberreste von vorweltlichen Wäldern, welche vor Jahrtausenden durch große Erdumwälzungen in das Innere der Erde gebettet wurden und nun durch die Bergwerke zu ihrer Nutzbarmachung wieder empor gefördert werden. Die Braunkohlen sind Ueberreste gleicher Art, aber jüngeren Alters.

Die Stein- und Braunkohlen theilt man nach verschiedenen Gesichtspunkten in Sorten ein. Je nach der Stückgröße, in welcher der Schacht die Kohle verkauft, unterscheidet man Stückkohle, Nußkohle und klare Kohle, Staubkohle oder Schlemme; je nach der Flammenbildung beim Verbrennen nennt man sie eine kurzflammige Kohle, wenn sie mit kurzer Flamme verbrennt, eine langflammige, wenn sie recht lange Flammen bildet. Weiter unterscheidet man bei den Steinkohlen magere oder Sandkohle von fetter oder backender Kohle. Die erstere Sorte zerspringt beim Verbrennen in viele kleine Stücke; die letztere dagegen bäckt zusammen, schmilzt und bildet einen zähen Brei, welcher sich aufbläht. Für den Dampfkesselbetrieb eignen sich am besten Sorten, welche mit ihren Eigenschaften zwischen den mageren und fetten liegen, also bei dem Verbrennen ruhig liegen bleiben, sich lose an einander hängen, aber nicht schmelzen; man nennt dieses Verhalten sintern und solche Kohle Sinterkohle. Auch Bezeichnungen wie Kesselkohle, Schmiedekohle und Gaskohle, welche die Verwendungszwecke andeuten, zu welchen sich die Kohlensorte besonders eignet, werden gebraucht.

Als Torf bezeichnet man die Ueberreste von vermoderten Pflanzen, welche sich auf sumpfigem Boden abgelagert haben; ist die Torfschicht stark genug geworden, so wird die Masse abgestochen, in Ziegelform gebracht und getrocknet, um dann als Brennmaterial zu dienen.

Das Holz ist für die Dampfkesselheizung in der Regel zu theuer und wird meistens nur in der Form von Abfallstücken, Sägespähnen und Lohe als Brennmaterial verwendet.

Koks endlich ist der Rückstand der Stein- und Braunkohlen, wenn dieselben durch Erhitzen ihrer flüchtigen Gase und Oele beraubt werden, wie dies in Gasanstalten, welche Leuchtgas darstellen, oder in Kokereien, welche Koke zu Schmelzzwecken bereiten, geschieht.

Prüft der Chemiker in seinem Laboratorium einen Körper z. B. ein Stück Kohle, auf seine Zusammensetzung, so stößt er zuletzt auf einfache Körper oder Stoffe, welche sich nicht weiter zerlegen lassen; man nennt solche einfache Körper Urstoffe oder Elemente. Durch die Untersuchung der verschiedenartigsten Körper hat sich ergeben, daß in der Natur im Ganzen gegen 70 verschiedene Urstoffe oder Elemente vorkommen. Als Elemente sind anzusehen die verschiedenen Metalle, wie das Eisen, Kupfer, Zinn, Quecksilber u. s. w.; ferner Stoffe wie der Schwefel, Phosphor und andere.

Von der Zusammensetzung der Brennmaterialien, sowie den Eigenschaften und dem Verhalten der Elemente derselben, hängt nun auch in erster Linie die Menge der bei der Verbrennung entwickelten Wärme ab.

Die Zahl der in den Brennmaterialien enthaltenen Elemente ist ziemlich beträchtlich; man giebt indessen gewöhnlich nur diejenigen Elemente besonders an, welche für die Wärmeerzeugung von Bedeutung sind, während man die übrigen, meistens in geringen Mengen vorkommenden, keine Wärme erzeugenden Bestandtheile zusammenfaßt. Von diesem Gesichtspunkte aus betrachtet sind die wichtigsten Elemente und die Hauptbestandtheile der Brennmaterialien: der Kohlenstoff, der Wasserstoff und der Sauerstoff; endlich außer einer geringen Menge Stickstoff und Schwefel eine Anzahl von Elementen, welche bei der Verbrennung erdige und salzige Rückstände bilden und als solche den Namen Asche führen.

Die gebräuchlichen Brennmaterialien, deren Sorten selbstverständlich außerordentlich verschiedene Zusammensetzung aufweisen, enthalten in 100 kg bei mittlerer Güte etwa folgende Bestandtheile:

Zusammensetzung der Brennmaterialien:

100 kg Brennmaterial enthalten:	kg Kohlenstoff	kg Wasserstoff	kg Sauerstoff	kg Stickstoff, Schwefel und Asche
Westfälische Steinkohle .	80,9	3,1	7,1	8,9
Schlesische Steinkohle . .	73,7	4,7	13,9	7,7
Zwickauer Steinkohle*) .	72,4	5,0	15,8	6,8
Steinkohle des Plauenschen Grundes*)	59,3	4,0	13,9	22,8
Böhmische Braunkohle .	49,0	6,6	38,5	5,9
Erdige Braunkohle . .	34,5	7,8	51,4	6,3
Koks	90,0	0,0	0,0	10,0
Torf (lufttrocken) . . .	42,0	7,1	45,9	5,0
Holz (lufttrocken) . . .	39,6	6,6	52,8	1,0

Der Kohlenstoff ist ein fester Körper, den die Natur in reinem Zustand in zwei völlig verschiedenen Formen darbietet, nämlich als Graphit und als Diamant; beide Körper lassen sich außerordentlich schwer verbrennen. Eine dritte Form des Kohlenstoffes bildet den Hauptbestandtheil der Holzkohle, des Kokes und der Kohlen, sowie der gesammten Pflanzenwelt und ist leichter brennbar; die Holzkohle ist nahezu reiner derartiger Kohlenstoff.

Der Wasserstoff ist ein farbloses und geruchloses Gas, dabei das leichteste aller Gase und brennbar; seine Verbrennung erfolgt mit schwachleuchtender, aber sehr heißer Flamme.

*) Mittelwerthe nach Stein, Untersuchung der Steinkohlen Sachsens.

Der Sauerstoff und der Stickstoff sind ebenfalls farblose und geruchlose Gase, welche uns die Natur in ganz gewaltigen Mengen zur Verfügung stellt. So ist die atmosphärische Luft im Wesentlichen ein Gemisch dieser beiden Gase, und zwar enthalten immer 100 kg Luft 23,3 kg Sauerstoff und 76,7 kg Stickstoff. In den Brennmaterialien kommt der Stickstoff in verschwindend kleinen Mengen vor.

Der Schwefel ist, wie der Kohlenstoff, ein fester und brennbarer Körper; die Brennmaterialien enthalten ihn indessen in so geringen Mengen, daß er ebenfalls, wie der Stickstoff, außer Betracht bleiben kann.

Die aus den übrigen Bestandteilen der Brennmaterialien sich bildende Asche beträgt dagegen bei geringwerthigen Kohlensorten oftmals beinahe die Hälfte des Kohlengewichtes. Dieselbe ist eine todte, nutzlose Masse; in zusammengeschmolzenem Zustand heißt sie Schlacke. Je mehr Asche oder Schlacke ein Brennmaterial zurückläßt, desto schlechter oder geringwerthiger ist dasselbe, und desto weniger Wärme wird von einem Kilogramm desselben bei seiner Verbrennung entwickelt.

Die brennbaren, fast sämmtliche Wärme allein erzeugenden Elemente der Brennmaterialien sind nun der Kohlenstoff und der Wasserstoff.

Alle brennbaren Körper entwickeln bei ihrer Verbrennung unter Lichterscheinungen oder Flammenbildungen eine bestimmte, mehr oder weniger große Wärmemenge. Die Verbrennung besteht aber immer in einer Verbindung des brennbaren Körpers mit dem Sauerstoff. Durch diese Verbindung entstehen neue Körper, gewöhnlich eine gewisse Menge von Verbrennungsgasen, und in diesen ist die entwickelte Wärme enhalten.

Um eine Verbrennung herbeizuführen, genügt es meistens nicht, den zu verbrennenden Körper mit dem Sauerstoff in Berührung zu bringen; der brennbare Körper muß vielmehr erst auf eine genügend hohe Temperatur, die sogenannte Entzündungstemperatur gebracht werden, ehe die Verbrennung oder die Verbindung mit dem Sauerstoff vor sich geht. Es ist aber in der Regel nur nothwendig, die Verbrennung an einer einzigen Stelle des brennbaren Körpers einzuleiten; an die benachbarten Theilchen wird dann schon so viel Wärme abgegeben, daß dieselben ebenfalls auf die Entzündungstemperatur gelangen und nun, selbst verbrennend, die Verbrennung weiter fortpflanzen.

Die Verbrennung oder die Verbindung des Kohlenstoffes mit dem Sauerstoff kann auf zwei verschiedene Arten stattfinden. Entweder verbindet sich 1 kg Kohlenstoff mit $1^1/_3$ kg Sauerstoff, und es entstehen $2^1/_3$ kg Kohlenoxydgas; oder es verbinden sich 1 kg Kohlenstoff mit $2^2/_3$ kg Sauerstoff und bilden $3^2/_3$ kg Kohlensäure. Irgend eine dritte Verbindung zwischen Kohlenstoff und Sauerstoff ist nicht bekannt.

Das im ersten Fall entstandene Kohlenoxydgas ist wieder ein farbloses, geruchloses, noch brennbares und sehr giftiges Gas; seine Verbrennung erfolgt mit schöner, blauer Flamme, wobei eine weitere beträchtliche Menge Wärme entwickelt wird. Die im zweiten Fall gebildete Kohlensäure aber ist ein farbloses, nicht mehr brennbares Gas von stechend säuerlichem Geruch und Geschmack.

Da das Kohlenoxydgas bei Zuführung einer weiteren Menge von Sauerstoff noch zu Kohlensäure verbrannt werden kann, so wird die Verbrennung des Kohlenstoffes zu Kohlenoxydgas die unvollständige genannt, während man die sofortige Verbrennung des Kohlenstoffes zu Kohlensäure als vollständige bezeichnet.

Der Wasserstoff verbindet sich bei der Verbrennung nur in einem einzigen bestimmten Verhältnisse mit dem Sauerstoff; es kommen immer auf 1 kg Wasserstoff 8 kg Sauerstoff und entstehen 9 kg Wasserdampf.

Der Wasserdampf, ein durchsichtiger, farbloser, luftartiger Körper, ist mithin nichts anderes, als das Verbrennungsprodukt des Wasserstoffes, welches sich durch Abkühlung in die tropfbar flüssige Form überführen läßt und dann die Gestalt des für den Dampfkesselbetrieb so wichtigen Wassers annimmt.

In gleicher Weise, wie man die Wärmemengen ermittelt hat, welche zur Verdampfung des Wassers erforderlich sind, hat man nun auch durch genaue Versuche die Wärmemengen bestimmt, welche bei der Verbrennung des Kohlenstoffes und Wasserstoffes entwickelt werden; man nennt dieselben die Verbrennungswärmen dieser Körper. Die von Favre und Silbermann angestellten Versuche ergaben, daß bei der Verbrennung von 1 kg Kohlenstoff zu Kohlenoxydgas 2473 Wärmeeinheiten, bei der Verbrennung von 1 kg Kohlenstoff zu Kohlensäure 8080 Wärmeeinheiten und endlich bei der Verbrennung von 1 kg Wasserstoffgas zu Wasserdampf 34 463 Wärmeeinheiten entwickelt werden, welche Wärmemengen nach der Verbrennung in den entstandenen Verbrennungsgasen aufgespeichert sind.

Bei den im Dampfkesselbetriebe ausgeführten Verbrennungsvorgängen wird aber nun nicht reiner Sauerstoff dem Brennmaterial zugeführt, sondern atmosphärische Luft, welche, wie schon mitgetheilt, ein Gemisch von Sauerstoff und Stickstoff ist. 100 kg Luft enthalten nur 23,3 kg Sauerstoff; man muß also bei der Verbrennung an Stelle jedes Kilogramm reinen Sauerstoffes $\frac{100}{23,3} = 4,29$ kg Luft anwenden. Will man demnach ein Kilogramm Kohlenstoff zu Kohlenoxydgas verbrennen, so sind hierzu $1^1/_3 \times 4,29 = 5,7$ kg Luft erforderlich, oder wenn die Verbrennung eine solche zu Kohlensäure sein soll, $2^2/_3 \times 4,29 = 11,4$ kg Luft; zur Verbrennung eines Kilogramm Wasserstoffgases zu Wasserdampf werden dagegen $8 \times 4,29 = 34,3$ kg Luft gebraucht.

Die eben berechneten Luftmengen sind die zur Verbrennung gerade nöthigen und enthalten den erforderlichen Sauerstoff; man nennt sie daher die theoretisch erforderlichen Luftmengen.

Es bedarf noch des Hinweises, daß die bei der Verbrennung mit atmosphärischer Luft entstandenen Verbrennungsgase außer dem gebildeten Kohlenoxydgas, der Kohlensäure oder dem Wasserdampf auch noch die mit der Luft zugeführten, beträchtlichen Stickstoffmengen enthalten. Die letzteren haben zur Verbrennung gar nichts beigetragen und sind unverändert geblieben; sie haben aber ebenfalls einen Theil der entwickelten Wärme aufgenommen.

Der Verbrennung des Kohlenstoffes und Wasserstoffes liegen hiernach folgende Naturgesetze zu Grunde:

1. Unvollständige Verbrennung des Kohlenstoffes zu Kohlenoxydgas: 1 kg Kohlenstoff + 5,7 kg Luft = 6,7 kg Verbrennungsgase; in denselben enthaltene Wärme = 2473 Wärmeeinheiten.
2. Vollständige Verbrennung des Kohlenstoffes zu Kohlensäure: 1 kg Kohlenstoff + 11,4 kg Luft = 12,4 kg Verbrennungsgase; in denselben enthaltene Wärme = 8080 Wärmeeinheiten.
3. Verbrennung des Wasserstoffes zu Wasserdampf: 1 kg Wasserstoff + 34,3 kg Luft = 35,3 kg Verbrennungsgase; in denselben enthaltene Wärme = 34462 Wärmeeinheiten.

Im Interesse eines sparsamen Brennmaterialverbrauches wird man im Dampfkesselbetrieb bestrebt sein müssen, aus dem Brennmaterial möglichst große Wärmemengen zu entwickeln. Dies ist aber offenbar nur der Fall, wenn aller im Brennmaterial enthaltene Kohlenstoff zu vollständiger Verbrennung gelangt; denn in diesem Falle werden von jedem Kilogramm des Kohlenstoffes 8080 Wärmeeinheiten erhalten, während die unvollständige Verbrennung nur 2473 liefert und mithin den bedeutenden Verlust von 5607 Wärmeeinheiten nach sich zieht. Um eine vollständige Verbrennung des im

Brennmaterial enthaltenen Kohlenstoffes zu erzielen, muß der Heizer demnach dafür sorgen, daß jedem Kilogramm dieses Kohlenstoffes nicht weniger als 11,4 kg Luft zugeführt wird. In gleicher Weise soll auch aller im Brennmaterial enthaltene Wasserstoff verbrannt werden; dies ist aber nur möglich, wenn jedes Kilogramm desselben mit einer Zuführung von 34,3 kg Luft bedacht wird.

In den gebräuchlichen Feuerungsanlagen wird das in größeren oder kleineren Stücken bestehende Brennmaterial zumeist auf einem Rost ausgebreitet und die zur Verbrennung erforderliche Luft durch die Brennmaterialschicht geführt. Auf dem Wege durch die Zwischenräume der Brennmaterialstücke treten nun bei weitem nicht alle in der zugeführten Luft enthaltenen Sauerstofftheilchen an das Brennmaterial heran, und es bleibt ein mehr oder weniger großer Theil derselben wirkungslos. Die vollständige Verbrennung läßt sich daher auch nicht mit der theoretisch erforderlichen Luftmenge durchführen, sondern dem Brennmaterial muß wesentlich mehr Luft zugeführt werden, oder der Heizer muß, wie man sagt, mit einem gewissen *Luftüberschuß* arbeiten.

Nun ist es aber auf der anderen Seite durchaus nicht rathsam, in der guten Absicht, mit Sicherheit eine vollständige Verbrennung zu erzielen, den Luftüberschuß beliebig groß zu machen; ein einfaches Beispiel wird die Schädlichkeit eines zu großen Luftüberschusses überzeugend darlegen.

Es seien drei verschiedene Dampfkesselanlagen vorhanden. In der ersten werde das Brennmaterial mit der theotetisch erforderlichen Luftmenge vollständig verbrannt, in der zweiten mit dem Doppelten dieser Luftmenge, in der dritten aber mit dem Dreifachen derselben. Um die Sache zu vereinfachen, werde als Brennmaterial reiner Kohlenstoff angenommen, was einer Feuerung mit Holzkohle oder Koks etwa entsprechen würde. Aus jedem Kilogramm Brennmaterial werden mithin in der ersten Anlage $1 + 11{,}4 = 12{,}4$ kg, in der zweiten $1 + 2 \times 11{,}4 = 23{,}8$ kg, in der dritten aber $1 + 3 \times 11{,}4 = 35{,}2$ kg Verbrennungsgase gebildet.

In diesen drei verschiedenen Gasmengen findet sich natürlich immer dieselbe Wärmemenge vor, welche das eine Kilogramm Kohlenstoff bei seiner Verbrennung entwickelt hat, das sind 8080 Wärmeeinheiten. Dann enthält 1 kg der Verbrennungsgase bei der ersten Anlage $\frac{8080}{12{,}4} = 652$ Wärmeeinheiten, bei der zweiten Anlage nur $\frac{8080}{23{,}8} = 339$ Wärmeeinheiten, bei der dritten aber gar nur $\frac{8080}{35{,}2} = 229$ Wärmeeinheiten.

Durch Versuche ist nun ermittelt worden, daß jedem Kilogramm der bei der Verbrennung gebildeten Verbrennungsgase, um deren

Temperatur um einen ^{0} C zu erhöhen, etwa 0,25 Wärmeeinheiten zugeführt werden müssen. Es wurde weiter schon Seite 6 gezeigt, daß man die jedem Kilogramm eines zu erwärmenden Körpers zuzuführende Wärmemenge sehr einfach findet, wenn man die Wärmemenge, welche für die Temperaturerhöhung um einen ^{0} C erforderlich ist, mit der gewünschten Temperaturerhöhung in Celsiusgraden multiplizirt.

Umgekehrt kann jetzt auch berechnet werden, welche Temperaturen die aus dem Brennmaterial und der zugeführten Luft entstandenen Verbrennungsgase unmittelbar nach der Verbrennung besitzen, wobei aber der weiteren Einfachheit halber die Temperaturen, welche das Brennmaterial und die Luft vor der Verbrennung besaßen, zu 0^0 C angenommen werden sollen. Man nennt die so berechneten Temperaturen die Verbrennungstemperaturen und findet sie, wenn man die nach der Verbrennung in einem Kilogramm der Gase enthaltene Wärme dividirt durch die Wärmemenge, welche eine Temperaturerhöhung um einen ^{0} C zu erzeugen im Stande war.

Wird diese Berechnungsweise auf die drei gedachten Dampfkesselanlagen angewendet, so erhält man für die erste Anlage eine Verbrennungstemperatur von $\frac{652}{0{,}25} = 2608^0$ C, für die zweite eine solche von $\frac{339}{0{,}25} = 1356^0$ C, für die dritte endlich eine solche von $\frac{229}{0{,}25} = 916^0$ C.

In den drei verschiedenen Kesselanlagen sollen nun die zur Verfügung stehenden Verbrennungsgase gleich gut ausgenützt werden, d. h. die Gase sollen etwa bis auf 250^0 C abgekühlt werden, ehe sie in den Schornstein treten; diese angenommene Schornsteintemperatur findet man, nebenbei bemerkt, meistens bei guten Kesselanlagen vor.

Der Einfluß, welchen die drei verschiedenen, bei der Verbrennung zugeführten Luftmengen auf die Nutzbarmachung der entwickelten Wärme ausgeübt haben, ist nunmehr leicht zu erkennen.

Immer ist die von einem Kilogramm des Brennmateriales gelieferte Wärmemenge dieselbe, das sind 8080 Wärmeeinheiten; zieht man von dieser Wärmemenge diejenige ab, welche die von einem Kilogramm Brennmaterial gebildeten Verbrennungsgase mit sich in den Schornstein nehmen, so erhält man offenbar, abgesehen von einigen Nebenverlusten, die Wärmemenge, welche in den Kessel gegangen ist und eine derselben entsprechende Menge Dampf erzeugt hat.

In der ersten Anlage sind aus jedem Kilogramm Kohlenstoff 12,4 kg Verbrennungsgase gebildet worden, welche mit 250^0 C in den Schornstein gehen; folglich beträgt die in denselben noch enthaltene Wärmemenge 12,4 × 0,25 × 250 = 775 Wärmeeinheiten, und es sind in den Kessel gebracht worden 8080 — 775 = 7305 Wärmeeinheiten oder $\frac{7305}{8080}$ = 90 Prozent der entwickelten Wärme. Bei der zweiten Anlage enthalten die in den Schornstein eintretenden 23,8 kg Verbrennungsgase noch 23,8 × 0,25 × 250 = 1487 Wärmeeinheiten, und beträgt die in den Kessel gegangene Wärmemenge 8080 — 1487 = 6593 Wärmeeinheiten, mithin nur $\frac{6593}{8080}$ = 81 Prozent der entwickelten Wärme oder 9 Prozent weniger, wie in der ersten Anlage. In der dritten Anlage endlich führen die 35,2 kg Verbrennungsgase 35,2 × 0,25 × 250 = 2200 Wärmeeinheiten mit sich fort, und sind nur 8080 — 2200 = 5880 Wärmeeinheiten oder $\frac{5880}{8080}$ = 72 Prozent der entwickelten Wärme in den Kessel gegangen. Dies ergiebt der ersten Anlage gegenüber einen Mehrverlust von 18 Prozent. Oder anders ausgedrückt: Sind in der ersten Anlage mit einer gewissen Brennmaterialmenge 90 kg Dampf erzeugt worden, so beträgt die mit der gleichen Brennmaterialmenge erzielte Dampfmenge in der zweiten Anlage nur 81 kg, in der dritten aber gar nur 72 kg.

Zur besseren Uebersicht sind die erhaltenen Zahlen in die folgende kleine Tabelle gebracht worden:

Verbrennung von 1 kg Kohlenstoff zu Kohlensäure	Luftzuführung		
	Die theoretisch erforderliche Luftmenge	Das Doppelte der theoretisch erforderlichen Luftmenge	Das Dreifache der theoretisch erforderlichen Luftmenge
Menge der entstandenen Verbrennungsgase . .	12,4 kg	23,8 kg	35,2 kg
Entwickelte Wärmeeinheiten	8080	8080	8080
Verbrennungs-Temperatur der Gase	2608° C	1356° C	916° C
Schornsteintemperatur . .	250° C	250° C	250° C
In den Kessel gebrachte Wärmeeinheiten . . .	7305	6593	5880
Verlust durch den Schornstein in Prozenten . .	10 %	19 %	28 %

Noch größere Unterschiede treten aber zu Tage, wenn Verbrennungsversuche mit verschiedenen Luftmengen an ein und derselben Kesselanlage vorgenommen werden, da kleinere Gasmengen bei gleichem Wärmegehalt sich viel weiter abkühlen, als größere, und die hieraus sich ergebende niedrigere Schornsteintemperatur auch einen geringeren Schornsteinverlust zur Folge hat. Jedenfalls ist ersichtlich, daß die Menge der bei der Verbrennung des Kohlenstoffes zugeführten Luft auf die Ausnützung der entwickelten Wärme einen ganz wesentlichen Einfluß ausübt. Die Erzeugung einer verhältnißmäßig geringen Menge von Verbrennungsgasen mit hoher Temperatur erweist sich am vortheilhaftesten.

Es ist selbstverständlich, daß bei der Verbrennung des Wasserstoffes mit verschiedenen Luftmengen sich ganz Gleichartiges ergeben muß.

Im Dampfkesselbetrieb hat man es nun nicht mit der Verbrennnng von einfachem Kohlenstoff und Wasserstoff zu thun, sondern mit der Verbrennung von Brennmaterialien, das heißt Körpern, welche in sehr verschiedener Weise aus Kohlenstoff, Wasserstoff und zahlreichen anderen Urstoffen oder Elementen zusammengesetzt sind. Die Verbrennung dieser zusammengesetzten Körper geht in folgender Weise vor sich:

Nachdem das zumeist aus größeren oder kleineren Stücken bestehende Brennmaterial auf einer Platte, welche mit zahlreichen Oeffnungen versehen ist und Rost genannt wird, ausgebreitet worden ist, wird es angezündet und nun mit Hilfe eines Schornsteins oder auf andere künstliche Weise ununterbrochen atmosphärische Luft herbeigeholt und gezwungen, durch die Rostöffnungen hindurch zu dem Brennmaterial zu strömen. Die Verbrennung setzt sich fort, und das Brennmaterial wird allmählich verzehrt und umgewandelt. Die brennbaren Bestandtheile des Brennmaterials verbinden sich hierbei mit dem Sauerstoff der Luft zu verschiedenen Gasarten, welche entweichen, während die unverbrennlichen Bestandtheile als Asche oder Schlacke zurückbleiben. Das verzehrte Brennmaterial muß schließlich durch frisches ersetzt, die Asche und Schlacke müssen von Zeit zu Zeit entfernt werden.

Das Brennmaterial wird in einer mehr oder weniger hohen Schicht auf dem Rost ausgebreitet. Zwischen den einzelnen Brennmaterialstücken bilden sich zahlreiche Zwischenräume, durch welche sich die zuströmende Luft winden muß; sie prallt auf ihrem Wege natürlich häufig an Brennmaterialstücke, die in ihrem Wege liegen, und ist dann gezwungen, um dieselben sich zu bewegen. Hierdurch wird aber ermöglicht, daß immer wieder neue Sauerstofftheilchen mit dem Brennmaterial in Berührung kommen und an der Verbrennung thätigen Antheil nehmen.

Wird der Feuerung frisches Brennmaterial zugeführt, so ist dasselbe kalt und muß erst erhitzt werden, ehe es sich entzündet und von selbst weiter brennt. Die hierzu erforderliche Wärme liefert das bereits in lebhafter Verbrennung befindliche Brennmaterial. Während und in Folge dieser Erhitzung entweicht nun zunächst das in dem meistens feuchten Brennmaterial enthaltene Wasser als Wasserdampf. Hierauf wird das im Brennmaterial befindliche Wasserstoffgas ausgetrieben, und werden bei allen Brennmaterialien, mit Ausnahme des Kokes und der Holzkohle, längere oder kürzere Zeit hindurch an der Oberfläche und im Inneren des Brennmaterialstückes neben Kohlenoxydgas eine große Menge von brennbaren Gasen und Dämpfen gebildet, welche in verschiedener Weise aus Kohlenstoff und Wasserstoff zusammengesetzt sind und Kohlenwasserstoffe heißen. Das gesammte Gasgemisch ist nichts anderes als rohes Leuchtgas; die Dämpfe nennt man im flüssigen Zustande Theer.

Die im Innern des Brennmaterialstückes sich bildenden Gase und Dämpfe zertreiben dasselbe oft mit großer Gewalt und brechen aus demselben in Strahlen hervor, oder blähen es auf, wenn das Brennmaterial eine backende oder schmelzende Kohle ist. Durch diese Vorgänge wird aber ein wichtiger Zweck erfüllt; das Brennmaterialstück wird zerkleinert, aufgelockert oder porös gemacht, und der Luft das Eindringen in das Brennmaterial zum Zwecke der weiteren Verbrennung erleichtert.

Damit das gebildete, aus Wasserstoff, Kohlenoxydgas und Kohlenwasserstoffen, also lauter brennbaren Körpern bestehende Gemisch verbrennen kann, muß es mit der zu seiner Verbrennung nöthigen Luftmenge versehen und vermischt, alsdann aber entzündet, also auf die erforderliche Entzündungstemperatur gebracht werden. Sind alle diese Bedingungen erfüllt, so wird auch eine vollkommene Verbrennung des Gemisches erzielt, und es entsteht aus dem Wasserstoff Wasserdampf und aus dem Kohlenoxydgas Kohlensäure, während die Kohlenwasserstoffe in ihre Bestandtheile, Kohlenstoff und Wasserstoff, zerfallen und ebenfalls zu Kohlensäure und Wasserdampf verbrennen; bei der Verbrennung der Kohlenwasserstoffe bilden sich aber lange, leuchtende Flammen, deren Leuchten von dem in der Flamme schwebenden, fein vertheilten, glühenden Kohlenstoff verursacht wird.

Wird das Gemisch zwar hoch genug erhitzt, um sich zu entzünden, demselben aber weniger, als die zur Verbrennung nöthige Luftmenge zugeführt, so verbrennt zwar der Wasserstoff und ein Theil des Kohlenoxydes und der Kohlenwasserstoffe. Ein anderer Theil dieser Gase und Dämpfe bleibt aber unverbrannt oder verbrennt insofern mangelhaft, als von den Kohlenwasserstoffen nur der leichter verbrennliche Wasserstoff zur Verbrennung gelangt, während der von diesem Wasserstoff getrennte Kohlenstoff als Ruß ausgeschieden wird und in der weithin sichtbaren Form einer schwarzen Rauchwolke dem Schornstein entquillt. Die Verbrennung des Gemisches ist dann eine unvollkommene. Daß hierdurch die Wärmeentwickelung geschmälert wird, und Verluste herbeigeführt werden, liegt auf der Hand.

Wird das Gemisch von brennbaren Gasen und Dämpfen aber gar nicht bis zur Entzündungstemperatur erhitzt, so entweicht es unverbrannt als Rauch; es führt dies zu einem noch größeren Verlust, weil eine beträchtliche Menge der im Brennmaterial schlummernden Wärme in Folge der unterbliebenen Verbrennung gar nicht zur Entwickelung kommt.

Das von dem frischen Brennmaterial entwickelte Gemisch von Gasen und Dämpfen liefert bei seiner vollkommenen Verbrennung selbstverständlich eine ganz bestimmte Menge Wärme. Es ist ohne Weiteres klar, daß die Verbrennung des Gemisches mit einem unnöthig großen Luftüberschusse die Nutzbarmachung der gewonnenen Wärme in ähnlicher Weise nachtheilig beeinflussen wird, wie dies für den Kohlenstoff nachgewiesen wurde.

Also auch die aus dem frischen Brennmaterial sich entwickelnden Gase und Dämpfe müssen stets vollkommen, aber mit mäßigem Luftüberschusse verbrannt werden, wenn die in diesen brennbaren Körpern schlummernde Wärme vollständig entwickelt und ihre Ausnutzung eine möglichst weitgehende werden soll.

Sind aber nun alle jene Gase und Dämpfe aus dem frisch zugeführten Brennmaterial ausgetrieben worden, so besteht dasselbe in der Hauptsache nur noch aus Kohlenstoff und den später die Asche oder Schlacke bildenden Bestandtheilen und ist demnach ein dem Koks oder der Holzkohle ganz ähnlicher Körper geworden.

In der den Rost bedeckenden, jetzt durchweg glühenden Brennmaterialschicht geht die Verbrennung in folgender Weise vor sich:

Unmittelbar über dem Rost und in dem untersten Theil der Brennmaterialschicht ist der Sauerstoff in großem Ueberflusse vorhanden, und erfolgt daher die Verbrennung des Kohlenstoffes stets zu Kohlensäure. Dem nächst höheren Theil der Schicht strömt also ein Gemisch von Kohlensäure und Luft zu, welche letztere aber sauerstoffärmer und stickstoffreicher ist, wie die natürliche Luft. Es findet nun zwar in diesem Schichttheil, da immer noch sehr viel Sauerstoff vorhanden ist, einerseits eine weitere Verbrennung des Kohlenstoffes zu Kohlensäure statt; andererseits bildet sich aber auch bei der Berührung zwischen Kohlenstoff und Kohlensäure durch Aufnahme von Kohlenstoff Kohlenoxydgas, welches sich von Neuem mit Luft mischt und mit dem Sauerstoff derselben noch innerhalb oder auch außerhalb der Brennmaterialschicht wieder zu Kohlensäure verbrennt. Dieser Vorgang setzt sich von Schichttheil zu Schichttheil fort.

Wie man durch Versuche nachweisen kann, wird bei der Umwandelung der Kohlensäure in Kohlenoxydgas Wärme verbraucht; die Menge dieser Wärme ist aber genau so groß, wie diejenige, welche bei der Verbrennung des Kohlenoxydes zu Kohlensäure erzeugt wird. Spielen sich daher diese beiden Vorgänge nach einander ab, so wird hierbei weder Wärme gewonnen, noch verloren, und das Endergebniß an Wärme ist genau dasselbe, wie bei der einmaligen, unmittelbaren Verbrennung des Kohlenstoffes zu Kohlensäure.

Nun soll die Verbrennung des Kohlenstoffes stets eine vollständige mit mäßigem Luftüberschusse sein; dann muß aber die Verbrennung in der glühenden Brennmaterialschicht offenbar so erfolgen, daß aller Kohlenstoff und auch alles gebildete Kohlenoxydgas zu Kohlensäure verbrennen, und daß schließlich nur wenig freier Sauerstoff übrig bleibt. Hierzu ist die Zuführung einer richtig bemessenen Menge Luft die Grundbedingung.

Ist dagegen die Luftzuführung eine zu geringe, so wird das entgaste Brennmaterial nur theilweise zu Kohlensäure verbrannt; ein Theil desselben aber verbrennt unvollständig, d. h. zu Kohlenoxydgas, welches nicht weiter zu Kohlensäure verbrennen kann, weil es an Sauerstoff fehlt, und es wird dann weniger Wärme entwickelt, als bei vollständiger Verbrennung erhalten werden könnte*).

Ist endlich die Luftzuführung eine zu reichliche, so wird zwar die Wärmeentwickelung eine vollständige, aber die Ausnützung der entwickelten Wärme eine weniger gute.

*) Nach Hempel hängt die Art der Verbrennung des Kohlenstoffs weniger von der Luftmenge, als von der Temperatur der Verbrennung ab. Bei Rothgluth bildet sich vorwiegend Kohlensäure, bei Weißgluth vorwiegend Kohlenoxydgas, welches mit der überschüssigen Luft zu Kohlensäure verbrennt. Da die Dampfkesselfeuerungen stets mit Luftüberschuß arbeiten, so findet man in den Verbrennungsgasen thatsächlich nur wenig Kohlenoxydgas vor.

Das entgaste Brennmaterial, welches in der Hauptsache aus Kohlenstoff und Asche besteht, muß also ebenfalls vollständig, aber mit mäßigem Luftüberschusse verbrannt werden, wenn die Entwickelung der Wärme zu einer vollständigen und die Ausnutzung dieser Wärme zur vortheilhaftesten werden soll.

Die Gase, die dem Schornstein entströmen, werden demnach bei der besten Verbrennung immer zusammengesetzt sein aus Kohlensäure, etwas Wasserdampf, so lange auf dem Roste von dem frischen Brennmaterial noch Gase und Dämpfe entwickelt werden, einer geringen Menge von überschüssigem Sauerstoff und dem mit der Luft zugeführten Stickstoff. Der letztere hat zwar zur Verbrennung nicht das Geringste beigetragen, ja, er ist sogar schädlich, denn er nimmt einen beträchtlichen Theil der entwickelten Wärme, welcher verloren geht, mit sich in den Schornstein; seine Anwesenheit ist aber nicht zu umgehen. Nach dem Aufgeben frischen Brennmateriales nimmt die Wasserdampfmenge natürlich etwas zu.

Wenn dagegen die Verbrennung auf dem Roste eine mangelhafte oder fehlerhafte ist, so enthalten die dem Schornstein entströmenden Gase entweder noch unverbranntes Kohlenoxydgas, unverbrannte Kohlenwasserstoffe als Rauch und unverbrannten Kohlenstoff in Gestalt von Ruß, oder auch viel überschüssige Luft.

Die Ergebnisse der bisherigen Erörterungen lassen sich jetzt in folgenden Hauptsatz zusammen fassen: **Soll die in dem Brennmaterial schlummernde Wärme bei der Verbrennung völlig zur Entwickelung kommen und so weit, als möglich, nutzbar gemacht werden, so hat der Heizer dafür zu sorgen, daß dem Brennmaterial stets ausreichend Luft zugeführt wird, damit aller Kohlenstoff vollständig zu Kohlensäure und der Wasserstoff zu Wasserdampf verbrennen kann; die Luftzuführung ist indessen auf das unbedingt nothwendige Maß zu beschränken, weil jedes Uebermaß von Luft sofort zu Verlusten führt. Damit die Verbrennung zu einer vollkommenen wird, ist weiter dafür zu sorgen, daß es nie an der erforderlichen Entzündungstemperatur fehlt.**

In diesem wichtigen Satz liegt nun die ganze Kunst des sparsamen Heizens verborgen, und aus ihm lassen sich auch alle die Regeln ableiten, welche zu befolgen sind, wenn man mit einer bestimmten Menge Brennmaterial möglichst viel Wasser in Dampf verwandeln will.

Die Wärmemenge, welche bei der vollkommenen Verbrennung eines *Kilogramm Brennmateriales* entwickelt wird, nennt man die

Heizkraft desselben; dieselbe kann durch Versuche ebenso ermittelt werden, wie dies mit den Verbrennungswärmen des Kohlenstoffes und des Wasserstoffes durch Favre und Silbermann geschehen ist.

Aber auch auch auf einem zweiten Wege läßt sich die Heizkraft eines Brennmateriales bestimmen; ist nämlich die Zusammensetzung desselben bekannt, so kann die bei vollkommener Verbrennung zu erwartende Wärme im Voraus berechnet werden.

Für den im Brennmaterial enthaltenen Kohlenstoff ist diese Rechnung eine sehr einfache; denn so viele Kilogramm Kohlenstoff in 100 kg Brennmaterial enthalten sind, so viel mal 8080 Wärmeeinheiten werden bei seiner Verbrennung zu Kohlensäure entwickelt.

Bei dem Wasserstoff ist dagegen zu berücksichtigen, daß nicht das volle, im Brennmaterial enthaltene Gewicht desselben in Rechnung gezogen werden darf; es ist nämlich nur ein Theil desselben als sogenannter freier Wasserstoff vorhanden, während der andere, unfreie oder gebundene, mit dem vollen Sauerstoffgehalt des Brennmateriales verbunden ist und das im Brennmaterial enthaltene Wasser bildet. Nun besteht aber bekanntlich das Wasser aus einem Gewichtstheil Wasserstoff und 8 Gewichtstheilen Sauerstoff; wird demnach die im Brennmaterial enthaltene Sauerstoffmenge durch 8 dividirt, so ergiebt dies die Wasserstoffmenge, welche mit dem Sauerstoff des Brennmateriales zu Wasser verbunden ist.

Die gebundene Wasserstoffmenge kann erst eine freie werden, wenn das in Dampfform übergegangene Wasser des Brennmateriales einer sehr hohen Temperatur ausgesetzt wird, unter welchen Verhältnissen es in seine Bestandtheile, Wasserstoff und Sauerstoff, zerfällt. Bei dieser Zersetzung wird aber Wärme verbraucht, deren Menge genau so groß ist, wie die bei der Verbrennung des Wasserstoffes zu Wasserdampf sich entwickelnde. Wird daher erst Wasserdampf zersetzt, und nachher der erhaltene Wasserstoff wieder verbrannt, so kann hierbei, ähnlich wie bei der Bildung von Kohlenoxydgas aus Kohlensäure und der nachherigen Wiederverbrennung dieses Gases zu Kohlensäure, ebensowenig Wärme gewonnen, wie verloren werden.

Soll die aus dem Wasserstoffgehalt des Brennmateriales zu erwartende Wärmemenge berechnet werden, so muß also die an den Wassergehalt des Brennmateriales gebundene Wasserstoffmenge von der gesammten abgezogen, und darf nur der übrig bleibende, freie Wasserstoff in Rechnung gebracht werden, von welchem dann jedes Kilogramm bei seiner Verbrennung 34 462 Wärmeeinheiten erwarten läßt.

Die zur Verdampfung des im Brennmaterial enthaltenen

Wassers erforderliche Wärmemenge ist als Verlust in Betracht zu ziehen.

Die bei der Verbrennung des Brennmateriales zu erwartende Wärmemenge oder die Heizkraft desselben ergiebt sich schließlich als die Summe der aus dem Kohlenstoff und dem freien Wasserstoff berechneten Wärmemengen, vermindert um die zur Verdampfung des Wassergehaltes erforderliche Wärmemenge.

In der zweiten Spalte der im vierten Abschnitt mitgetheilten Tabelle sind die berechneten Heizkräfte der gebräuchlichen Brennmaterialien und zwar für je ein Kilogramm derselben bei mittlerer Güte angegeben.

Dritter Abschnitt.

Das sparsame und rauchfreie Heizen.

Inhalt: Die Entwickelung der Regeln für das sparsame und rauchfreie Heizen: 1. Die Vorbereitung des Brennmateriales (geeignete Stückgröße). 2. Die Aufschichtung des Brennmateriales. 3. Das Heizen nach dem Dampfverbrauch (Zusammenhang zwischen Luftmenge, Schichthöhe und Rostgröße). 4. Das Niederbrennen der Schicht. 5. Die Zuführung des frischen Brennmateriales. 6. Das Schüren und Abschlacken. — Zusammenstellung der Regeln. — Die Gewährung von Kohlenprämien; ein Wettheizversuch.

An der Hand des im zweiten Abschnitt gewonnenen Hauptsatzes der Verbrennung lassen sich nunmehr folgende Regeln für das sparsame und zugleich rauchfreie Heizen ableiten:

I. Damit möglichst viele der in der Luft enthaltenen Sauerstofftheilchen an der Verbrennung theilnehmen, ist es offenbar nothwendig, die in mehr oder weniger starken Strahlen durch die Brennmaterialschicht strömende Luft mit einer genügend großen Brennmaterialoberfläche in Berührung zu bringen. Große Brennmaterialstücke bieten aber im Verhältnisse zu ihrem Gewicht der Luft nur wenig Oberfläche dar und lassen zwischen sich weite Zwischenräume; eine große Anzahl Sauerstofftheilchen der hierdurch gebildeten, starken Luftströme kommen daher gar nicht mit der verhältnißmäßig kleinen Oberfläche des Brennmateriales in Berührung und nehmen an der Verbrennung keinen Antheil. Soll trotz dieser ungünstigen Umstände der Sauerstoff der Luft möglichst ausgenützt und eine Verbrennung mit zu großem Luftüberschusse vermieden werden, so ist dies nur zu erreichen durch die Herstellung und Innehaltung einer sehr hohen Schicht großer Brennmaterialstücke.

Die Unterhaltung einer hohen Schicht großer Brennmaterialstücke auf dem Rost ist nun aber jedenfalls eine recht beschwerliche Arbeit, und es ist offenbar weit besser, das Brennmaterial in kleineren Stücken zu verwenden. Denn diese besitzen im Verhältnisse zu ihrem

Gewicht weit mehr Oberfläche, lassen zwischen sich nur enge Zwischenräume und theilen die Luft in dünnere Ströme, infolgedessen der Sauerstoff der Luft viel rascher aufgezehrt wird; überdies kann das Brennmaterial auch weit müheloser nach jedem beliebigen Punkt des Rostes gebracht werden. Je kleiner die Stücke sind, um so günstiger werden die Verhältnisse; um so weniger hoch braucht die Schicht zu sein.

Der sorgsame Heizer wird also Kohle, welche vom Schacht in großen Stücken geliefert wird, stets vor dem Aufgeben zerkleinern und zwar im Allgemeinen bis zu einem Grade, bei welchem das Durchfallen durch die Rostspalten noch hinreichend verhindert wird, d. h. bis zu Ei- oder Nußgröße. Nur bei Kohle, welche stark schmilzt und zusammenbäckt, sowie bei mangelhaftem Zug infolge unzureichenden Schornsteins sind faustgroße, weniger dicht zusammenbackende und größere Zwischenräume lassende Stücke anzuwenden, um der Luft den Durchgang durch die Brennmaterialschicht zu erleichtern.

Damit aber schließlich alle Brennmaterialstücke in möglichst gleich guter und rascher Weise zur Verbrennung gelangen, müssen dieselben vom Heizer in nahezu gleicher Größe dem Feuer zugeführt werden.

II. Sind Stellen des Rostes unbedeckt, so strömt durch dieselben eine große Menge Luft ein, welche unwirksam bleibt und den Luftüberschuß unnöthiger Weise erhöht; ein solcher Zustand ist natürlich schädlich. Der Heizer muß daher besorgt sein, stets alle Stellen des Rostes mit Brennmaterial bedeckt zu halten.

Aber selbst Ungleichheiten in der Dicke der Brennmaterialschicht wirken leicht nachtheilig. An den zu dick belegten Stellen des Rostes fehlt es an Sauerstoff, und wird die Verbrennung infolge von Sauerstoffmangel zu einer unvollständigen. An den zu dünn belegten Stellen kommt dagegen eine große Menge von Sauerstofftheilchen mit dem wenigen Brennmaterial gar nicht in Berührung und trägt demnach nichts zur Verbrennung bei; die Verbrennung erfolgt an diesen Stellen mit einem zu großen Luftüberschuß.

Nun kann zwar noch ein Ausgleich außerhalb der Brennmaterialschicht stattfinden, indem eine nachträgliche Verbrennung der noch brennbaren und mit der überschüssigen Luft sich mischenden Gase eintritt; doch geschieht dies nur, wenn die Vermischung der Gase mit der Luft eine gute und die erforderliche Entzündungstemperatur vorhanden ist. Es wird offenbar besser sein, wenn die Verbrennung gleich von Haus aus auf allen Theilen des Rostes sich zu einer guten gestaltet. Dann wird aber der Heizer dafür zu sorgen haben, daß alle Theile des Rostes stets möglichst gleich hoch mit Brennmaterial bedeckt sind.

III. Wird einem Dampfkessel mehr Dampf entnommen, als derselbe erzeugt, so macht sich dies sofort durch Sinken des Dampfdruckes bemerkbar; der Zeiger des Dampfdruckmessers oder Manometers geht zurück. Nun ist es aber in den meisten Fällen und besonders bei der Verwendung des Dampfes zum Betriebe von Dampfmaschinen erwünscht und nothwendig, immer mit gleichmäßig hohem Dampfdruck arbeiten zu können. Der Heizer wird daher bemüht sein müssen, dem Sinken des Druckes durch eine dem größeren Dampfverbrauche entsprechend stärkere Dampferzeugung entgegen zu wirken. Soll der Kessel aber mehr Dampf, wie bisher erzeugen, so muß auch mehr Wärme entwickelt und dem Kessel zugeführt werden; der Heizer muß also eine vermehrte Verbrennung von Brennmaterial herbei zu führen suchen. Diesen Zweck erreicht der Heizer bekanntlich dadurch, daß er den Zug durch Heben des Essenschiebers oder der Aschenfallklappe oder durch andere künstliche Hülfsmittel verstärkt, wodurch dem Rost mehr Luft zugeführt und die Verbrennung beschleunigt wird.

Vermindert sich dagegen der Dampfverbrauch, so merkt dies der Heizer am Steigen des Dampfdruckes und schließlichen Abblasen der Sicherheitsventile. Die Dampferzeugung ist jetzt zu vermindern, zu welchem Zwecke der Heizer den Zug durch Herablassen des Essenschiebers oder auch auf andere Weise zu dämpfen hat, wodurch die Luftzuführung vermindert und die Verbrennung verlangsamt wird.

Der gute, mit dem Brennmaterial sparsam umgehende Heizer wird nun jedenfalls mit allen ihm zu Gebote stehenden Mitteln dahin zu streben haben, daß die Verbrennung unter allen Umständen, gleichgültig, ob sie rascher oder langsamer zu erfolgen hat, doch stets zu einer guten, also vollständigen, aber mit mäßigem Luftüberschusse sich vollziehenden wird. Es soll gleich gezeigt werden, auf welche Weise dieses Ziel zu erreichen ist, und welche Schwierigkeiten dem Heizer die Lösung dieser Aufgabe zuweilen unmöglich machen.

Tritt ein Sauerstofftheilchen an einen Punkt des Brennmaterialstückes heran, und spielt sich ein Verbrennungsvorgang ab, so muß das hierbei entstandene Gastheilchen sich erst entfernt haben, ehe ein zweiter solcher Vorgang stattfinden kann. Damit nun genügend viele Sauerstofftheilchen der durch die Brennmaterialschicht strömenden Luft an derartigen Verbrennungsvorgängen theilnehmen, muß dem Luftstrom eine entsprechend große Brennmaterialoberfläche dargeboten werden.

Wird dem Rost mehr Luft zugeführt, so müssen auch die in dieser Luft enthaltenen Sauerstofftheilchen mehr Brennmaterialoberfläche vorfinden; diesem Erforderniß wird aber genügt, wenn die Luft gezwungen wird, einen entsprechend längeren Weg innerhalb der Brennmaterialschicht zurückzulegen, zu welchem Zweck nur die Höhe der Brennmaterialschicht entsprechend vermehrt zu werden braucht.

Je größer demnach die Menge der dem Rost zugeführten Luft ist, um so mehr Brennmaterial wird verbrannt; eine um so höhere Schicht von Brennmaterial hat aber der Heizer auf dem Rost zu unterhalten, um immer dieselbe gute Verbrennung zu erzielen.

Es können nun aber bei zwei verschiedenen Feuerungen in der gleichen Zeit gleich große Luftmengen zugeführt und gleich große Mengen Brennmaterial derselben Art gleich gut verbrannt worden sein, ohne daß die Brennmaterialschichten der beiden Feuerungen dieselbe Höhe besaßen. Waren nämlich die Flächen der Brennmaterialschicht oder, was dasselbe sagen will, die Größen der Rostfläche verschiedene, so mußten sogar die Schichthöhen andere sein, wenn eine gleich gute Verbrennung erzielt werden sollte. Denn je größer die Rostfläche ist, eine um so kleinere Luftmenge entfällt auf einen bestimmten Theil, etwa den Quadratmeter dieser Fläche; eine umso geringere Schichthöhe ist aber dann anzuwenden. Bei einer kleinen Rostfläche kehrt sich dieses Verhältniß um; es muß hier eine entsprechend höhere Brennmaterialschicht unterhalten werden.

Soll also auf einem Rost in einer gewissen Zeit eine bestimmte Brennmaterialmenge recht gut, d. h. vollständig, aber mit mäßigem Luftüberschusse verbrannt werden, so muß der Heizer außer für die Zuführung einer richtig bemessenen Luftmenge für die beständige Unterhaltung einer Brennmaterialschicht Sorge tragen, deren Höhe um so größer zu sein hat, je kleiner der Rost ist.

Es könnte jetzt die Meinung entstehen, daß es für die Erzielung einer guten Verbrennung ganz gleichgültig sei, wie groß der Rost ist, auf welchem die Verbrennung vorgenommen wird; wenn nur immer die Luft in richtiger Menge zugeführt wird, und die Schichthöhe des Brennmateriales mit der Rostgröße im Einklang steht. Diese Annahme ist jedoch nur innerhalb gewisser Grenzen zutreffend. Abgesehen davon, daß es unsinnig wäre, eine Feuerungsanlage mit einem unnöthig großen Rost auszurüsten, womit nur ein unnützer Mehraufwand von Kosten verbunden ist, übt thatsächlich die Größe der Rostfläche auf die Güte der Verbrennung unter Umständen einen ganz wesentlichen Einfluß aus, und darf man daher bei der Wahl der Rostgröße sich nicht ungestraft allzu weit von bewährten Erfahrungsziffern entfernen.

Die Schädlichkeit eines zu großen Rostes ist ohne Weiteres klar.

Soll eine bestimmte Brennmaterialmenge in einer bestimmten Zeit auf einem sehr großen Rost gut verbrannt werden, so wird der Luftzutritt auf allen Theilen des Rostes nur ein schwacher sein und den Rost eine nur dünne Schicht Brennmaterial bedecken müssen; das Feuer ist dabei ein mattes, mehr glimmendes. Die Unterhaltung einer gleichmäßig dünnen Brennmaterialschicht ist aber sehr schwierig; immer und immer wieder wird es dem Heizer begegnen, daß auf einzelnen Stellen des Rostes das Brennmaterial rascher verzehrt wird oder auch ganz verschwindet. Durch die sehr dünn oder ganz leer gewordenen Stellen des Rostes strömt jetzt eine Menge Luft ein, welche den Luftüberschuß stark vermehrt und die Ausnützung der entwickelten Wärme in nachtheiligster Weise beeinflußt. Um dem Kessel die erforderliche Wärmemenge zuzuführen, muß dann weit mehr Brennmaterial aufgewendet werden, als dies bei regelrechter Verbrennung nothwendig wäre.

Soll es demnach dem Heizer möglich sein, eine gute Verbrennung ohne zu großen Luftüberschuß zu erzielen, so darf die Fläche des Rostes, welchen er zu bedienen hat, nicht unnöthig groß sein, damit die Höhe der Brennmaterialschicht nicht unter ein gewisses Maß herab zu gehen braucht. Ist aber eine Kesselanlage mit einem zu großen Rost versehen worden, so liegt es auch in der Hand des Heizers, auf eine sehr einfache Weise eine bessere Verbrennung und wesentliche Kohlenersparnisse herbeizuführen; er hat dann nur die Rostfläche etwas zu verkleinern, was durch die Abdeckung eines Theiles derselben mit Chamottesteinen erzielt wird.

Offenbar ist es weit besser, einen kleineren Rost und eine höhere Brennmaterialschicht anzuwenden, weil dann die Ungleichheiten der Schicht an Einfluß verlieren, die Verbrennung auch an den etwas dünneren Stellen weniger leicht mit zu großem Luftüberschusse erfolgt, und möglichst viele der in der zugeführten Luft enthaltenen Sauerstofftheilchen an der Verbrennung theilnehmen. Dann muß aber natürlich jedem Theil des Rostes eine entsprechend größere Luftmenge zugeführt werden, oder der Zug muß ein entsprechend schärferer sein.

Der kleinere Rost mit weniger Rostspalten und die höhere Brennmaterialschicht haben indessen zur Folge, daß die durch den Rost und die Schicht sich drängende, an den Brennmaterialstücken sich reibende Luft in ihrer Bewegung auch weit mehr gehemmt wird, als dies bei einem größeren, die Luft infolge seiner zahlreicheren Oeffnungen leichter durchlassenden Rost und einer niedrigeren Brennmaterialschicht der Fall ist. Setzt sich aber der Bewegung der Luft ein größerer Widerstand entgegen, so muß auch die Zugkraft des Schornsteines eine größere sein, um diesen Widerstand zu überwinden und die erforderliche Luftmenge durch den Rost und die Brennmaterialschicht hindurch zu treiben. Nun wächst aber, wie später noch nachgewiesen werden soll, die Zugkraft eines Schornsteines außer mit der Temperatur der in dem Schornstein befindlichen Gase mit der Menge der letzteren, d. h. mit der Höhe und Weite des Schornsteins; es muß daher der erforderlichen größeren Zugkraft wegen die Kesselanlage mit einem höheren und weiteren Schornstein versehen werden.

Daß ein kleinerer Rost und schärferer Zug weit sicherer zu einer guten Verbrennung führen, ist übrigens in den letzten Jahrzehnten mehr und mehr erkannt und gewürdigt worden. Dementsprechend werden die neueren Kesselanlagen auch stets mit kleineren Rosten ausgerüstet und erhalten des erforderlichen schärferen Zuges wegen weit mächtigere und kostspieligere Schornsteine, wie früher; manche Anlagen werden wohl auch, wenn ein hoher Schornstein nicht anwendbar ist, mit Vorrichtungen versehen, welche auf künstliche Weise scharfen Zug erzeugen, welche Art der Zugerzeugung indessen noch theurer zu stehen kommt, als der größere Schornstein. Die hierdurch verursachten Mehrausgaben machen sich aber in der Regel durch die eintretenden Brennmaterialersparnisse schon in kurzer Zeit bezahlt.

Soll demnach eine gewisse Brennmaterialmenge in einer bestimmten Zeit auf einem verhältnißmäßig kleinen Rost gut verbrannt werden, so ist dies nur möglich, wenn die hierzu nöthige Zugkraft vorhanden ist. Fehlt es aber an dieser, so ist der Heizer auch trotz des vollgeöffneten Essenschiebers oder trotz der Einstellung des schärfsten Zuges nicht im Stande, eine regelrechte Verbrennung zu erzielen, weil ihm das Mittel fehlt, die zu dieser Verbrennung erforderliche Luftmenge durch den Rost und die Brennmaterialschicht zu treiben. Die Verbrennung leidet dann an Luftmangel, und die dem Schornstein entweichenden Gase enthalten Kohlenoxydgas, wohl auch Kohlenwasserstoffe und unverbrannten Kohlenstoff in Gestalt von Ruß; der Schornstein raucht stark. Dann ist aber auch der Brennmaterialverbrauch für die zu erzeugende Dampfmenge ein weit größerer, als er bei guter Verbrennung sein würde.

Besäße der Schornstein gerade noch ausreichende Zugkraft, um die verlangte Verbrennung auf einem zweckmäßiger bemessenen Rost gut durchführen zu lassen, so müßte, um den Brennmaterialverbrauch zu vermindern, an eine Vergrößerung des Rostes gegangen werden. Reicht dieses Mittel aber allein nicht aus, so hat, neben der Vergrößerung des Rostes, auch eine Verstärkung der Zugkraft, sei es durch Erhöhung des vorhandenen Schornsteines oder durch Erbauung eines neuen, höheren und weiteren Schornsteines oder endlich durch Zuhülfenahme eines künstlichen Zugerzeugungsmittels stattzufinden.

Auch ein zu kleiner Rost kann demnach die Verbrennung nachtheilig beeinflussen und schädlich wirken.

Aus diesen Erörterungen ergiebt sich mit Klarheit, daß dem Heizer, wenn es ihm möglich sein soll, die Verbrennung stets zur vortheilhaftesten zu machen, einerseits ein Rost, dessen Größe der Menge des zu verbrennenden Brennmaterials angemessen ist, andererseits eine ausreichende Zugkraft in Gestalt eines genügend hohen und weiten Schornsteines oder eines anderen Hülfsmittels, welches ihn in den Stand setzt, dem Brennmaterial stets die zur Verbrennung nöthige Luftmenge zuzuführen, zur Verfügung stehen müssen. Wie diesen Anforderungen zu genügen ist, wird sich bei Besprechung der Rosteinrichtungen und der Zugerzeugungsmittel zeigen.

Können nun aber bei einer Anlage diese beiden Grundbedingungen für die Möglichkeit einer guten Verbrennung als erfüllt vorausgesetzt werden, so liegt die Frage auch nahe, in welcher Höhe denn der Heizer das Brennmaterial auf dem Rost eigentlich aufzuschichten hat, um mit Sicherheit eine gute Verbrennung zu erzielen.

Die Beantwortung dieser Frage ist nicht so einfach. Unter I. zeigte sich bereits, daß die anzuwendende Höhe der Schicht von der Stückgröße des Brennmateriales abhängig ist; je größer die einzelnen Stücke des Brennmateriales sind, eine um so höhere Schicht muß unterhalten werden. Weiter ergab sich eben, daß die Schichthöhe sich nach der Stärke der Luftzuführung und der durch die Größe des Rostes bedingten Schärfe des Zuges zu richten hat; je stärker die Luftzuführung und je kleiner der Rost ist, um so schärfer wird der Zug und um so höher muß die Schicht sein. Endlich hat auch die Art des Brennmateriales auf die erforderliche Höhe der Brennmaterialschicht Einfluß; jedes Brennmaterial verlangt bei derselben Zugstärke eine andere Schichthöhe.

Die anzuwendende Schichthöhe ist demnach von drei völlig verschiedenen Dingen abhängig; dann ist es aber auch nicht möglich, für dieselbe allgemein gültige, bestimmte Maße anzugeben. Es läßt sich indessen ein kleiner Anhalt für die Beurtheilung dieser wichtigen Frage gewinnen, wenn man sich an die

Praxis wendet und zusieht, wie in Anlagen verfahren wird, bei welchen das Brennmaterial in bester Weise zur Verbrennung gelangt. Da ergiebt sich denn Folgendes:

Bei gewöhnlichem Schornsteinzug wird die zerkleinerte Stein- und Braunkohle meistens in etwa 10 cm hoher Schicht, der gröbere Koks aber in etwa 20 cm hoher Schicht verbrannt. Die klare und leichte Braunkohle muß, damit die Luft die ziemlich dichte Schicht noch zu durchdringen vermag, in etwas dünnerer, etwa 5 bis 8 cm hoher Schicht verbrannt werden; hierbei hat aber der Zug ein mäßiger zu bleiben, damit nicht Brennmaterial unverbrannt mit fortgerissen und zum Schornstein hinausgeblasen wird. Bei Lokomotiven mit künstlichem scharfen Zug soll die Schichthöhe für Stein- und Braunkohle etwa 20 bis 25 cm betragen.

Nach diesen etwas ausführlichen, aber sehr wichtigen Erörterungen kann nunmehr als eine weitere Regel für das richtige und sparsame Heizen aufgestellt werden, daß der Heizer die Verbrennung immer so zu leiten hat, daß der am Manometer sichtbar werdende Dampfverbrauch durch eine entsprechend starke Wärmeentwickelung und Dampferzeugung gedeckt wird, und der Dampfdruck ein möglichst gleich hoher bleibt. Dabei soll die Verbrennung stets eine vollständige, aber mit mäßigem Luftüberschusse sich vollziehende sein, was der Heizer dadurch erreicht, daß er die Schichthöhe des Brennmateriales und die Luftzuführung oder die Zugstärke, welche beide, je nach Bedarf, gleichzeitig zu vermehren oder zu vermindern sind, stets in das richtige Verhältniß zu einander bringt. Merkzeichen an der Stellung des Essenschiebers, nach welchem er die Höhe der Brennmaterialschicht richtet, werden ihm hierbei von großem Nutzen sein.

Es ist einleuchtend, daß die gewissenhafte Befolgung dieser Regel von dem Heizer in besonderem Maße Aufmerksamkeit, Geschicklichkeit und Rührigkeit erfordert, und daß sein Bestreben, dieser Regel gerecht zu werden, auf ganz besondere Schwierigkeiten stößt; denn es läßt sich namentlich nicht ohne Weiteres erkennen, ob die Luftzuführung richtig bemessen ist. Luftmangel macht sich zwar durch eine trübe Färbung der Flamme und stärkere Rauchbildung bemerkbar; ein zu großer Luftüberschuß hat dagegen keine besonderen Merkzeichen und kann nur durch die chemische Untersuchung der gebildeten Heizgase festgestellt werden. Ob der Heizer seine Sache richtig gemacht hat, zeigt sich aber schließlich am Brennmaterialverbrauch.

Um nun die Sparsamkeit des Brennmaterialverbrauches, beurtheilen zu können, muß außer dem letzteren auch der Speisewasserverbrauch beständig beobachtet und mit dem ersteren verglichen werden. Zu dieser neuen, dem Heizer erwachsenden Arbeit gehört natürlich auch wieder Unverdrossenheit und Ausdauer; alle aufgewendete Mühe wird sich indessen durch die nicht ausbleibenden, oft ganz bedeutenden Ersparnisse an Brennmaterial glänzend bezahlt machen.

IV. Infolge der fortschreitenden Verbrennung wird das auf dem Rost befindliche Brennmaterial nach und nach verzehrt; es muß daher durch frisches ersetzt werden.

Die Zuführung des frischen Brennmateriales kann nun entweder in Pausen stattfinden oder eine ununterbrochene sein. Wird das frische Brennmaterial dem Rost in Pausen zugeführt, so nimmt natürlich innerhalb einer solchen Pause die Höhe der Brennmaterialschicht allmählich ab. Auch bei Einstellung des Betriebes wird die Höhe der Schicht eine immer geringere werden.

Der Heizer wird dafür zu sorgen haben, daß auch unter diesen Verhältnissen die Luftzuführung oder die Zugstärke mit der Höhe der Schicht im Einklang bleibt, d. h. er wird den Zug in gleichem Maße, wie die Höhe der Schicht abnimmt, zu dämpfen haben.

V. Bei der Zuführung des frischen Brennmateriales kann auf zweierlei Weisen verfahren werden; entweder wird das frische Brennmaterial über die ganze Rostfläche gleichmäßig vertheilt, oder dasselbe wird immer nur einer Stelle des Rostes zugeführt.

Das aus dem frisch zugeführten Brennmaterial, Koks und Holzkohle ausgenommen, sich längere Zeit hindurch in beträchtlichen Mengen entwickelnde Gemisch von brennbaren Gasen soll unter allen Umständen, wie auch die Zuführung erfolgt, vollständig, aber mit mäßigem Luftüberschusse verbrannt werden. Um diesen Zweck zu erreichen, ist es nothwendig, den zu verbrennenden Gasen eine richtig bemessene Menge von Luft zuzuführen und beizumischen, und dann dieses Gemisch auf eine genügend hohe Temperatur zu erhitzen, damit es zur Entzündung und Verbrennung gelangt. In welcher Weise sich die Verbrennung des Gemisches abspielt, darüber ist Seite 28 und folgende Näheres mitgetheilt worden.

Wird nun dem Rost das frische Brennmaterial in Pausen zugeführt, so stellen sich der vollständigen Verbrennung der sich entwickelnden Gase oftmals große Schwierigkeiten entgegen; ja, unter Umständen wird sie ganz unmöglich.

Vertheilt der Heizer das frische Brennmaterial über den ganzen Rost, und läßt er recht lange Pausen eintreten, ehe er wieder Brennmaterial aufwirft, so muß er natürlich jedes Mal dem Rost eine sehr beträchtliche Menge Brennmaterial zuführen, welches die eben noch lebhaft brennende Brennmaterialschicht vollständig bedeckt, die Flamme derselben völlig erstickt und fast alle von der unteren Brennmaterialschicht entwickelte Wärme aufnimmt. Unter der Einwirkung dieser Wärme werden aus dem frisch zugeführten Brennmaterial mit einem Male große Mengen von Gasen entwickelt, deren Verbrennung eine vermehrte Zuführung von Luft erforderlich macht. Ueber der gesammten Brennmaterialschicht ist es indessen ziemlich kühl geworden; die gebildeten Gase gelangen daher entweder gar nicht zur Entzündung und entweichen unverbrannt, oder sie verbrennen nur zum Theil oder mangelhaft, wobei Ruß ausgeschieden wird. Die hierdurch entstehenden Verluste und das Rauchen des Schornsteines dauern so lange an, bis endlich die Flammen die Brennmaterialschicht wieder durchbrechen und die Entzündung und Verbrennung der Gase sichern.

Führt der Heizer das frische Brennmaterial nur *einer Stelle des Rostes* zu, aber ebenfalls in längeren Pausen und in größeren Mengen, so entwickelt dasselbe in Folge der Einwirkung der Wärme, welche ihm von dem daneben liegenden, hellbrennenden Brennmaterial und wohl auch von den glühenden Theilen der Feuerung zugestrahlt wird, ebenfalls plötzlich eine große Menge Gase. Diesen Gasen muß wieder Luft zugeführt werden, was entweder durch die Rostspalten geschehen oder auch in besonderer Weise erfolgen kann. Wird nunmehr entweder das Gemisch von Gasen und Luft über oder durch die Flammen der hellbrennenden Schicht geleitet, oder werden diese Flammen über das frische Brennmaterial hinweg geführt und mit dem Gemisch in Berührung gebracht, so wird auch mit weit mehr Sicherheit die Entzündung und Verbrennung der Gase zu erwarten sein, wie vorhin. Die Verhältnisse liegen demnach hier günstiger, wie dort; die Entgasung des frischen Brennmateriales wird aber dafür etwas langsamer vor sich gehen.

Will nun der Heizer, welcher das Brennmaterial in Pausen dem Roste zuzuführen hat, die aus dem frischen Brennmaterial sich entwickelnden Gase gut zur Verbrennung bringen, wobei zugleich die Entstehung von Rauch und Ruß möglichst vermieden wird, so muß er Alles, was sich diesem Bestreben hindernd in den Weg stellt, zu vermeiden suchen; dann darf er aber das frische Brennmaterial auch nur in kleinen Mengen zuführen, damit sich kleinere Gasmengen entwickeln, deren Verbrennung sich leichter bewerkstelligen läßt.

Wählt er das zuerst erörterte Verfahren, das frische Brennmaterial über die ganze Rostfläche auszustreuen, so muß er ferner den Zug nach dem Aufgeben des Brennmateriales, damit die sich entwickelnden Gase die zu ihrer Verbrennung nöthige Luft erhalten, etwas verstärken; ist die Gasentwickelung beendet und das Brennmaterial in Gluth gekommen, so kann der Zug wieder gemäßigt und auf das zur Verbrennung des entgasten Brennmateriales erforderliche Maß vermindert werden. Benutzt er das zweite Verfahren, das frische Brennmaterial nur einer Stelle des Rostes zuzuführen, so muß er dafür sorgen, daß den sich entwickelnden Gasen die zu ihrer Verbrennung erforderliche Luft beitritt, und das Gas- und Luftgemisch dann auch Gelegenheit findet, sich zu entzünden. Auf die letzten beiden Punkte wird bei der Besprechung der verschiedenen Feuerungseinrichtungen im fünften Abschnitt noch näher einzugehen sein.

Hat weiter der Heizer das frische Brennmaterial durch eine Feuerthür zuzuführen, so strömt während dieser Arbeit durch die offenstehende Thür eine große Menge von Luft in die Feuerung, welche zur Verbrennung fast nichts beiträgt, aber den Luftüberschuß stark vermehrt und hierdurch zu einem beträchtlichen Wärmeverlust führt. Der Heizer wird bestrebt sein müssen, diesen Verlust auf ein möglichst geringes Maß zu beschränken; dies erreicht er aber offenbar dadurch, daß er die Zuführung frischen Brennmateriales nicht zu oft und nicht in zu kleinen Mengen vornimmt, während der Zuführung den Zug stark dämpft, damit möglichst wenig überflüssige Luft durch die Feuerthür eindringt, und die Arbeit möglichst rasch erledigt.

Hiernach ergiebt sich als weitere Regel für das sparsame und zugleich rauchfreie Heizen, daß das Brennmaterial bei der Zuführung in Pausen weder in zu großen, noch in zu kleinen Mengen auf den Rost zu bringen ist. Erfolgt die Zuführung durch eine Thür, so ist während des Aufwerfens die Luftzuführung zu vermindern oder der Zug zu dämpfen. Die ganze Arbeit ist möglichst rasch zu erledigen.

Es ist nun weiter für die regelrechte Verbrennung der sich entwickelnden Gase Sorge zu tragen.

Ist das frische Brennmaterial über die ganze Rostfläche gleichmäßig vertheilt worden, so braucht nur die Luftzuführung entsprechend verstärkt zu werden; eine gute Mischung der entwickelten Gase mit der zugeführten Luft vollzieht sich schon von selbst, worauf die Flammen der lebhaft brennenden, alten Schicht die Entzündung und Verbrennung des Gemisches in zuverlässigster Weise besorgen.

Ist dagegen das frische Brennmaterial einer bestimmten Stelle des Rostes zugeführt worden, und wird den sich entwickelnden Gasen die zu ihrer Verbrennung erforderliche Luft, wie oben geschildert, entweder durch die Rostspalten oder auf eine besondere Weise zugeführt, so ist für eine sichere Entzündung des Gas- und Luftgemisches in einer der oben angedeuteten Arten zu sorgen.

Nach der Entgasung des Brennmateriales ist der Zug wieder zu vermindern oder die besondere Luftzuführung wieder einzustellen.

Erfolgt die Brennmaterialzuführung ununterbrochen, so werden auch ununterbrochen nur kleine Gasmengen entwickelt, deren regelrechte Verbrennung keine so großen Schwierigkeiten bereitet. Bei allen besseren, sogenannten rauchfreien Feuerungen, von welchen später einige besprochen werden sollen, wird daher in der Regel das frische Brennmaterial ununterbrochen zugeführt.

VI. Die auf den Brennmaterialstücken und dem Rost sich ablagernde Asche verwehrt der Luft den Zutritt zum Brennmaterial und ist der Verbrennung hinderlich; sie muß daher von Zeit zu Zeit entfernt werden. Auch das Zusammenbacken der Brennmaterialstücke, welches gewissen Steinkohlensorten eigen ist, stört die Verbrennung; der Luft wird hierdurch der Zutritt zu den Oberflächen der einzelnen Stücke abgeschnitten. Die Brennmaterialschicht muß daher von Zeit zu Zeit aufgelockert werden.

Die Unterlassung dieser Arbeit würde zur Folge haben, daß die zugeführte Luft nur ungenügend ausgenutzt wird, und die Verbrennung mit einem zu großen Luftüberschuß erfolgt. Beim Zusammenbacken der Kohle tritt wohl auch an einzelnen Stellen des Rostes Luftmangel ein. Die Wärmeerzeugung wird unzureichend.

Das Entfernen der Asche, welche durch die Rostspalten fällt, und das Auflockern des Brennmateriales werden bekanntlich mit dem Schüreisen vorgenommen, vermittelst dessen der Heizer die Brennmaterialschicht durchstößt und zertheilt.

Bei geeigneter chemischer Zusammensetzung und ausreichend hoher Temperatur kommt die Asche auch zum Schmelzen und bildet dann größere oder kleinere Schlackenstücke. Diese todten, dem Brennmaterial den Platz raubenden Massen haben zur Folge, daß die Schicht, wenn dasselbe Maß der Verbrennung erzielt werden soll, entsprechend höher unterhalten werden muß. Geschieht dies nicht, so ist die Wärmeerzeugung unzureichend, und erfolgt die Verbrennung mit einem zu großen Luftüberschuß. Die höhere Brennmaterialschicht setzt aber dem Durchströmen der Luft auch mehr Widerstand entgegen, als die niedrigere Schicht reinen Brennmateriales. Die Gefahr, daß hierdurch Luftmangel eintritt, liegt ebenfalls nahe. An den stark verschlackten Stellen des Rostes wird überdies die Verbrennung leicht so weit beeinträchtigt, daß die Wärmeentwickelung den Wärmebedarf nicht mehr zu decken vermag. Die Schlacke muß daher von Zeit zu Zeit entfernt werden.

Zu dem Entfernen der Schlacke bedient sich der Heizer eines eisernen Hakens oder einer solchen Krücke.

Hat der Heizer das Schüren und Abschlacken erledigt und das Feuer in Ordnung gebracht, so strahlt dasselbe auch von allen Theilen des Rostes wieder gleichmäßig hell nach dem Aschenfall herab. Durch das Schüren und Abschlacken wird natürlich der Fortgang der regelrechten Verbrennung gestört; an diese Arbeiten darf daher nicht unnöthig oft gegangen werden.

Bei den meisten der gebräuchlichen Feuerungseinrichtungen muß das Schüren und Abschlacken durch eine geöffnete Feuerthür vorgenommen werden; oft sind auch für diesen Zweck besondere Thüren angebracht. Durch diese Thüren strömt während der bezeichneten Arbeiten viel Luft ein, welche zur Verbrennung fast nichts beiträgt, den Luftüberschuß aber stark vermehrt. Um den Eintritt überflüssiger Luft in die Feuerung einzuschränken, muß sich der Heizer mit diesen Arbeiten möglichst beeilen; während derselben hat er den Zug stark zu dämpfen oder fast ganz abzustellen.

Aus den vorstehenden Erörterungen ergiebt sich als letzte Regel für das sparsame und rauchfreie Heizen, daß der Heizer das sich von Zeit zu Zeit nöthig machende Schüren des Feuers und das Abschlacken nicht zu oft vornehmen darf. Ist während dieser Arbeiten eine Feuerthür offen zu halten, so sind dieselben möglichst rasch zu erledigen; auch ist während dieser Zeit der Zug stark zu dämpfen oder fast ganz abzustellen.

Die gewonnenen Regeln lassen sich nunmehr in folgende Sätze zusammenfassen:

1. Das Brennmaterial, insbesondere die Kohle, ist vor seiner Verwendung bis zu geeigneter Stückgröße (Ei- oder Nußgröße, bei schmelzender und backender Kohle Faustgröße) zu zerkleinern.
2. Alle Theile des Rostes müssen möglichst gleich hoch mit Brennmaterial bedeckt werden.
3. Die Verbrennung des Brennmateriales soll mit dem am Manometer sichtbar werdenden Dampfverbrauch gleichen Schritt halten, damit der Dampfdruck immer auf gleicher Höhe bleibt; je nach Bedürfniß hat daher der Heizer die Luftzuführung und die Höhe der Brennmaterialschicht entsprechend zu vermehren oder zu vermindern. Zwischen Schichthöhe und Zugstärke muß der Heizer aber unter allen Umständen ein solches Verhältniß herzustellen

suchen, bei welchem das Brennmaterial vollständig, aber mit mäßigem Luftüberschusse verbrennt.

Hat der Heizer immer das richtige Verhältniß herzustellen verstanden, so wird der Brennmaterialverbrauch zum sparsamsten; um die Sparsamkeit des letzteren festzustellen, müssen die Menge des verbrauchten Brennmateriales und die des verdampften Wassers beständig beobachtet und mit einander verglichen werden.

4. In demselben Maße, in welchem die Höhe der Brennmaterialschicht mit der fortschreiteuden Verbrennung abnimmt, ist auch die Luftzuführung zu vermindern oder der Zug zu dämpfen.

5. Wird das Brennmaterial dem Rost in Pausen zugeführt, so hat dies öfters und in mäßigen Mengen zu geschehen; müssen hierbei Feuerthüren geöffnet werden, so ist während dieser Arbeit die Luftzuführung zu vermindern.

Streut der Heizer das frische Brennmaterial über den ganzen Rost, so muß er, damit eine regelrechte Verbrennung der sich entwickelnden Gase erzielt wird, den Zug nach dem Aufgeben so lange entsprechend verstärken, als die Gasentwickelung andauert; legt er dagegen das frische Brennmaterial immer nur an eine bestimmte Stelle des Rostes, so muß er dafür sorgen, daß den sich entwickelnden Gasen eine richtig bemessene Menge Luft zugeführt wird, und das Gas- und Luftgemisch dann auch zur Entzündung und Verbrennung gelangt.

Ist das Brennmaterial entgast, so ist der Zug wieder zu vermindern oder die besondere Luftzuführung wieder einzustellen.

6. Das sich von Zeit zu Zeit nöthig machende Schüren des Feuers und Abschlacken darf nicht zu oft vorgenommen werden. Ist während dieser Arbeiten eine Feuerthür offen zu halten, so sind dieselben möglichst rasch zu erledigen, und ist während derselben der Zug stark zu dämpfen oder fast ganz abzustellen.

Ein Rückblick auf die gewonnenen Regeln, welche sich jeder Heizer fest einprägen sollte, läßt ohne Weiteres erkennen, daß ihre gewissenhafte Befolgung vom Heizer ein ganz bedeutendes Maß von Aufmerksamkeit, Fleiß und Geschicklichkeit fordert. Die Meinung, daß das Heizen vom ersten besten Tagelöhner verrichtet werden kann — und diese Ansicht findet man leider noch oft genug, selbst bei intelligenten Kesselbesitzern vor —, ist daher eine völlig verkehrte. Ein Heizer, welcher seine Pflicht schon zu erfüllen glaubt, wenn er die Feuerung alle 15 bis 20 Minuten einmal mit Brennmaterial vollstopft, wird nichts weniger, als sparsam mit dem letzteren umgehen; was der Kesselbesitzer dann am Heizerlohn spart, geht zehnfach am Brennmaterial verloren.

Stellt nun aber das sparsame Heizen an die Rührigkeit und Geschicklichkeit des Heizers so hohe Anforderungen, so sollte auch der Kesselbesitzer dem tüchtigen Heizer die wohlverdiente Anerkennung nicht vorenthalten. Wird dem Heizer ein entsprechender Antheil an den durch seine Bemühungen erzielten Kohlenersparnissen bewilligt, so gereicht dies nicht nur dem Heizer, weit mehr noch dem Kesselbesitzer zum Vortheil.

Die Einführung von Kohlenprämien kann daher nicht warm genug empfohlen werden. Die Anbringung eines Hubzählers an der Speisepumpe oder die Beschaffung eines Wassermessers zur Ermittelung des Speisewasserverbrauches, die geringe Mühe, über den Kohlenverbrauch Buch und Rechnung zu führen, und die Bewilligung einer Prämie an den Heizer für die aus diesen Beobachtungen sich ergebenden Ersparnisse machen sich in kurzer Zeit glänzend bezahlt.

Die Sparsamkeit des Heizens wird nun zwar im Allgemeinen durch die Ziffer:

$$\frac{\text{erzeugte Dampfmenge}}{\text{verbrauchte Brennmaterialmenge}}$$

(letztere beiden in kg für denselben Zeitraum, etwa eine Woche oder einen Monat) gekennzeichnet, welche Ziffer angiebt, wieviel kg Wasser der Heizer mit einem kg Brennmaterial durchschnittlich verdampft hat. Je mehr Dampf aber eine Kesselanlage zu liefern hat, desto weniger sparsam arbeitet dieselbe, und desto mehr Arbeit erwächst dem Heizer. Es wäre unbillig, wenn diese Mehrarbeit in der Prämie nicht mit zum Ausdruck käme; der stärkere Betrieb würde die letztere ohnehin etwas schmälern. Die gesammte Leistung des Heizers läßt sich daher zutreffender durch die Ziffer:

$$\frac{\text{Dampfmenge}}{\text{Brennmaterialmenge}} \times \text{Dampfmenge}$$

kennzeichnen.

Für die Höhe der Prämie ist offenbar der Ueberschuß über eine mäßige Ausnutzung des Brennmateriales und eine mäßige Dampferzeugung des Kessels maßgebend; letztere ist abhängig von der Art und Größe der Kesselanlage (vergl. hierzu den nächsten Abschnitt). Aus dieser Ausnutzung und dieser Dampferzeugung läßt sich nun für jedes Brennmaterial und jede Anlage eine Grundziffer aufstellen, mit welcher die thatsächliche Leistung des Heizers zu vergleichen ist. Nach dem sich ergebenden Ueberschuß der Leistung wird die dem Heizer zu gewährende Prämie zu bemessen sein.

Wie außerordentlich verschieden übrigens selbst alte, gediente Heizer die Kohle ausnützen, zeigt ein Wettheizversuch, welchen der verstorbene Direktor des Magdeburger Dampfkessel-Revisionsvereins, Weinlig, im Jahre 1885 veranstaltete. An dem Versuch nahmen 11 geübte Heizer Theil; jeder derselben feuerte einen Tag lang unter den gleichen Verhältnissen, und erhielten die drei besten Heizer, welche am sparsamsten und zugleich rauchlosesten feuerten, Geldpreise zugesichert. Da ergab sich denn das merkwürdige Resultat, daß der erste Heizer mit einem Kilogramm Steinkohle 6,89 kg, der sechste 5,64 kg und der elfte nur 4,00 kg Wasser verdampfte, wobei der erste das 3,1fache, der sechste das 3,8fache, der elfte aber das 5,1fache der theoretisch erforderlichen Luftmenge zugeführt hatte. Bei dem ersten Heizer entwichen die Heizgase mit 233 ° C., bei dem sechsten mit 250 ° C. und bei dem elften mit 298 ° C. in den Schornstein. Die Resultate der übrigen Heizer sind der Kürze halber hier weggelassen worden.

Auch Oberingenieur Haage fand kürzlich an einer Kesselanlage unter völlig gleichen Verhältnissen in den Leistungen zweier Heizer einen Unterschied von 30 Prozent.

Aus diesen Zahlen ist jedenfalls ersichtlich, welche große Unterschiede in der Praxis zu Tage treten, und wie vortheilhaft es sein muß, den Heizer durch Antheilnahme an den Brennmaterialersparnissen zu größerem Eifer und bester Leistung anzuspornen.

Vierter Abschnitt.

Die Erzeugung des Dampfes im Dampfkesselbetrieb.

Inhalt: Der Zweck des Dampfkesselbetriebes. — Die Heizfläche des Kessels. Der Uebergang der Wärme von den Heizgasen an die Kesselwandungen und an den Wasserinhalt des Kessels (Gegenstrom). Die Wichtigkeit der Heizflächengröße; die Beziehung zwischen Heizfläche und Dampferzeugung. Der Einfluß des Dampfdruckes. — Die Abführung der Heizgase (der Schornstein). — Die Ausnutzung der Heizkraft der Brennmaterialien (Verluste; das Nässen des Brennmateriales), die theoretische und die wirkliche Verdampfung. — Die Ermittelung des geeignetsten Brennmateriales; die Verdampfungsziffer; der Preis des Dampfes.

Die Verbrennung des Brennmateriales ist, wie im zweiten Abschnitt gezeigt wurde, mit einer Wärmeentwickelung verbunden, deren Größe, außer von der Menge des Brennmateriales, von dessen Zusammensetzung, der Menge der zugeführten Luft und der mehr oder weniger vollkommenen Art und Weise der Verbrennung abhängt; hierbei wird eine entsprechende Menge von Gasen, auch Heizgase oder Feuergase genannt, gebildet, welche die erzeugte Wärme aufnehmen.

Im Dampfkesselbetrieb gilt es, die in den Heizgasen enthaltene Wärme nunmehr zur Erzeugung von gespannten Wasserdämpfen nutzbar zu machen, zu welchem Zweck man sich der Dampfkessel bedient. Unter einem Dampfkessel versteht man demnach ein aus einem oder mehreren Theilen bestehendes, allseitig geschlossenes Gefäß, in welchem aus Wasser durch die Einwirkung von Wärme gespannte Dämpfe erzeugt werden.

Damit die Heizgase ihre Wärme an den Kessel abzugeben vermögen, legt man den letzteren in die Nähe des Feuers und bringt die Gase mit einem Theil der innerlich vom Wasser bespülten Kesselwandungen auch in unmittelbare Berührung. Die in dieser Weise der Einwirkung der Heizgase zugänglich gemachte Kesseloberfläche nennt man die Heizfläche des Kessels; man berechnet dieselbe und drückt sie in Quadratmetern aus.

An die Wandungen des Kessels geht nun die Wärme der Heizgase theils durch Strahlung, theils durch Leitung über. Der in der Nähe des Rostes gelegene Theil des Kessels nimmt den Hauptheil der entwickelten Wärme und zwar im Wesentlichen durch Strahlung auf; in den sogenannten Feuerzügen oder Heizkanälen, in welchen die Heizgase mit den Kesselwandungen in unmittelbare Berührung gebracht werden, wird der Rest der Wärme in der Hauptsache durch Leitung übertragen.

Während nun die Kesselwandungen die strahlende Wärme ungemein rasch aufnehmen, ist zur Aufnahme der leitenden Wärme stets eine bestimmte, längere oder kürzere Zeitdauer erforderlich. Damit nämlich die zahlreichen Theilchen der in den Zügen eingeschlossenen Heizgase ihre Wärme an die Kesselwandungen abzugeben vermögen, muß jedes derselben eine gewisse Zeit lang und wiederholt mit der Kesselwandung in Berührung gebracht werden; es müssen also immer wieder neue Heizgastheilchen an die Kesselwandungen herangeführt werden. Je mehr Heizgastheilchen die Kesselwandung zu gleicher Zeit berühren, desto rascher wird den Heizgasen ihre Wärme entzogen.

Nun werden im Dampfkesselbetrieb ununterbrochen neue Heizgasmengen gebildet, welchen nicht nur ihre Wärme zu entziehen ist, sondern welche schließlich auch zu entfernen sind. Beide Aufgaben werden gleichzeitig erfüllt, wenn man die Heizgase an den Kesselwandungen entlang ziehen und dann in einen Schornstein treten läßt, welcher sie abführt.

Damit auch unter diesen Verhältnissen die Heizgase ihre Wärme möglichst vollständig an die Kesselwandungen abzugeben vermögen, werden folgende Hülfsmittel angewendet:

Man führt die Gase, um Zeit für die Berührung zu gewinnen, nicht nur einmal, sondern mehrere Male in Zügen am Kessel entlang und sorgt dafür, daß hierbei die Geschwindigkeit der Gase eine mäßige bleibt. Das Letztere wird einfach dadurch erreicht, daß man den Zügen einen genügend großen Querschnitt giebt oder dieselben genügend weit macht.

Man läßt weiter die Heizgase, damit immer wieder neue Heizgastheilchen an die Kesselwandungen herantreten, entweder in den Zügen eine wirbelnde Bewegung annehmen oder sie möglichst oft senkrecht auf die Kesselwandungen stoßen. Derartige Bewegungserscheinungen stellen sich zwar bis zu einem gewissen Grade von selbst ein; durch eine geeignete Form der Kesselwandungen und Züge können sie indessen außerordentlich gefördert werden.

Man führt endlich die Heizgase, um möglichst viele Theilchen derselben gleichzeitig mit den Kesselwandungen in Berührung zu bringen, in recht dünnen Strahlen am Kessel entlang. Dieser Gedanke ist bei den Kesseln der Lokomotiven verfolgt worden, bei welchen man die Heizgase durch eine große Anzahl ziemlich enger Röhren ziehen läßt; man hat hiermit in der That eine ganz vorzügliche Wärmeübertragung erzielt.

Im Dampfkesselbetrieb finden zuweilen mehrere der angeführten Hülfsmittel gleichzeitig Anwendung.

Damit weiterhin die Leitung der Wärme durch die Kesselwandungen zu einer recht raschen wird, stellt man die Kessel aus guten Wärmeleitern her. Hierzu eignen sich vortrefflich die in dieser Beziehung den ersten Rang einnehmenden Metalle, welche zugleich die weitere gute Eigenschaft besitzen, in Folge ihrer großen Festigkeit dem im Kessel herrschenden Dampfdruck eine starke Widerstandsfähigkeit entgegen zu setzen und hiermit die erforderliche Sicherheit gegen das Zersprengen des Dampfkessels zu bieten.

Die von den Kesselwandungen aufgenommene Wärme wird nunmehr dem Wasserinhalt des Kessels mitgetheilt und hierdurch der mit der inneren Fläche der Kesselwandung in Berührung befindliche Theil desselben zur Verdampfung gebracht. Auch dieser Vorgang beansprucht eine gewisse Zeitdauer. Das mit der Kesselwandung in Berührung stehende Wasser verwandelt sich in kleine Dampfbläschen, welche die Kesselwandung pelzartig bedecken, die Berührung zwischen Kesselwandung und Wasser aufheben und die Wärmeaufnahme des Wassers, da der Dampf an und für sich ein sehr schlechter Wärmeleiter ist, eine kurze Zeit lang ganz verhindern. Erst wenn die Dampfbläschen eine gewisse Größe erreicht haben, reißen sie sich von der Kesselwandung, an welcher sie haften, los und steigen empor, worauf dann wieder das Wasser an die Kesselwandung herantreten kann, und die Bildung neuer Dampfbläschen erfolgt.

Es ist klar, daß der Kesselwandung die Wärme rascher entzogen und eine vermehrte Dampfbildung erzielt wird, wenn die gebildeten Dampfbläschen möglichst rasch von der Kesselwandung entfernt werden. Zur Erreichung dieses Zieles macht es sich nur nothwendig, den Wasserinhalt des Kessels in eine strömende Bewegung zu versetzen, damit die Dampfbläschen sofort nach ihrem Entstehen von der Kesselwandung abgespült werden. Je lebhafter die Bewegung des Wassers ist, um so rascher giebt die Kesselwandung ihre

Wärme an das Wasser ab, eine um so lebhaftere Dampfbildung wird erzielt.

Es giebt aber noch einen zweiten Grund, welcher eine Bewegung des Kesselwassers wünschenswerth erscheinen läßt.

Die Menge der Wärme, welche von irgend einem Theil der Kesselwandung in einer bestimmten Zeit aufgenommen und an das Wasser des Kessels abgegeben wird, hängt nämlich außer von der Größe der zu diesem Kesseltheil gehörigen Heizfläche, der Länge der Zeit, während welcher ein Wärmeübergang stattfindet, und der Fähigkeit der Kesselwandung, die Wärme mehr oder weniger rasch weiterzuleiten (Kupfer leitet z. B. rascher, als Eisen), vor allen Dingen ab von dem Unterschied der Temperaturen, welche einerseits die Wärme abgebenden Heizgase und andererseits der Wärme aufnehmende Kesselinhalt besitzen. Die Menge der übergehenden Wärme wird z. B. in der Nähe des Rostes eine ganz andere, ungemein größere sein, als dort, wo die abgekühlten Gase den Kessel verlassen und in den Schornstein treten; je größer der Temperaturunterschied ist, desto mehr Wärme wird von den Heizgasen an das im Kessel befindliche Wasser übergehen.

Um eine recht vollkommene Wärmeabgabe der Heizgase zu erzielen, muß man daher den Temperaturunterschied der Heizgase und des Kesselinhaltes an allen Punkten der Heizfläche und bis zum letzten derselben so groß, wie möglich, zu machen suchen. Dies wird schon dadurch erreicht, daß man das dem Kessel zuzuführende, kalte Speisewasser dort einführt, wo die Heizgase am kühlsten sind, also dort, wo dieselben den Kessel verlassen und in den Schornstein treten. Das im Kessel fortrückende und sich allmählich erwärmende Speisewasser begegnet dann immer heißeren Heizgasen. Noch vortheilhafter wird es aber sein, dem Wasserinhalt des Kessels eine ununterbrochene Bewegung derart zu ertheilen, daß das zugespeiste, kältere Speisewasser sich dem Kesselwasser beimischt, und nun beide den heißeren Heizgasen mit einer gewissen Geschwindigkeit entgegenströmen, wodurch die gebildeten Dampfbläschen von den Kesselwänden gespült werden, und die Verdampfung zugleich beschleunigt wird. Man nennt eine solche Anordnung einen G e g e n s t r o m.

Eine gewisse Strömung des Wassers stellt sich nun zwar in jedem Kessel von selbst ein; wie sich später zeigen wird, kann dieselbe indessen durch die besondere Form des Kessels und der Feuerzüge außerordentlich begünstigt und zum Gegenstrom gemacht werden, Der Gegenstrom wird im Dampfkesselbetrieb sehr häufig und mit großem Vortheil angewendet.

Strebt man im Dampfkesselbetrieb mit allen zu Gebote stehenden Mitteln darnach, den Heizgasen ihre Wärme so vollständig, wie möglich, zu entziehen, so findet dieses Bestreben doch bald eine Grenze. Je weiter sich die Heizgase vom Rost entfernt haben, um so mehr sind sie abgekühlt worden; um so weniger Wärme nehmen aber die zuletzt berührten Theile des Kessels auf. Je mehr Wärme den Heizgasen entzogen werden soll, eine um so größere Heizfläche wird also der Kessel besitzen müssen. Mit der großen Heizfläche eines Kessels nimmt indessen das Gewicht desselben stark zu; eine Kesselanlage mit übermäßig großer Heizfläche nützt daher zwar die Wärme der Heizgase ganz vorzüglich aus; sie ist aber in Folge des großen und schweren Kessels sehr theuer, und ihre Mehrkosten können leicht den größeren Nutzen der reichlichen Heizflächengröße wieder verschlingen.

Hat dagegen ein Kessel nur eine kleine Heizfläche, mit welcher aber sehr viel Dampf erzeugt werden soll, so muß zu diesem Zwecke eine verhältnißmäßig große Menge Brennmaterial verbrannt werden, aus welcher eine entsprechend große Menge von Heizgasen entsteht. Die große Heizgasmenge bleibt indessen mit der kleinen Heizfläche des Kessels viel zu kurze Zeit in Berührung; sie kann daher ihre Wärme nur zu einem geringen Theil an den Kessel abgeben und geht mit ziemlich hoher Temperatur in den Schornstein. Findet dann auch auf dem Rost eine gute Verbrennung statt, bei welcher, wie meistens geschieht, Heizgase gebildet werden, deren Temperatur etwa 1500 ^{0} C. beträgt, und entweichen die Gase nunmehr mit 450 ^{0} C. in den Schornstein, während sie durch einen Kessel mit genügend großer Heizfläche bis auf 200 ^{0} C. abgekühlt werden könnten, so ergiebt dies für den zu kleinen Kessel einen Mehrverlust von $\frac{450-200}{1500} = \frac{250}{1500}$, das ist ein Sechstel der entwickelten Wärme.

Hierzu tritt ein weiterer Nachtheil. Werden alle Kesselwandungen von wesentlich heißeren Gasen berührt, so nehmen sie auch eine entsprechend höhere Temperatur an. Die stärkere Erhitzung der Kesselwandungen führt aber stets eine raschere Abnutzung und Zerstörung des Kessels herbei.

Hieraus geht hervor, daß es sehr verkehrt ist, bei Anschaffung eines neuen Kessels mit der Größe desselben allzusehr zu geizen. Wird auch der Kessel etwas größer gewählt, und wird für denselben auch mehr ausgegeben, so macht sich diese Mehrausgabe doch schon in wenigen Jahren durch den geringeren Kohlenverbrauch und die längere Haltbarkeit des Kessels wieder bezahlt, während bei dem zu kleinen Kessel die in Folge größeren Kohlenverbrauches sich täglich wiederholenden Mehrausgaben zu recht beträchtlichen Summen anwachsen, zu welchen die Kosten der nicht ausbleibenden Reparaturen treten. Schon eine mäßige Verstärkung des Betriebes, die bei jeder aufblühenden Fabrik sich bald einzustellen pflegt, verschlimmert aber die mangelhafte Ausnützung des Brennmateriales. Die mit neuen Ausgaben verknüpfte Beschaffung eines größeren Kessels ist dann die unvermeidliche Folge der am unrechten Ort angewendeten Sparsamkeit.

Zwischen dem großen, theueren Kessel mit bester Brennmaterialausnützung und dem kleinen, billigen Kessel mit Brennmaterialverschwendung muß es nun jedenfalls Verhältnisse geben, bei welchen die Anlage weder eine zu theuere, noch die Wärmeausnützung eine unbefriedigende ist. Dies wird aber der Fall sein, wenn dem Kessel nur eine seiner Heizfläche angemessene Dampferzeugung zugemuthet wird.

Dividirt man mit der Heizfläche eines Kessels in Quadratmetern in die Dampfmenge in Kilogrammen, welche der Kessel in einer Stunde erzeugt, so erhält man die Dampfmenge, welche ein Quadratmeter der Heizfläche stündlich im Mittel liefert. Bei zweckmäßigen Anlagen wird diese Ziffer eine gewisse Größe haben, welche, wie sich später zeigen wird, bis zu einem gewissen Maße auch von der Kesselbauart abhängig ist.*)

Kommt nun Jemand in die Lage, einen neuen Dampfkessel beschaffen zu müssen, und ist der zu erwartende stündliche Dampfverbrauch der Anlage berechnet oder abgeschätzt worden, so läßt sich jetzt auch mit Hülfe der obigen Zahl die erforderliche Heizflächengröße des Kessels bestimmen. Dividirt man mit jener Zahl in die Dampfmenge, so erhält man die Größe der Heizfläche.

Die Größe der Heizfläche ist somit ein außerordentlich wichtiges Maß einer jeden Kesselanlage. Sind die Größe der Heizfläche und die Kesselbauart bekannt, so läßt sich leicht im Voraus angeben, welche Dampfmenge die Anlage unter günstigen Verhältnissen zu liefern vermag. Die Größe der Heizfläche ist demnach ein unmittelbarer Maßstab für die zu erwartende Leistung der Anlage.

Hierbei ist von nur geringem Einfluß, welchen Druck der zu erzeugende Dampf besitzt, da die Wärmemengen, welche die Umwandelung des in den Kessel gebrachten Wassers in Dampf erfordert, bei verschieden hohem Druck nur geringe Unterschiede zeigen, wie ein Blick auf die Tabelle Seite 14 lehrt. Von der Höhe des Druckes, mit welchem ein Dampfkessel betrieben werden soll, sind aber die

*) Bryan Donkin fand aus zahlreichen Versuchen, daß die höchste Ausnützung der Heizgase bei 7,5 kg Dampf für den Quadratmeter Heizfläche stündlich sich erzielen läßt; bei noch kleineren Leistungen der Kessel nehmen die unvermeidlichen Verluste auf Kosten der Sparsamkeit wieder stark zu.

Stärken, welche die Kesselwandungen erhalten müssen, unmittelbar abhängig.

Aus diesen Gesichtspunkten läßt sich nun auch beurtheilen, welcher Druck für den in einem Dampfkessel zu einem gewissen Zweck zu erzeugenden Dampf zu wählen ist.

Soll der Dampf zum Dampfmaschinenbetrieb benutzt werden, so wird es selbstverständlich vortheilhaft sein, hochgespannte Dämpfe zu erzeugen, da diese nur einen wenig größeren Wärmeaufwand erfordern, als niedrig gespannte. Der hochgespannte Dampf läßt aber in der Maschine eine bedeutend größere Leistung erzielen, so daß sowohl an Dampf, wie an Brennmaterial wesentlich gespart wird, und für eine bestimmte Leistung ein in seinen Wandungen zwar etwas stärkerer, in seiner Heizfläche aber wesentlich kleinerer und daher billigerer Dampfkessel erforderlich ist.

Sollen dagegen die Dämpfe zum Heizen Verwendung finden, so wird man sich mit einem mäßigen Druck begnügen, weil die in niedrig gespanntem Dampf enthaltene Wärme nur unwesentlich geringer ist, als die in hochgespanntem Dampf aufgespeicherte. Dem geringeren Dampfdruck genügen aber schon wesentlich dünnere Kesselwandungen, d. h. es kann am Gewicht und Preis des Kesses ganz bedeutend gespart werden.

Die Dampfkessel für Maschinenbetrieb werden dementsprechend neuerdings mit einem Dampfdruck bis zu 15 Atmosphären Ueberdruck betrieben, während Dampfkessel für Heizungen noch mit einer halben Atmosphäre Ueberdruck Verwendung finden.

Nachdem den Heizgasen ein möglichst großer Theil ihrer Wärme entzogen worden ist, müssen sie schließlich entfernt werden; damit dieselben der Umgebung nicht lästig fallen, leitet man sie mittelst senkrechter Rohre in höhere Luftschichten, welche die Gase aufnehmen und fortführen. Ist nun das hierzu benutzte Rohr, welches man bekanntlich einen *Schornstein* nennt, hoch und weit genug, so vermag es auch selbstthätig dem Rost die zur Verbrennung des Brennmateriales erforderliche Luft zuzuführen, die gebildeten Heizgase durch die Feuerzüge zu treiben sowie endlich abzuführen.

Die *Wirkungsweise des Schornsteins* beruht auf dem Naturgesetz, daß ein von einer schwereren Flüssigkeit oder einem schwereren Gas umgebener leichterer Körper empor zu steigen strebt; man nennt dieses Bestreben den *Auftrieb* des Körpers. Dieser Auftrieb ist z. B. die Ursache, daß ein unter Wasser getauchtes Stück Holz, welches leichter, als das umgebende Wasser, sowie ein mit Leuchtgas gefüllter Luftballon, dessen Gasfüllung leichter, als die umgebende Luft ist, kräftig darnach streben, empor zu steigen. Dieselbe Erscheinung stellt sich bei dem Schornstein ein. Die in den Feuerzügen und in dem Schornstein eingeschlossenen Heizgase sind heiß, in Folge dessen stark ausgedehnt und deshalb leichter, als die äußere Luft, mit welcher sie am Rost und an der oberen Mündung des Schornsteins in Berührung stehen; der Inhalt der Züge und des Schornsteins ist daher ebenfalls bestrebt, mit einer gewissen Kraft empor zu steigen. Stellt sich diesem Bestreben kein Hinderniß entgegen, so setzen sich die Gase in Bewegung, und die Folge ist, daß durch den Rost frische Luft zu dem Brennmaterial strömt und die Verbrennung fortsetzt.

Die Kraft, mit welcher sich diese Vorgänge abspielen, nennt man die natürliche Zugkraft des Schornsteins; ihre Größe hängt ab von der Menge der in dem Schornstein eingeschlossenen Heizgase und deren Leichtigkeit beziehungsweise Temperatur. Ein sehr hoher und weiter Schornstein, welcher kühlere Gase fortzuschaffen hat, äußert daher unter Umständen auch nicht mehr Zugkraft, als ein kleiner Schornstein, dessen Gase aber eine höhere Temperatur besitzen. Immer muß aber die Zugkraft eines Schornsteins größer sein, als die Widerstände, welche sich dem Eintritt der Luft in den Feuerraum und der Bewegung der Heizgase in den Feuerzügen und dem Schornstein durch Reibung entgegensetzen.

Verbieten es die Umstände, einem Schornstein die erforderliche Höhe und Weite zu geben, so muß die nothwendige Zugkraft auf künstliche Weise geschaffen werden; welche Mittel man anwendet, künstlichen Zug zu erzeugen, wird im sechsten Abschnitt erläutert werden.

Auch bei der vollkommensten Verbrennung des Brennmateriales ist es nun im Dampfkesselbetrieb leider nicht möglich, die gesammte Heizkraft des ersteren zur Verdampfung von Wasser nutzbar zu machen. Die unvermeidlichen Verluste, welche eintreten, sind verschiedener Natur.

In erster Linie nehmen die Verbrennungsgase eine beträchtliche Wärmemenge mit sich in den Schornstein, wodurch der Hauptverlust, der sogenannte Schornsteinverlust, entsteht. Bei guten Kesselanlagen werden die Heizgase in den Zügen bis auf etwa 250 ° C, bei sehr reichlich bemessenen Anlagen selbst bis auf 200 ° C abgekühlt; ihnen noch mehr Wärme zu entziehen, ist nicht rathsam, da hierzu einerseits ein zu großer, theuerer Kessel erforderlich wäre, andererseits auch die Zugkraft des Schornsteins zu stark geschwächt werden würde.

Weiter geht eine gewisse Menge Wärme durch Ausstrahlung seitens des Kessels und des Kesselofens verloren.

Dann führt das dem Brennmaterial zuweilen beigemischte Wasser Wärmeverluste herbei; denn dieses Wasser verläßt den Schornstein in Dampfform, die zu seiner Verdampfung erforderlich gewesene Wärme geht aber verloren. Je nässer ein Brennmaterial ist, um so größer wird der Verlust. Hieraus folgt, daß das Brennmaterial in der Regel so trocken, wie möglich, verwendet werden muß. Die natürliche Feuchtigkeit des Brennmateriales wurde übrigens bereits Seite 32 erörtert.

Ist demnach das Naßmachen der Kohlen im Allgemeinen zu verwerfen, so kann es doch ausnahmsweise geeignet sein, einen anderen Verlust zu vermindern. Immer wird ein Theil des Brennmateriales durch die Rostspalten fallen und verloren gehen. Beträchtlich wird dieser Verlust, wenn eine klare und magere Kohle auf einem Planrost verbrannt werden soll, für welchen Zweck sich übrigens ein Treppenrost weit besser eignen würde. Durch Naßmachen dieses Brennmateriales wird erzielt, daß dasselbe zusammenbäckt, und der Verlust hierdurch wesentlich vermindert; der auf diese Weise erzielte Gewinn ist zuweilen größer, als der Wärmeverlust, welchen die Verdampfung des beigemengten Wassers verursacht. In diesem Ausnahmefall ist demnach das Nässen des Brennmateriales empfehlenswerth.

Es ist nun gebräuchlich, aus der Heizkraft der Brennmaterialien die derselben entsprechende sogenannte theoretische Verdampfung, bezogen auf Wasser von 0 ^{0} C verwandelt in Dampf von 99,1 ^{0} C oder einer Atmosphäre Druck, welche sich bei vollkommener Nutzbarmachung der Heizkraft ergeben würde, zu berechnen. Man erhält diese Dampfmenge einfach durch Division mit der Zahl 637 in die Heizkraft, da 637 Wärmeeinheiten erforderlich sind, um 1 kg Wasser von 0 ^{0} C in gesättigten Dampf von 99,1 ^{0} C zu verwandeln. Die auf diese Weise für die verschiedenen Brennmaterialien gefundenen Zahlenwerthe stehen in der dritten Spalte der nachfolgenden Tabelle.

In der vierten Spalte sind weiter die durch Verdampfungsversuche an Dampfkesseln ermittelten, mit einem Kilogramm Brennmaterial wirklich erzeugten Dampfmengen angegeben; dieselben fallen je nach der Güte der Verbrennung und der Ausnützung der Heizgase natürlich verschieden aus.

Die letzte Spalte enthält endlich die theoretisch zur Verbrennung erforderlichen Luftmengen; die in den Dampfkesselfeuerungen zugeführten Luftmengen betragen gewöhnlich das $1^{1}/_{2}$- bis 4fache derselben.

Aus der Tabelle ergiebt sich, daß die im Brennmaterial enthaltene Wärme nur zu $^{1}/_{2}$ bis $^{4}/_{5}$ nutzbar gemacht werden kann.

Die Heizkraft der Brennmaterialien und die Verdampfung.

1 kg Brennmaterial	Heizkraft in Wärme-Einheiten	Theoretische Verdampfung in kg (Wasser von 0 °C in Dampf von einer Atmosphäre)	Wirkliche Verdampfung in kg	Theoretisch erforderliche Luftmenge in kg
Westfälische Steinkohle	7245	11,4	5,7 bis 9,0	10,0
Schlesische Steinkohle .	6895	10,8	5,5 „ 8,5	9,4
Zwickauer Steinkohle .	6775	10,6	5,4 „ 8,0	9,3
Steinkohle des plauenschen Grundes . .	5490	8,6	4,3 „ 6,5	7,5
Böhmische Braunkohle	4320	6,8	3,4 „ 5,0	6,2
Erdige Braunkohle .	2925	4,6	2,5 „ 3,5	4,4
Koks	7270	11,4	5,7 „ 7,5	10,3
Torf (lufttrocken) . .	3565	5,6	3,0	5,3
Holz (lufttrocken) . .	2845	4,5	2,5 bis 3,0	4,7

Eine sehr wichtige Frage für jeden Kesselbesitzer ist endlich die nach dem geeignetesten Brennmaterial. Sieht man von Ausnahmefällen ab, so eignet sich offenbar dasjenige Brennmaterial für den Betrieb am besten, welches den billigsten Dampf liefert.

Um über diesen Punkt Aufschluß zu erlangen, muß folgendes Verfahren angewendet werden:

Man mißt regelmäßig die im Kessel verdampften Wassermengen unter Zuhülfenahme eines an der Speisepumpe angebrachten Hubzählers oder eines in das Speiserohr eingeschalteten Wassermessers oder auf eine sonstige Weise und schreibt sich die Brennmaterialmengen auf, welche hierzu erforderlich waren; dann läßt sich sehr leicht aus diesen beiden Zahlen berechnen, wieviel kg Wasser durch 1 kg Brennmaterial in Dampf verwandelt worden sind. Man nennt die erhaltene Zahl die Verdampfungsziffer.

Weiter ermittelt man den Preis des Brennmateriales, wie hoch sich derselbe für 1 kg stellt, wenn man zu dem Preise auf dem Schacht alle Kosten für den Transport bis vor den Kessel hinzurechnet.

Aus dem letzteren Werth und der Verdampfungsziffer kann nunmehr leicht berechnet werden, wie theuer ein jedes Kilogramm des erzeugten Dampfes zu stehen kommt.

Es ist nun rathsam, mit verschiedenen Brennmaterialsorten und wohl auch mit Gemischen, welche aus verschiedenartigen Brennmaterialien, z. B. aus Steinkohlen und Braunkohlen hergestellt werden, Versuche vorzunehmen; diejenige Sorte oder dasjenige Gemisch, welches den billigsten Dampf liefert, ist jedenfalls das geeignetste und vorteilhafteste Brennmaterial.

Wer mit seiner Kesselanlage weit entfernt vom Schacht gelegen ist, wird bald herausfinden, daß sich für ihn immer die besseren Brennmaterialsorten, deren Transportkosten auch nicht höher, als die der geringwerthigen Sorten zu stehen kommen, vortheilhafter erweisen; die in der Nähe des Schachtes gelegene Anlage wird dagegen meistens mit den geringeren Sorten den billigsten Dampf erzielen, da hier die Transportkosten viel mäßigere sind und den Gesammtpreis des Brennmaterials weniger stark beeinflussen.

An größeren Anlagen angestellte Versuche haben ergeben, daß die Kosten für 1 kg Dampf je nach der Entfernung der Anlage von dem Fundort des Brennmateriales auf 0,15 bis 0,3 Pfennige zu stehen kommen.

Fünfter Abschnitt.

Die Form, das Material und die Herstellung der Dampfkessel.

Inhalt: Die Form der Dampfkessel im Allgemeinen. — Das Material (Kupfer, Schweißeisen, Flußeisen, Stahl, Gußeisen, Messing). — Die Herstellung der Dampfkessel (Blechstärke, Nietung, Versteifung und Verankerung ebener Kesselwandungen, Versteifung der Flammenrohre, Befestigung der Heizröhren). — Die amtliche Prüfung des Kessels.

Die ersten Dampfkessel hatten die Gestalt einer Halbkugel mit einem nach innen gewölbten Boden. Bei der Kugelform ist nun zwar nach den Regeln der Festigkeitslehre für einen bestimmten Rauminhalt und Dampfdruck die geringste Wandstärke erforderlich; sie besitzt aber anderen Formen gegenüber auch den Nachtheil, bei gleicher Größe des Rauminhaltes die kleinste Oberfläche und damit nur eine kleine Heizfläche darzubieten.

James (sprich: Dschehms) Watt, der Erbauer der ersten Dampfmaschinen, verließ die Kugelform und führte die sogenannten Kofferkessel ein, welche einen hufeisenförmigen Querschnitt besaßen und eine ziemliche Länge erhielten. Fig. 3 stellt einen solchen Kofferkessel dar. Durch diese Kesselform, welche ziemlich lange benutzt wurde, gelangte man bereits zu Kesseln mit wesentlich größeren Heizflächen.

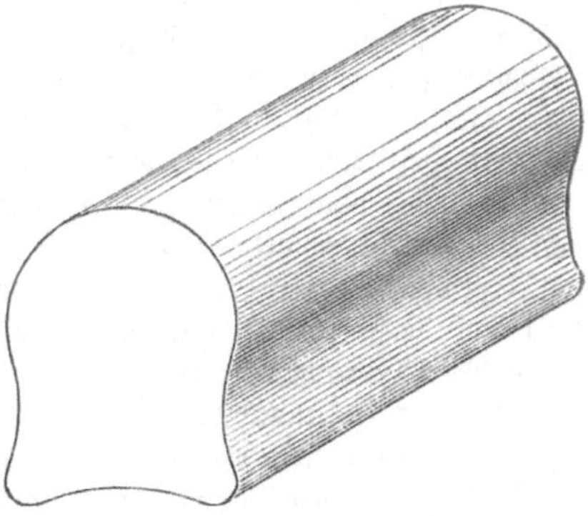

Fig. 3.

Bei dem Kofferkessel lag der Rost stets unter dem vorderen Ende des Kessels, und wurden die Heizgase zuerst unter dem Kesselboden nach hinten, dann aber an den Seitenwänden des Kessels entlang geführt. Damit der Kessel durch den Dampfdruck in seiner Form keine Aenderung erfährt, mußten natürlich die Seitenwände vor Ausbiegungen geschützt werden, zu welchem Zweck diese Kesselwandungen durch zahlreiche Anker mit einander verbunden wurden. Hierdurch bekam aber der Kessel ein sehr großes Gewicht, und die vielen Anker erschwerten auch die innere Reinigung desselben. Sollte ein solcher Kessel mit einem nur nennenswerthen Dampfdruck betrieben werden, so verlangten überdies die Kesselwandungen schon recht bedeutende Blechstärken.

Man ging bald dazu über, Kessel mit kreisförmigem Querschnitt, sogenannte Walzen- oder Cylinderkessel zu erbauen. Diese Kesselform bietet den Vortheil, daß eine Verankerung der Seitenwände oder des sogenannten Kesselmantels nicht mehr nothwendig ist, und auch eine weit geringere Wandstärke erforderlich wird, als bei dem Kofferkessel. Die Enden der Cylinderkessel schloß man früher durch halbkugelförmige Hauben ab; jetzt zieht man vor, diesen Abschluß durch ebene oder gewölbte Böden herzustellen, wobei die Einmauerung des Kessels weniger Mauerwerk und Raum erfordert, und auch die Befestigung der Sicherheitsvorrichtungen, wie der Wasserstandszeiger u. a. an den Böden des Kessels erleichtert wird.

Der Cylinderkessel wurde seiner Einfachheit wegen sehr häufig und gern verwendet; ja, man bedient sich seiner, wenn es sich um kleinere Anlagen handelt, heutigen Tages noch. Da indessen bei größeren Durchmessern nnd höherem Druck schon wieder Blechstärken nothwendig werden, deren Anwendung aus praktischen Gründen nicht rathsam erscheint, so kam man bei dem Bestreben, Kessel mit größeren Heizflächen und für höheren Dampfdruck zu erbauen, bald darauf, zwei oder mehrere Cylinderkessel mit gleichen oder auch verschiedenen Durchmessern unter sich zu verbinden und zu einem Kessel zu vereinigen. Um an Raum für ihre Aufstellung zu sparen, legte man die einzelnen Cylinder über einander und erhielt auf diese Weise den sogenannten Siederohrkessel. Oder man legte die Cylinder auch in einander, und ließ den oder die in den größeren Cylinder gelegten kleineren Cylinder von der Flamme durchziehen; eine solche Zusammenstellung nennt man bekanntlich einen Flammenrohrkessel.

Aus diesen beiden neueren Grundformen, dem Siederohrkessel und dem Flammenrohrkessel, entwickelten sich bald zahlreiche weitere Formen, auf welche in einem späteren Abschnitt noch näher einzugehen sein wird.

Für die Form eines Dampfkessels ist hiernach im Allgemeinen die Größe der erforderlichen Heizfläche und die Höhe des Druckes, welche der zu erzeugende Dampf besitzen soll, maßgebend; inm anchen Fällen wird dieselbe auch von dem Raum, welcher für die Aufstellung des Kessels verfügbar ist, bestimmt.

Das Material, aus welchem die ersten Dampfkessel hergestellt wurden, war Kupfer, welches sich infolge seiner guten Wärmeleitungsfähigkeit und seiner Zähigkeit als Material zu Kesselwandungen ganz vorzüglich eignet; dasselbe findet indessen heutigen Tages seines hohen Preises wegen nur noch ausnahmsweise, zu besonderen Kesseltheilen, wie den Feuerbüchsen der Lokomotivkessel u. a., Verwendung.

In den meisten Fällen werden die Dampfkessel aus Schmiedeeisen hergestellt; und zwar früher ausschließlich aus dem in den Hüttenwerken in Flammen- oder Puddel-Oefen aus Roheisen erzeugten Schweiß- oder Puddeleisen, neuerdings zumeist aus Flußeisen, welches in der Bessemer-Birne oder besser im Siemens-Martin-Ofen aus demselben Rohmaterial erzeugt wird. Das Flußeisen ist schlackenfreier, als das Schweißeisen, und zeigt einen mehr feinkörnigen Bruch, während das Schweißeisen sehnig-faseriges Gefüge besitzt. Auch ist das Flußeisen fester, als das Schweißeisen; es läßt sich aber nicht so gut schweißen, wie das Schweißeisen, und auch nur im erhitzten, rothwarmen Zustande biegen und hämmern, ohne Schaden zu leiden.

Die Verwendung von Stahl ist eine beschränkte geblieben, weil dieses Material, wenn es der abwechselnden Erhitzung und Abkühlung ausgesetzt ist, leicht rissig wird; zudem läßt es sich auch schwieriger bearbeiten, als Schmiedeeisen. Da die Stahlbleche aber bedeutend mehr Festigkeit besitzen, als Schweiß- oder Flußeisenbleche, so können natürlich Stahlblechkessel viel dünner und leichter gemacht werden. Von diesem Vortheil erwartete man früher große Erfolge im Dampfkesselbau, welche indessen des oben erwähnten Uebelstandes wegen ausblieben. Heutigen Tages stellt man hauptsächlich Kesseltheile aus Stahl her, welche große Festigkeit besitzen müssen, aber der Einwirkung der Flamme nicht ausgesetzt sind, wie die Mäntel der Schiffskessel und Lokomotivkessel.

Auch das Gußeisen wird immer seltener und nur zu besonderen Theilen wie den Wasserstandstutzen, Rohrstutzen u. a., verwendet, in welchem Falle es den Anschluß der verschiedenen Vorrichtungen und Rohrleitungen recht erleichtert. Da indessen Gußeisen oft innerlich Blasen und poröse Stellen enthält, auch die Erzielung ganz gleichmäßiger Wandstärken schwierig ist und oftmals mißlingt, so ist die Verwendung dieses spröden, unzuverlässigen Materiales auf das unbedingt Nothwendigste zu beschränken. Insbesondere sollten die Obertheile der Dampfdome nie mehr aus Gußeisen hergestellt werden*).

Auch die allgemeinen polizeilichen Bestimmungen des Bundesraths über die Anlegung von Dampfkesseln vom 5. August 1890 berücksichtigen die Unzuverlässigkeit des Gußeisens; sie enthalten im § 1 die Vorschrift: „Die vom Feuer berührten Wandungen der Dampfkessel, der Feuerröhren und Sieseröhren dürfen nicht aus Gußeisen hergestellt werden, sofern deren lichte Weite bei cylindrischer Gestalt 25 cm, bei Kugelgestalt 30 cm übersteigt."

Da sich indessen Gußeisen dem Rosten gegenüber weit widerstandsfähiger und dauerhafter erweist, als Schmiedeeisen, so fertigt man noch gern aus ihm Vorwärmer und andere weniger gefährdete Theile an.

Das Messing findet zu Dampfkesseln so gut wie keine Verwendung mehr, weil es von der Flamme rasch zerstört wird und abbrennt oder schmilzt. § 1 der oben bezeichneten gesetzlichen Bestimmungen gestattet seine Verwendung nur für Feuerröhren, deren lichte Weite 10 cm nicht übersteigt. Früher stellte man die Heizröhren der Lokomotivkessel aus Messing her; aber auch hier ist das Messing durch das billigere Eisen verdrängt worden.

Soll ein Dampfkessel, dessen Heizflächengröße und höchster Dampfdruck feststehen, erbaut werden, so ist zunächst über die Form und Bauart des neuen Kessels Bestimmung zu treffen. Unter welchen Gesichtspunkten dies zu geschehen hat, darüber wird der neunte Abschnitt Näheres enthalten.

Hiernach entwirft der Ingenieur einen Plan des zu erbauenden Kessels, wobei die Größenverhältnisse des Kessels derart zu wählen sind, daß die gewünschte Heizfläche erhalten wird.

Bekanntlich werden die Dampfkesselwandungen aus einzelnen Blechtafeln zusammengesetzt. Sehr wichtig ist, in welcher Stärke diese Blechtafeln zu wählen sind, was nach verschiedenen, zum Theil entgegengesetzten Gesichtspunkten beurtheilt werden muß.

Die anzuwendende Blechstärke, insbesondere die der Kesselmäntel und Flammenrohre, hängt zunächst, außer vom Dampfdruck,

*) Wie unzuverlässig das Gußeisen ist, beweist ein vor einiger Zeit auf dem Wasserwerk der Stadt Dresden vorgekommener Unfall, bei welchem ein gußeiserner, auf den Kessel genieteter 500 mm weiter Mannhut oder Fahrstutzen bei der Wiederinbetriebsetzung des gereinigten Kessels plötzlich an seinem ganzen Umfange abriß, obgleich der Dampfdruck erst etwas mehr, als die Hälfte des normalen betrug.

vom Durchmesser des betreffenden Kesseltheiles ab; je höher der Druck und je größer der Durchmesser ist, um so stärker sind die Wandungen zu machen. Dann ist die erforderliche Wandstärke auch abhängig von der Festigkeit oder Widerstandsfähigkeit des gewählten Materiales; je fester die Bleche sind, aus welchen die Kessel hergestellt werden soll, um so schwächer können sie genommen werden.

Wurde bisher nur die Festigkeit und Widerstandsfähigkeit des Kessels berücksichtigt, womit die erforderliche Sicherheit gegen eine Explosion gewonnen wird, so macht sich auf der anderen Seite der Nachtheil geltend, daß der sicherste Kessel die stärksten Wandungen erfordert und dann natürlich der schwerste und dabei theuerste wird; ein zu großes Gewicht muß aber bei Kesselarten, wie den Schiffskesseln, Lokomotivkesseln u. a. noch aus anderen Gründen vermieden werden.

Der Ingenieur wird daher zwischen Festigkeit und Sicherheit einerseits sowie Gewicht andererseits recht sorgfältig abwägen und die Berechnung der Wandstärken des Kessels in einer Weise vornehmen müssen, bei welcher aus derselben sowohl ein genügend fester und sicherer, als auch ein nur mäßig schwerer Kessel hervorgeht.

Zu dem Verständniß der Wandstärkenberechnungen gehören eingehende mathematische Kenntnisse; es muß hier auf eine Erläuterung dieser Berechnungen verzichtet werden, und sei nur bemerkt, daß die Wandstärken der Dampfkessel früher auf Grund solcher Berechnungen gesetzlich vorgeschrieben waren. Da diese Vorschriften indessen keinen Unterschied zwischen schlechtem und gutem Material machten, sondern einfach bestimmten, bei diesem Durchmesser und Dampfdruck muß jeder Kessel die und die Wandstärke besitzen, so wurden sie aufgehoben.

Heutigen Tages richten sich die Kesselfabriken und Aufsichtsbeamten bei der Bestimmung der Wandstärken eines Dampfkessels nach ähnlichen, aber verbesserten Vorschriften, von welchen indessen je nach der Güte des Materiales auch abgewichen wird. Allgemein anerkannt sind die von dem Verbande der Dampfkessel-Ueberwachungs-Vereine aufgestellten sogenannten „Hamburger Normen“ für die Wandstärken der Dampfkessel.

Zu den Kesselplatten, welche dem Feuer ausgesetzt sind, den sogenannten Feuerplatten, sowie zu den Platten, welche wiederholt gebogen und bearbeitet werden müssen, verwendet man selbstverständlich die besten Bleche; zu den übrigen Theilen des Kessels genügt eine etwas geringere Qualität.

Die **Verbindung der einzelnen Blechtafeln** der Kessel erfolgt bei Kupfer und Messing durch Löthung oder Nietung, bei Verwendung von Eisen und Stahl aber durch Schweißung oder

Nietung. Die Verbindung durch Nietung ist die am meisten gebräuchliche.

Von einer guten Nietung wied zweierlei verlangt, nämlich Dichtheit und Festigkeit. Um diesen Ansprüchen zu genügen, muß man bei Kesseln, welche mehr als 1,5 m Durchmesser besitzen und für höheren Dampfdruck bestimmt sind, an Stelle der einfachen oder einreihigen Nietung, doppelreihige, ja selbst dreireihige Nietungen anwenden. Eine völlige Dichtheit der Naht wird bekanntlich erst durch das sogenannte Verstemmen erreicht.

Um dichte Nähte zu erhalten, darf man vor allen Dingen die Entfernung zwischen den einzelnen Nieten nicht zu groß wählen; ist diese Entfernung eine zu große, so ist das Durchdringen von Wasser oder Dampf zwischen den beiden Blechen unvermeidlich. Macht man sie dagegen zu klein, so erhält man zwar eine dichte Naht, aber eine solche mit sehr vielen Nieten, welche unnöthig viel Arbeit erfordert.

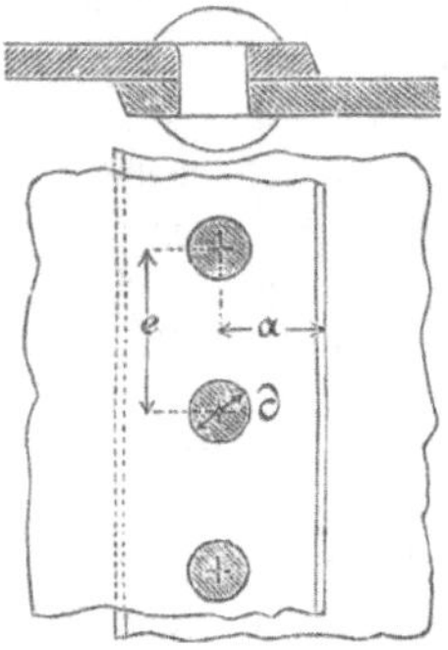

Fig. 4.

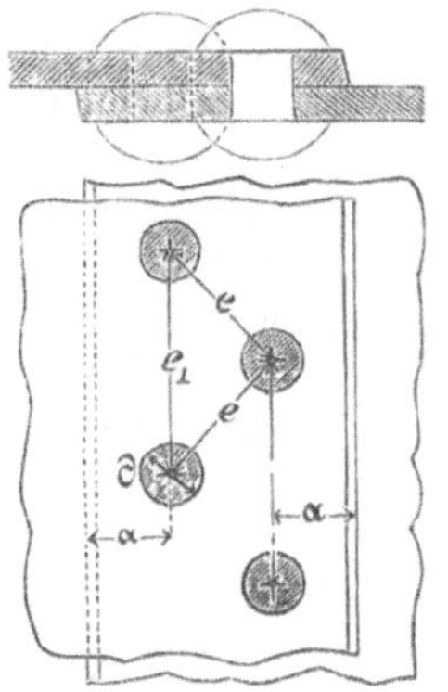

Fig. 5.

Um Dichtheit zu erzielen, darf man ferner die Entfernung des Nietloches vom Blechrande nicht zu groß machen. Bei dem Dichtstemmen einer Naht wird die Kante des äußeren, übergreifenden Bleches mit dem Stemmer aufgetrieben und auf das unter ihm liegende Blech gepreßt. Ist nun die Entfernung zwischen Nietloch und Blechrand zu groß, so fängt der breite, übergreifende Blechstreifen an zu federn, und es ist dem Kesselschmied dann unmöglich, die Naht dicht zu bekommen. Macht man dagegen die Entfernung des Nietloches vom Blechrande zu klein, so können schon während des Nietens Risse zwischen Nietloch und Blechrand entstehen.

Zur Erzielung der erforderlichen Festigkeit muß endlich der **Durchmesser der Nieten** zur Stärke der zu verbindenden Bleche in einem gewissen Verhältnisse stehen; zu dünne Nieten können durch den im Kessel herrschenden Dampfdruck abgerissen werden, während bei zu stark gewählten Nieten zwischen den letzteren zu wenig Blech übrig bleibt, und dieses der Gefahr des Zerreißens ausgesetzt ist.

Aus diesen Erläuterungen geht hervor, daß es nothwendig ist, sich bei Anfertigung von Nietungen an gute, bewährte Regeln zu halten, deren Befolgung eine dichte und zugleich feste Naht sichert.

Als recht einfache und zweckmäßige Regeln können die nachfolgenden des französischen Kesselfabrikanten **Lemaitre** (spr. Lemäter) bezeichnet werden:

Man mache bei der einfachen und doppelreihigen Nietung (Figuren 4 und 5) den Nietdurchmesser d

$$d = 4 \text{ mm} + 1{,}5 \text{ mal Blechstärke};$$

den Abstand des Nietloches vom Blechrande a

$$a = 1{,}5 \text{ mal Nietdurchmesser},$$

und die Entfernung zweier Nieten von einander e, beziehungsweise e_1

$$e = 10 \text{ mm} + 2 \text{ mal Nietdurchmesser},$$

$$e_1 = 20 \text{ mm} + 3 \text{ mal Nietdurchmesser}.$$

Hiernach wird z. B. bei 12 mm starken Kesselblechen:

$$d = 22 \text{ mm}$$

$$a = 33 \text{ mm}$$

$$e = 54 \text{ mm}$$

$$e_1 = 86 \text{ mm}$$

Bei der **Herstellung eines Dampfkessels** in der Kesselfabrik wird in folgender Weise vorgegangen;

Nachdem die einzelnen Blechtafeln vorgezeichnet worden sind, wobei darauf geachtet wird, daß bei den Blechen der Kesselmäntel die Walzrichtung des Bleches in die Richtung des Kesselumfanges zu liegen kommt, weil die Bleche nach dieser Richtung einen größeren Widerstand zu leisten haben und dem gegenüber auch mehr Festigkeit besitzen, werden sie durch Beschneiden und Behauen oder Behobeln in die erforderliche Größe gebracht und an den Kanten etwas abgeschrägt; an den Ecken, wo mehrere Platten über einander zu liegen kommen, spitzt man dieselben zu.

Hierauf werden die Nietlöcher gelocht oder gebohrt; das letztere Verfahren ist das bessere, weil bei dem Lochen oder Stanzen das Blech feine Rißchen bekommt, welche sich oft später erweitern und fortsetzen.

Dann werden die Blechtafeln mittelst Biegemaschinen gebogen und wohl auch, damit die Bleche recht gut auf einander zu liegen kommen, warm zusammengerichtet sowie durch einige Schrauben mit einander in vorläufige Verbindung gebracht. Die einzelnen Ringe der Kesselmäntel und Flammenrohre, welche theils konische, theils cylindrische Form erhalten, müssen hierbei so in einander gesteckt werden, daß später die unter dem Kessel oder im Flammenrohr hinziehende Flamme nicht auf vorspringende Blechkanten stößt.

Schließlich werden die Nietlöcher aufgerieben, damit sie genau zusammenpassen; das Zusammenpassen durch Eintreiben eines Dornes in die Nietlöcher ist zu verwerfen, weil hierbei das Blech ebenfalls rissig wird und leidet. In neuerer Zeit werden die Nietlöcher wohl auch erst nach dem Zusammensetzen der gebogenen Blechtafeln gebohrt, wodurch genau auf einander passende Nietlöcher erzielt werden.

Nach allen diesen Vorarbeiten kann mit dem Zusammennieten der Blechtafeln begonnen werden. Das Nieten erfolgte früher ausschließlich mit der Hand; neuerdings werden hierbei hydraulische Nietmaschinen benutzt, die eine weit vollkommnere Arbeit liefern und bei großen Blechstärken unentbehrlich sind.

Die Haupttheile des Kessels, den Mantel, die Flammenrohre, die Feuerbüchse und andere stellt man zunächst getrennt für sich her. Die Kesselböden, welche meistens umgebördelte Ränder erhalten, werden von den Hütten in jeder beliebigen Größe, Stärke und Form vorräthig gehalten und geliefert.

Endlich erfolgt das Zusammennieten der einzelnen Haupttheile des Kessels, wobei man darauf zu achten hat, daß die Längsnähte der Kesselmäntel in die Seitenzüge zu liegen kommen, damit sie der ersten Flamme entzogen werden, leicht zu beobachten sind und zugänglich bleiben, die Längsnähte der Flammenrohre aber nach unten, an welcher Stelle sich im Betriebe sehr bald schützende Flugasche ablagert.

Werden die Wandungen eines Kessels mit größeren Oeffnungen, wie die zum Befahren des Kessels erforderlichen Mannlöcher, versehen, so ist die hierdurch entstandene Schwächung der Wand durch Aufnieten eines Verstärkungsringes wieder auszugleichen.

Von großer Wichtigkeit sind die Versteifungen oder Verankerungen, durch welche die ebenen Kesselböden und sonstigen Wandungen, sofern dieselben nicht durch Flammenrohre, Heizröhren oder andere Kesseltheile genügend gehalten werden, gegen Formveränderungen oder Ausbiegungen geschützt werden müssen.

Bei kleinen Kesselböden genügt zur Erzielung der erforderlichen Steifigkeit meistens eine innen auf den Boden genietete Winkeleisenschiene.

Größere Kesselböden werden zu dem gleichen Zwecke oft durch schmiedeeiserne Anker mit einander verbunden; die Enden der Anker erhalten Gewinde und je zwei Muttern und Unterlegscheiben,

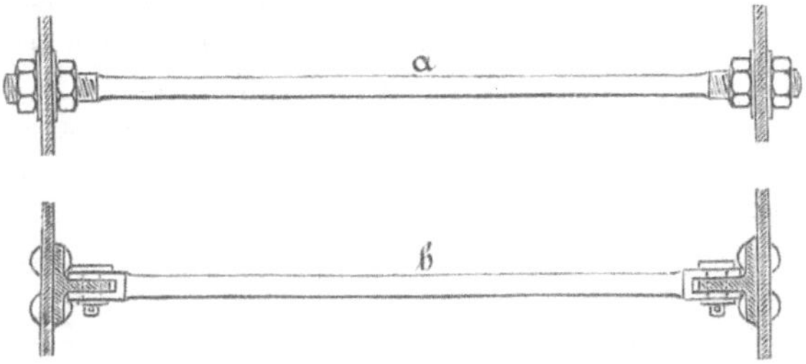

Fig. 6.

welche die Kesselböden zwischen sich fassen (Figur 6 a). Da die Mutterverbindungen indessen leicht zu Undichtheiten Anlaß geben, so ziehen Andere vor, auf die Böden Winkelschienen zu nieten, deren Schenkel durch an den Enden gegabelte Anker mit durchgesteckten Bolzen verbunden werden (Figur 6 b); man umgeht auf diese Weise jede Dichtung.

Eine zweite, ebenfalls sehr häufig angewendete Art der Bodenversteifung ist die durch Blechwinkel, welche einerseits am Kesselmantel, andererseits am Kesselboden angenietet werden (Figur 7). Rathsam erscheint, die Blechwinkel an jedem Ende mit zwei Winkeleisen zu versehen, welche das Blechstück zwischen sich nehmen; die Befestigung mit einem Winkeleisen ist eine einseitige, *welche nachgiebt.*

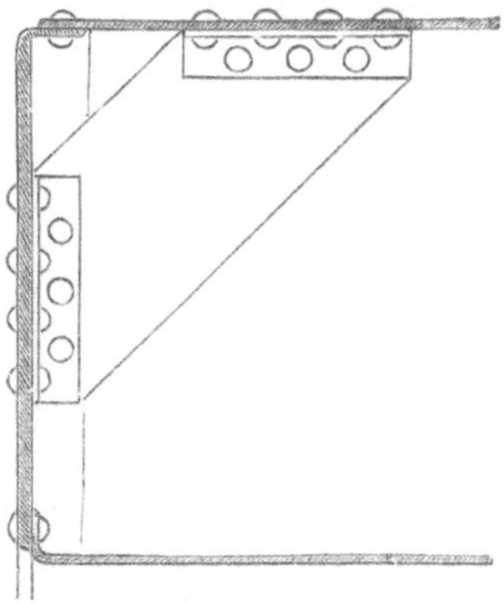

Fig. 7.

Die ebenen Seitenwände der Feuerbüchsen von Lokomotiv- und Schiffskesseln müssen mit dem äußeren Kesselmantel, um beide Kesseltheile vor Formveränderungen zu bewahren, durch eine Anzahl Stehbolzen verbunden werden. Es sind dies cylindrische, mit Schraubengewinde versehene, schmiedeeiserne oder kupferne Bolzen, welche in beide Kesselwände eingeschraubt werden; die vorstehenden Enden erhalten einen Nietkopf (Figur 8).

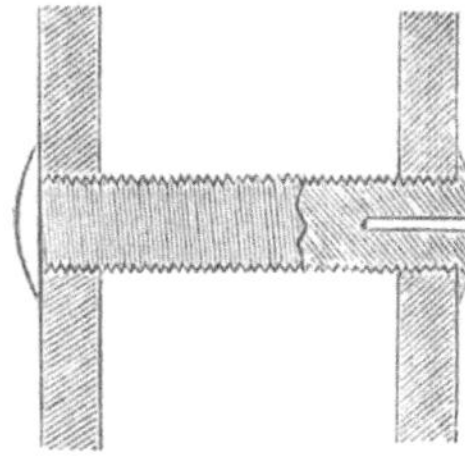

Fig. 8.

Bei den Lokomotiven wird der äußere Kesselmantel regelmäßig aus Schmiedeeisen, die Feuerbüchse dagegen aus Kupfer hergestellt; reißt nun einmal ein solcher Stehbolzen ab, so geschieht dies immer dicht an der Eisenwandung und kaum jemals an der zähen Kupferwandung. Damit sich ein solcher Bruch bemerkbar macht, versieht man die kupfernen Bolzen von außen her mit einer Bohrung von 3 bis 4 mm Stärke und 25 bis 30 mm Tiefe; nach dem Bruch des Bolzens spritzt sofort Kesselwasser aus der Bohrung und macht auf den entstandenen Schaden aufmerksam. Die Stehbolzen der Lokomotivkessel werden ohne Ausnahme mit solchen Anbohrungen versehen

Die ebenen Decken der Feuerbüchsen und Feuerkisten, auf welche der Dampfdruck von außen wirkt, versteift man entweder ebenfalls durch Stehbolzen (siehe den Lokomotivkessel im siebenten Abschnitt) oder legt auch schmiedeeiserne bezw. gußstählerne Schienen auf diese Kesselwandungen und hängt die letzteren mittelst Nietbolzen oder Schrauben auf (Figur 9).

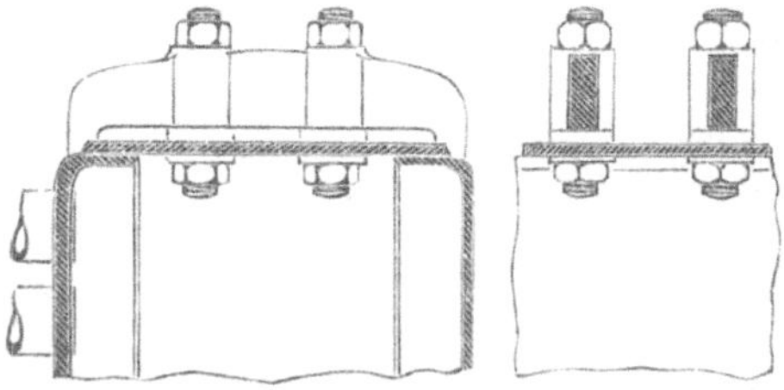

Fig. 9.

Damit die Deckenschiene nicht mit ihrer ganzen Länge auf der Feuerbüchse aufruht, sondern letztere überall noch vom Wasser benetzt und gekühlt wird, werden um die Nieten oder Schrauben, zwischen Schiene und Decke Ringe gelegt.

Der äußere Mantel eines Cylinderkessels bedarf keiner Versteifung; sollte seine Form auch nicht genau kreisförmig, sondern etwas unrund sein, so hat der allseitig von innen wirkende Dampfdruck nur das Bestreben, den beim Bau des Kessels entstandenen Fehler zu beseitigen und die unrunde Form des Kessels in die kreisförmige überzuführen.

Anders liegt die Sache bei den Flammenrohren der Flammenrohrkessel, welche von allen Seiten einem äußeren Druck ausgesetzt sind; diese Kesseltheile haben nur so lange kein Bestreben, ihre Form zu ändern, als die letztere vollkommen kreisrund ist. Weicht die Form des Flammenrohrs aber von der des Kreises ab, so erfährt das Rohr in der senkrechten Richtung zum größeren Durchmesser einen wesentlich größeren Druck, als in der mit diesem Durchmesser zusammenfallenden Richtung; der Dampfdruck ist also jederzeit bestrebt, das Rohr flach zu drücken und zu zerstören. Da die Flammenrohre selten genau kreisrund hergestellt werden können, so ist auch die Gefahr des Zusammenklappens stets vorhanden; diese Gefahr wird umso größer, je länger das Rohr und je größer sein Durchmesser ist. Nun werden zwar kurze Rohre durch die Kesselböden genügend versteift; bei langen und namentlich weiten Rohren ist man aber gezwungen, dieselben mit besonderen Versteifungen zu versehen.

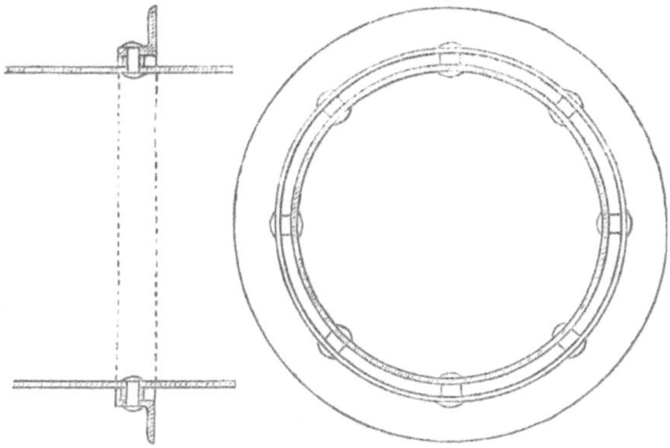

Fig. 10.

Die Versteifung der Flammenrohre kann in der verschiedensten Weise erfolgen; die einfachste ist die von dem Engländer Fairbairn (sprich Färbärn) erfundene durch Winkelringe.

Ein aus Winkeleisen hergestellter Ring, welcher etwa 50 mm weiter ist, als der äußere Durchmesser des Flammenrohres, wird um das letztere gelegt und mit demselben durch eine Anzahl Nieten verbunden (Figur 10). Damit der Winkelring nirgends aufliegt, und das Wasser alle Theile des Rohres noch berührt, legt man wieder um die Nieten, zwischen Winkelring und Flammenrohr, entsprechend hohe und schmale Ringe. Man bringt diese Versteifungsringe in Abständen von 2 bis 3 m von einander an; ihre Anzahl richtet sich mithin nach der Länge des Flammenrohres.

Bei neuen Kesseln wird man geschweißte Winkelringe verwenden. Will man die Flammenrohre von alten Kesseln nachträglich versteifen, so muß man die Ringe aus zwei Theilen herstellen, welche im Inneren des Kessels zusammengeschraubt oder genietet werden.

Eine andere, etwas theurere Versteifung der Flammenrohre erhält man dadurch, daß man die Enden der einzelnen, zumeist durch Schweißung hergestellten Trommeln des Flammenrohres umbördelt, und die letzteren hierauf unter Zwischenlegung eines flachen, hohen Ringes, welcher dem Rohr sowohl große Steifigkeit verleiht, als auch das Dichtstemmen der Verbindung erleichtert, zusammennietet (Figur 11).

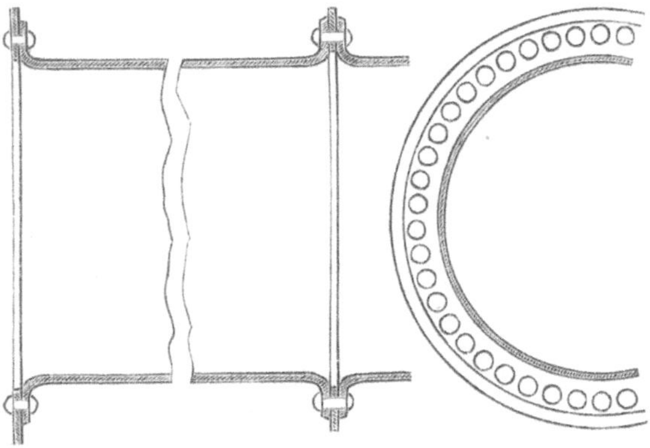

Fig. 11.

Diese, von dem Engländer Adamson eingeführte Art der Versteifung hat den Vortheil, daß alle Nietnäthe des Flammenrohres der Einwirkung der Flamme entzogen sind, und daß das Flammenrohr in den zahlreichen Bördelungen etwas federt, infolgedessen der mit Adamsonschen Versteifungsringen versehene Flammenrohrkessel von der durch die Einwirkung der Flamme verursachten Ausdehnung weniger zu leiden hat. Die gewöhnlichen, glatten Flammenrohre drücken dagegen bei ihrer Ausdehnung mit großer Gewalt die Kesselböden nach außen, und diese wirken nun wieder mit derselben Kraft auf die Rohre zurück, wodurch leicht Beschädigungen eintreten.

Eine weitere Art der Flammenrohrversteifung ist die durch sogenannte Galloway-Röhren oder Pfeifen, nach ihrem Erfinder, dem Engländer Galloway (sprich Gallowee) so genannt (Figur 12).

Die Gallowayröhren sind konische, geschweißte Röhren, deren Enden umgebördelt werden. Man versieht nun die Flammenrohre oben und unten mit Oeffnungen, deren Weiten so bemessen sind, daß der untere Flansch der Gallowayröhre noch durch die obere Oeffnung geht. Die Gallowayröhren können demnach von oben in das Flammenrohr gesteckt und mittelst Vernietung oder auch Schweißung mit demselben verbunden werden. Immer erhält ein Flammenrohr eine ganze Anzahl solcher Röhren, welche abwechselnd senkrecht und verschieden geneigt stehen.

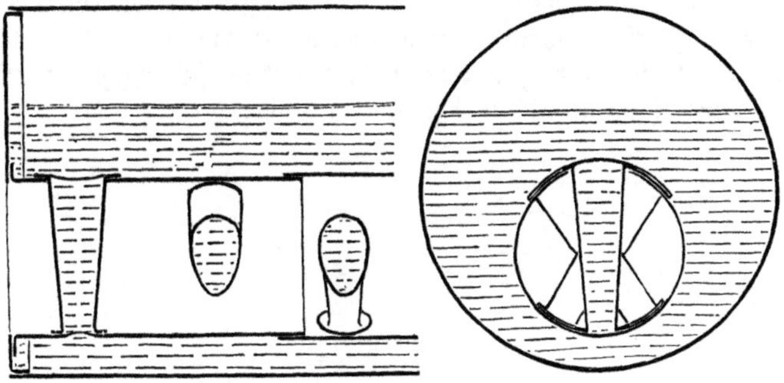

Fig. 12.

Die Gallowayröhren bieten nun neben der Versteifung des Flammenrohres noch folgende Vortheile: Die Heizgase wirbeln auf ihrem Weg durch das Flammenrohr lebhaft durch einander, stoßen öfters senkrecht auf die Gallowayröhren und geben infolgedessen ihre Wärme rasch an den Kessel ab. In den Röhren selbst stellt sich aber eine lebhafte Bewegung des Wassers ein; denn der aus Wasser und Dampfbläschen bestehende, leichtere Inhalt der Röhren steigt empor und zieht immer neue Wassermassen von unten nach sich. An den Wasserinhalt des Kessels geht daher die Wärme der Heizgase viel schneller über, und man erhält eine weit lebhaftere Verdampfung, wobei zugleich die Ansetzung von Kesselstein infolge der Strömung des Wassers vermindert werden soll.

Bietet diese Art der Flammenrohrversteifung überdies den Vortheil, daß die Heizfläche des Kessels um einen beträchtlichen, sehr wirksamen Theil vermehrt wird, so kann doch auf der anderen Seite nicht in Abrede gestellt werden, daß die Reinigung der mit Gallowayröhren versehenen Flammenrohre von Flugasche und Ruß eine recht beschwerliche Arbeit ist.

Eine vortreffliche Art, die Flammenrohre zu versteifen, ist endlich die des Engländers Fox.

Fox stellt die einzelnen Rohrtrommeln zunächst wieder glatt und ohne Längsnähte, also geschweißt her, versieht sie aber alsdann vermittelst eines besonderen Walzwerkes mit ringförmigen Wellen (Figur 13). Durch diese, gewöhnlich 50 mm tiefen Wellen wird nun ein Flammenrohr außerordentlich wirksam versteift. Versuche mit zwei geschweißten, 965 mm weiten, 2235 mm langen und $9^1/_2$ mm starken Rohren, von denen das eine glatt, das andere aber gewellt war, ergaben, daß das glatte Rohr bei einem äußeren Druck von 15,8 Atmosphären, das gewellte dagegen erst bei einem Druck von 71,7 Atmosphären zusammengedrückt wurde. Die Widerstandsfähigkeit des gewellten Rohres erwies sich mithin ungefähr $4^1/_2$ mal so groß, als die des glatten Rohres.

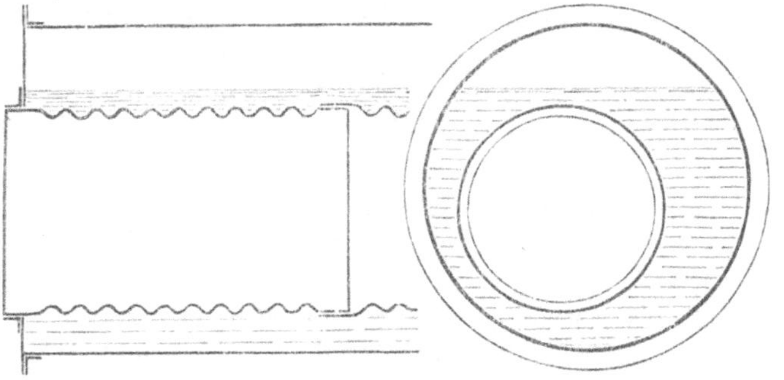

Fig. 13.

Die Wellrohre bieten aber außer ihrer großen Sicherheit eine ganze Reihe anderer Vortheile.

Vor Allem gestatten sie die Anwendung sehr weiter Rohre. Während die gewöhnlichen Rohre nicht weiter als 1000 mm hergestellt werden können, zu denselben aber schon bei mäßigem Dampfdruck 15 mm starke Bleche verwendet werden müssen, kann der Durchmesser der Wellrohre bis 1500 mm betragen, und die Blechstärke braucht dabei nicht größer zu sein, als 10 bis 11 mm. Man bekommt durch das Wellrohr also ein verhältnißmäßig leichtes Flammenrohr.

Infolge des größeren Durchmessers läßt sich aber bei großen Kesseln auch der erforderliche große Rost im Flammenrohr gut unterbringen, was bei glatten Rohren oft schwierig, ja unmöglich ist. Denn die in gewöhnliche Flammenrohre eingebauten Roste müßten des kleineren Rohrdurchmessers halber sehr lang werden; einen über 2 m langen Rost kann aber ein Heizer nicht mehr bedienen. Der Ingenieur sieht sich alsdann gezwungen, den Kessel mit einem zu kleinen Rost zu versehen, was aber, wie der dritte Abschnitt zeigte, die Verbrennung leicht in nachtheiliger Weise beeinflußt. Die Verwendung eines Wellrohres hilft über dieses, die Güte der Kesselanlage beeinträchtigende Hinderniß rasch hinweg.

Ein weiterer Vorzug des gewellten Flammenrohres gegenüber dem glatten, besteht in der etwas größeren Heizfläche des ersteren; dabei ist die Heizfläche eine bessere, als die des glatten Rohres, weil die Heizgase durch die Wellen in Wirbelungen versetzt werden, wodurch, wie bei den Gallowayröhren, die Wärme rascher an die Kesselwand abgegeben und die Dampfbildung vermehrt wird.

Endlich soll sich auf den gewellten Flammenrohren weniger Kesselstein ansetzen, als auf glatten Rohren; infolge der im Betrieb eintretenden, abwechselnden Erhitzung und Abkühlung werden die Wellen des ersteren bald zusammengedrückt, bald wieder ausgestreckt. Durch diese Bewegungen soll aber ein beständiges Abblättern und Abspringen des Kesselsteines herbeigeführt werden. Ob dies wirklich zutreffend ist, mag dahingestellt bleiben; immerhin sind die größere Sicherheit und die größere zulässige Weite der Wellrohre so große Vortheile, daß ihre Verwendung bei großen Kesseln, namentlich auch Schiffskesseln, immer mehr Ausbreitung gewinnt.

Die Gewerkschaft Schulz-Knaudt in Essen hat das Fox'sche Patent für Deutschland erworben und fertigt Wellrohre in verschiedenen Längen und Weiten an.

Das Morison'sche Wellrohr, welches von derselben Firma hergestellt wird, ähnelt dem Fox'schen; der im siebenten Abschnitt dargestellte größere Schiffskessel ist mit solchen Rohren versehen.

Die sogenannten Heizröhrenkessel, die Kessel der Lokomotiven und Lokomobilen, sowie die Schiffskessel erhalten bekanntlich eine große Anzahl von engen Röhren, welche vom Wasser umspült und von den Heizgasen durchzogen werden. Die Befestigung dieser Röhren in den ebenen Kesselböden oder sogenannten Rohrwänden erfolgt auf eine sehr einfache Weise; entweder treibt man die in die Rohrwände eingesteckten Röhren unter Zuhülfenahme eines konischen Stahldornes mit dem Hammer auf, oder man walzt sie mit einem besonderen Instrument, welches mit drei kleinen, zum Auseinanderpressen eingerichteten Walzen versehen ist und in das Rohr gesteckt wird, auf und erzielt auf solche Weise eine dichte Verbindung der Röhren mit der Rohrwand. Um diese noch mehr zu sichern, versieht man die Rohrenden auch neuerdings mit Gewinde und schraubt die Rohre in die Rohrwände.

Mit dem Verstemmen der Näthe und erforderlichen Falles auch gewisser Nieten erreichen die Herstellungsarbeiten eines Dampfkessels ihr Ende.

Ist ein Dampfkessel fertiggestellt und in allen seinen Näthen und Verbindungsstellen vollkommen dicht gemacht worden, so darf er doch keineswegs ohne Weiteres eingemauert oder in Betrieb gesetzt werden; es hat nunmehr die gesetzlich vorgeschriebene Wasserdruckprobe des Kessels zu erfolgen. Diese Druckprobe nimmt der von der Regierung hierzu ernannte oder ermächtigte Aufsichtsbeamte vor.

Bei der Wasserdruckprobe wird der Kessel vollständig mit Wasser gefüllt, und werden alle seine Oeffnungen dicht verschlossen. Hierauf wird vermittelst einer mit dem Kessel in Verbindung gebrachten Druckpumpe so lange Wasser in den sich in geringem Maße ausdehnenden Kessel gepreßt, bis der gesetzlich vorgeschriebene Probedruck erreicht ist. Beträgt der festgesetzte höchste Betriebsdruck des Kessels weniger als 5 Atmosphären Ueberdruck, so ist als Probedruck ein Ueberdruck von doppelt so vielen Atmosphären anzuwenden, als der Betriebsdruck angiebt; für Kessel mit mehr als 5 Atmosphären Ueberdruck hat dagegen der Probedruck den beabsichtigten Betriebsdruck um 5 Atmosphären zu übersteigen.

Der Kessel hat die Prüfung bestanden, wenn er sich vollkommen dicht zeigt, und wenn keine dauernden Formveränderungen oder gar Risse entstehen. Der Beamte erklärt den Kessel nunmehr für diensttüchtig, versieht die Nieten des am Kessel befestigten Fabrikschildes mit dem amtlichen Stempel und stellt über die vorgenommene Druckprobe ein Zeugniß aus

Ist der Kessel undicht, bekommt er Risse, oder vermag er dem Probedruck nicht zu widerstehen, ohne in seiner Form starke oder gar bleibende Veränderungen zu erfahren, so ist er entweder überhaupt als dienstuntauglich anzusehen, oder der Beamte ordnet ein nochmaliges Verdichten seiner Näthe beziehungsweise eine bessere Verankerung der Kesselwände an und nimmt die amtliche Prüfung von Neuem vor.

Auch nach allen größeren Reparaturen eines Kessels muß vor Wiederbenutzung desselben eine amtliche Druckprobe stattfinden.

Man vergleiche übrigens über die Prüfung der Kessel den Inhalt der §§ 11, 12 und 13 der allgemeinen polizeilichen Bestimmungen über die Anlegung von Dampfkesseln vom 5. August 1890 im letzten Abschnitt dieses Buches.

Es sei noch bemerkt, daß im Königreich Preußen außer der Wasserdruckprobe auch eine Konstruktionsprüfung des Dampfkessels stattzufinden hat, bei welcher vom Aufsichtsbeamten die Stärke der Wandungen, die Festigkeit der Nietverbindungen und die Zuverlässigkeit der Verankerungen zu prüfen sind.

Der Kesselfabrikant wird übrigens durch die amtliche Prüfung des Kessels nicht der Pflicht enthoben, nur gutes Material zu verwenden und mit größter Sorgfalt zu arbeiten; denn nach dem Strafgesetzbuch haftet er für die Folgen von Unglücksfällen, welche durch wissentliche Verwendung schlechten Materiales oder mangelhafte Arbeit herbeigeführt worden sind.

Sechster Abschnitt.

Die Feuerungsanlagen der Dampfkessel.

Inhalt: Die drei Hauptttheile der Feuerungsanlagen. — A. Der Feuerraum. — Die Form des Feuerraumes (Unterfeuerung, Vorfeuerung und Innenfeuerung; Planroste, Treppenroste). Die Größe des Feuerraumes (Rostgröße und Höhe des Feuerraumes). Der Aschenraum. Die Erfordernisse des Feuerraumes. — 1. Die gewöhnlichen Feuerungseinrichtungen: a) Die Planrostfeuerung. b) Die Treppenrostfeuerung. — 2. Die rauchfreien Feuerungen: a) Einrichtungen bei welchen das frische Brennmaterial dem Rost in Pausen zugeführt wird. Zur ganzen Rostfläche: Sekundäre Luft, Fairbairns's Doppelrost, der umgekehrte Planrost, der Langensche Stufenrost. — Zum vorderen Rostende: Adam's Feuerung; die Feuerungen von Wilmsmann und Völcker. — Längs des Rostes: Die Feuerungen von Cario und Haage, von Heiser und Fränkel & Co. — b) Einrichtungen, bei welchen das frische Brennmaterial dem Rost ununterbrochen zugeführt wird: Zur ganzen Rostfläche: Feuerungen von Proctor, Leach und Ruppert, Smith's Helixrost. — Zum vorderen Rostende: Mit vorgehender Flamme: der Kettenrost; mit rückkehrender Flamme: die Tenbrink-Feuerung, der Münchener Stufenrost; mit einhüllender Flamme: der Schultz'sche Schneckenrost, die Donneley-Feuerung. — Längs des Rostes: Feuerung von Dumèry. — c) Die Gasfeuerungen. — B. Die Feuerzüge (der Oberzug). — C. Der Schornstein und die künstliche Zugerzeugung.

Erfordert das sparsame und möglichst rauchfreie Heizen vom Heizer ein ganz beträchtliches Maß von Aufmerksamkeit, Fleiß und Geschicklichkeit, so ließ doch bereits Ziffer III im dritten Abschnitt erkennen, daß auch die Einrichtung, mittelst welcher der Heizer die Verbrennung der Brennmaterialien zu vollziehen hat, gewisse Bedingungen erfüllen muß, wenn es dem Heizer überhaupt möglich sein soll, das Brennmaterial in der besten Weise nutzbar zu machen.

Daß auch der Kessel eine der geforderten Dampferzeugung entsprechend große Heizfläche besitzt, um einen genügend großen Theil der in den gebildeten Heizgasen enthaltenen Wärme den letzteren zu entziehen und dem Wasserinhalt des Kessels zuzuführen, wird hierbei als selbstverständlich vorausgesetzt.

Man nennt nun die gesammte Einrichtung, welche die Verbrennung des Brennmateriales, die Abgabe der entwickelten Wärme an den Kessel und die Abführung der ausgenützten Heizgase ermöglicht, die Feuerungsanlage des Kessels. Dieselbe besteht aus drei Haupttheilen: Aus dem Feuerraum oder der eigentlichen Feuerungseinrichtung, in welcher das Brennmaterial verbrannt wird und die Heiz- oder Feuergase gebildet werden; aus den Heizkanälen oder Feuerzügen, in welchen die Heizgase mit dem Kessel in Berührung gebracht und zur Abgabe ihrer Wärme an denselben gezwungen werden, und endlich aus dem Schornstein, welcher die Heizgase, nachdem sie abgekühlt sind, fortzuschaffen hat.

A. Der Feuerraum.

Die Möglichkeit, eine gute Verbrennung zu erzielen, hängt außer von dem Vorhandensein ausreichenden Zuges wesentlich von der Form und der Größe des Feuerraumes ab.

Auf die Form des Feuerraumes ist zunächst die Lage desselben zum Kessel von Einfluß; noch größere Unterschiede zieht aber die Gestalt des Rostes nach sich.

Die Lage des Feuerraumes zum Kessel hat sich einerseits nach dem für diese Einrichtung verfügbaren Raum zu richten. Ist man mit dem Platz beschränkt, so muß der Feuerraum unter den Kessel gelegt werden; soll an Höhe gespart werden, so bringt man den Feuerraum vor dem Kessel an; muß man sich aber nach beiden Richtungen hin einschränken, so legt man den Feuerraum gleich in den Kessel. Hiernach unterscheidet man Unterfeuerungen, Vorfeuerungen und Innenfeuerungen.

Auf die Lage des Feuerraumes übt andererseits die Art des zu verwendenden Brennmateriales Einfluß aus. Bei einem Brennmaterial, aus welchem Verbrennungsgase mit sehr hoher Temperatur entstehen, wird man, um die Wärmeverluste zu vermindern, der Anordnung den Vorzug geben, welche kleinere wärmeausstrahlende Massen besitzt; für Steinkohle eignet sich daher eine Unterfeuerung oder Innenfeuerung besser, als eine Vorfeuerung.

Die Gestalt des Rostes wird in der Regel durch die Stückgröße des Brennmateriales bedingt; während das in größeren Stücken zur Verwendung kommende Brennmaterial meistens auf mit senkrechten Schlitzen versehenen wagerechten Rosten, sogenannten Planrosten, verbrannt wird, muß für klares Brennmaterial, damit nicht von demselben zu viel durch die Rostspalten in den Aschenraum fällt und verloren geht, ein mit wagerechten Spalten versehener, geneigter Rost, ein sogenannter Treppenrost, in Anwendung kommen.

In besonderen Fällen werden auch senkrechte Roste benützt.

Die Größe des Feuerraumes ergiebt sich aus der Grundfläche desselben, d. h. der Rostfläche, und aus seiner Höhe.

Von besonderer Wichtigkeit ist die Größe der Rostfläche; denn der Erfolg der Verbrennung hängt, wie im dritten Abschnitt gezeigt wurde, namentlich von einer richtig bemessenen Rostgröße ab. Die letztere muß so bemessen sein, daß auf einem bestimmten Theil derselben, auf einem Quadratmeter, in einer gewissen Zeit im Mittel nur eine bestimmte Gewichtsmenge Brennmaterial zur Verbrennung gelangt. Diese Brennmaterialmenge ist wiederum abhängig einerseits von der Art und Stückgröße des Brennmateriales, andererseits von der Stärke des zur Verfügung stehenden Zuges; sie kann indessen in mäßigen Grenzen vermehrt und vermindert werden, ohne daß sofort ein merklich nachtheiliger Einfluß auf die Verbrennung ausgeübt wird. Immerhin ist es aber rathsam, in der Nähe bewährter Erfahrungszahlen zu bleiben, damit dem Heizer die Möglichkeit einer guten Verbrennung gesichert wird. Wie groß die zu verbrennenden Brennmaterialmengen sein sollen, darüber wird bei Besprechung der Rosteinrichtungen noch Näheres mitzutheilen sein.

Man nennt die aus der Länge und Breite des Rostes berechnete Rostflächengröße die totale Rostfläche. Die Summe aller der Spaltenöffnungen des Rostes, durch welche die Luft eintritt, nennt man die freie Rostfläche. Die letztere macht man gern so groß, wie möglich, damit die Luft recht ungehindert an das Brennmaterial herantreten kann, und von dem letzteren möglichst viel zur Verbrennung gelangt. Da indessen viel freie Rostfläche nur durch sehr weite Rostspalten zu erzielen ist, durch die letztere aber viel Brennmaterial fällt und verloren geht, so ist man an gewisse Maße gebunden, welche nicht überschritten werden dürfen.

Die Höhe des Feuerraumes, welche im Allgemeinen mit der Größe der Rostfläche auch etwas zunehmen soll, hat sich vor Allem nach der Art der oberen Begrenzung des Feuerraumes und dem Verhalten des Brennmateriales bei seiner Verbrennung zu richten. Hierbei ist der Gesichtspunkt maßgebend, daß die Verbrennung nicht durch die Decke des Feuerraumes gestört werden darf.

Schlägt eine Flamme an einen wesentlich kühleren Körper, so wird ein Theil der in der Verbrennung begriffenen Gase unter die Entzündungstemperatur abgekühlt, und die Verbrennung derselben unterbrochen; die Verbrennung wird unvollständig, und dem Schornsteine entweichen, wenn nicht noch nachträglich eine Verbrennung der unverbrannten, ziemlich schwer entzündlichen Stoffe durch nochmalige Berührung derselben mit der Flamme erfolgt, Kohlenoxydgas, Kohlenwasserstoffe und Kohlenstoff; der Schornstein raucht stark.

Daß die Verbrennung bei der Berührung der Flamme mit einem kalten Körper gestört wird, zeigt sich recht deutlich, wenn man einen kalten Gegenstand, etwa einen Porzellanteller, mit einer Kerzen- oder einer Leuchtgasflamme in Berührung bringt. Mit dem Augenblick der Berührung wird Ruß auf der Oberfläche des Porzellans niedergeschlagen, und es entweichen auch unverbrannte Kohlenwasserstoffe, die sich durch ihren brenzlichen Geruch bemerkbar machen.

Je kühler der Körper ist, der die Decke des Feuerraumes bildet, und je längere Flammen das Brennmaterial bei seiner Verbrennung bildet, desto größer wird die Entfernung zwischen Brennmaterialschicht oder Rost und Decke des Feuerraumes sein müssen, damit die Verbrennung nicht gestört wird.

Ist die Decke des Feuerraumes eine Kesselwandung, welche durch den Wasserinhalt des Kessels beständig kühl gehalten wird, so muß dem Feuerraum eine größere Höhe gegeben werden; wird dieselbe von Mauerwerk gebildet, welches sich während des Betriebes beständig in glühendem Zustande befindet und der Verbrennung eher förderlich ist, als störend wirkt, so kann die Höhe eine geringere sein.

Nicht in allen Fällen darf aber die Höhe des Feuerraumes möglichst groß genommen werden. Sind die Seitenwände des Feuerraumes aus Mauerwerk hergestellt, so wird die Verbrennung durch diese zwar wenig gestört; doch nimmt das Mauerwerk einen beträchtlichen Theil der auf dem Rost entwickelten Wärme auf, von welchem ein ansehnlicher Theil nach außen geleitet oder ausgestrahlt wird und auf diese Weise verloren geht. Je höher die Seitenwände sind, um so größer ist dieser Verlust. In diesem Falle würde eine große Höhe des Feuerraumes demnach schädlich sein. Sind indessen die Seitenwände des Feuerranmes, wie bei den Lokomotivkesseln, Kesselwandnngen, so wird auch alle Wärme von den letzteren aufgenommen und nutzbar gemacht, und übt eine größere Höhe des Feuerraumes eine schädliche Wirkung nicht aus.

Aus dem Vorstehenden ergiebt sich nunmehr auch, daß die drei verschiedenen Anordnungen des Feuerraumes, welche man als Unterfeuerung, Vorfeuerung und Innenfeuerung bezeichnet, die Verbrennung in wesentlich verschiedener Weise beeinflussen.

Bei der Vorfeuerung werden die Umfassungswände und die

Decke des Feuerraumes immer von Mauerwerk gebildet, welches sich während des Betriebes in glühendem Zustand befindet. Es ist ohne Weiteres klar, daß bei dieser Einrichtung die Temperatur im Feuerraum stets sehr hoch, und die Verbrennung eine gute ist. Ein Theil der entwickelten Wärme geht aber durch Ausstrahlung verloren.

Im Feuerraum der Innenfeuerung, deren Umfassungswände und Decke Kesselwandungen sind, wird dagegen, da die Kesselwandungen die strahlende Wärme des Feuers rasch aufnehmen und dem Wasserinhalt des Kessels mittheilen, eine wesentlich niedrigere Temperatur herrschen, und die Verbrennung, welche überdies durch das Anschlagen der Flamme an die vom Wasser gekühlten Kesselwandungen leicht Störungen erleidet, eine weniger gute sein. Dem steht aber der Vortheil gegenüber, daß von der strahlenden Wärme des Feuers, sogut, wie nichts, verloren geht, dieselbe vielmehr fast ungeschmälert zur Verdampfung nutzbar gemacht wird.

Bei der Unterfeuerung, deren Feuerraum von gemauerten Seitenwänden umschlossen und deren Decke durch den Kessel gebildet wird, sind die Vortheile der Vor- und Innenfeuerung in schwächerer, die Nachtheile in milderer Form wieder zu finden.

Den unterhalb des Feuerraumes gelegenen Raum, in welchem sich die durch den Rost fallende Asche ansammelt, nennt man den Aschenraum oder Aschenfall.

Die Größe und insbesondere die Höhe des Aschenraumes ist an bestimmte Maße nicht gebunden; im Allgemeinen soll der Aschenraum so groß und hoch, wie möglich, sein, damit in ihm eine möglichst große Menge Asche Platz findet, ohne daß die Oberfläche der Asche zu nahe an den Rost rückt und der Luft den Zutritt zu den Rostspalten erschwert oder etwa gar absperrt.

Der untere Theil des Aschenraumes bildet häufig einen Wasserbehälter; die durch den Rost fallende Kohle wird dann durch das Wasser rasch gelöscht und kann später noch nutzbar gemacht werden, während der entstehende Wasserdampf die Roststäbe kühlt und vor dem Verbrennen schützt.

Es werden nun an den Feuerraum, beziehentlich die eigentliche Feuerungseinrichtung folgende Anforderungen gestellt:

1. Jeder Feuerraum soll sich dem verfügbaren Raum gut anpassen.
2. Der Feuerraum muß eine für das zu verwendende Brennmaterial geeignete Form und für die zu verbrennende Menge desselben angemessene Größe besitzen.

   Zu diesem Zweck ist es erforderlich, daß

   a) der Rost zweckmäßig gestaltet;

b) die Fläche des Rostes entsprechend groß gewählt und
c) die Höhe des Feuerraumes richtig bemessen ist.

3. Die Bedienung des Rostes muß leicht sein; je weniger Mühe und Geschicklichkeit hierzu erforderlich ist, um so besser ist die Einrichtung.

Insbesondere erscheint es wünschenswerth, daß

a) dem Heizer jeder Punkt des Rostes sichtbar und leicht zugänglich ist, damit er demselben frisches Brennmaterial zuführen, das dort befindliche Brennmaterial auflockern und die sich ablagernde Asche oder Schlacke leicht entfernen kann; bei diesen Arbeiten soll aber möglichst wenig überschüssige Luft in den Feuerraum dringen;
b) die Einrichtung es ihm möglich macht, auch bei schwankendem Dampfverbrauch die Verbrennung ohne nachtheiligen Einfluß auf die Güte der letzteren leicht zu verstärken oder zu vermindern, immer aber bei thunlichster Vermeidung der Bildung von Rauch und Ruß.

4. Dem Heizer soll die Uebersicht über die am meisten gefährdeten Stellen des Kessels, die der Flamme ausgesetzten Feuerplatten, gewahrt bleiben, damit ein daselbst eingetretener Schaden sofort von ihm bemerkt werden kann.
5. Die Feuerungseinrichtung soll möglichst dauerhaft sein.

Die Zahl der Wünsche ist ziemlich groß; allen denselben zugleich gerecht zu werden, ist nicht möglich; es wird sich gleich zeigen, inwieweit die gebräuchlichen Einrichtungen den gestellten Anforderungen genügen, und was sie schuldig bleiben.

Die gebräuchlichen Feuerungseinrichtungen lassen sich nun in zwei Gruppen scheiden; in die *gewöhnlichen*, schlechthin der Verbrennung stückförmigen Brennmateriales dienenden und diejenigen, mit welchen insbesondere eine rauchfreie Verbrennung erzielt werden soll, die *rauchfreien* Feuerungen.

1. Die gewöhnlichen Feuerungseinrichtungen.

Es wurde bereits bemerkt, daß die Gestalt des Rostes, welcher benutzt werden muß, von der Stückgröße des zu verwendenden Brennmateriales abhängt. Bei stückförmigem Brennmaterial muß ein mit senkrechten Rostspalten versehener, wagerechter Rost, ein Planrost, bei klarem Brennmaterial ein mit horizontalen Rostspalten versehener, geneigter Rost, ein Treppenrost, verwendet werden. Unter Umständen läßt sich allerdings auch klares Brennmaterial auf einem Planrost noch gut verbrennen, wenn dasselbe nämlich beim Verbrennen etwas bäckt, und die Rostspalten entsprechend enge sind; andererseits wird stückförmiges Brennmaterial, welches beim Verbrennen in viele kleine Theile zerfällt, besser auf einem Treppenrost, als auf dem Planrost, verbrannt.

Die Gestalt des Rostes ist nun auch für die Form der Feuerungseinrichtung entscheidend; es werden hiernach zwei Arten von Feuerungen, die Planrostfeuerungen und die Treppenrostfeuerungen unterschieden. Je nach ihrer Lage zum Kessel werden dieselben als Vorfeuerungen, Unterfeuerungen oder Innenfeuerungen bezeichnet.

a) Die Planrostfeuerung.

Die Planrostfeuerung besitzt zumeist einen wagerechten, zuweilen auch schwach geneigten Rost; sie eignet sich nur zur Verbrennung stückförmiger Brennmaterialien, wie der Stein- und Braunkohlen, des Kokes und Holzes und allenfalls klarer, aber etwas backender Steinkohle.

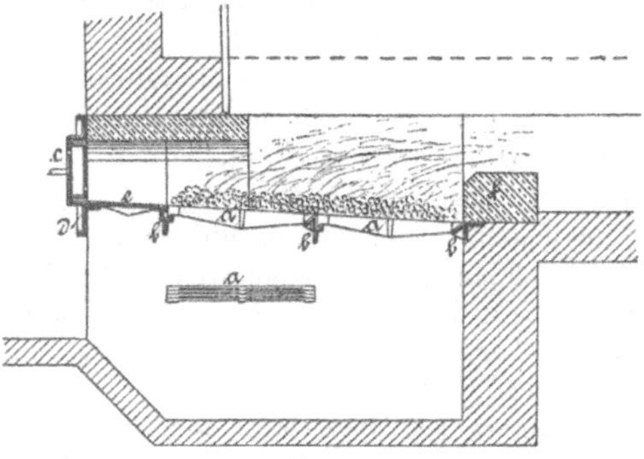

Fig. 14.

Eine Planrostfeuerung der gebräuchlichsten Art ist in den Figuren 14 und 15 dargestellt; dieselbe kennzeichnet sich als eine Unterfeuerung.

Der Rost wird gebildet durch eine größere Anzahl gußeiserner oder schmiedeeiserner Roststäbe *a*, welche auf die hohe Kante gestellt sind und senkrechte Spalten zwischen sich lassen; die Enden der Roststäbe ruhen auf eisernen, im Mauerwerk des Feuerraumes gelagerten oder sonstwie befestigten Querbalken, den sogenannten Rostträgern *b*, auf.

Um den Rost bedienen zu können, ist die vordere Stirnwand des Feuerraumes mit einer oder auch zwei, etwa 35 cm breiten und 30 cm hohen Oeffnungen versehen, welche durch je eine Feuerthür *c* geschlossen werden können. Die Thüren drehen sich in einer, an der sogenannten **Brustplatte** *d* angebrachten Angel, welche letztere gewöhnlich, damit die Thür von selbst gut schließt, eine schwache Neigung nach hinten erhält. Doppelte Thüren, welche die Bedienung des Rostes erleichtern, wendet man erst bei über 1,2 m breiten Rosten an. Die Brustplatte ist mit dem Mauerwerk des Feuerraumes durch Mauerschrauben fest verbunden.

Zwischen der Feuerthür und den Roststäben liegt eine etwa 25 cm breite, gußeiserne Platte, die **Schürplatte** *e*, welche den Werkzeugen des Heizers, dem Schüreisen, der Krücke u. s. w., als Auflage dient.

Der Feuerthür gegenüber befindet sich die sogenannte **Feuerbrücke** *f*, ein aus Mauerwerk hergestellter Wall, welcher sowohl das Hinüberfallen von Brennmaterial in den, an den Feuerraum sich anschließenden ersten Feuerzug verhindern, als auch durch die Einschnürung der in diesen Zug eintretenden Flamme ein Durch-

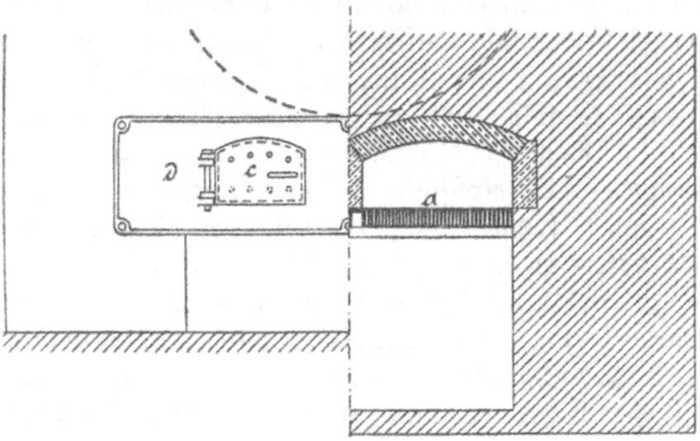

Fig. 15.

einanderwirbeln der letzteren bewirken soll, womit man die nachträgliche Verbrennung aller etwa noch nicht verbrannten Gase erzielen will.

Die Seitenwände des Feuerraumes werden meistens, wie bei der dargestellten Einrichtung, aus Mauerwerk hergestellt; sie werden auch oft von Kesselwandungen gebildet. Die erste Rundnaht des Kessels legt man, wenn dies angängig ist, in schützendes Mauerwerk.

Unterhalb des Rostes liegt der **Aschenraum**, dessen vordere Oeffnung zumeist durch eine Thür oder Klappe verschließbar gemacht wird. Diese Thür ist auch zuweilen das alleinige Mittel zur Regulirung des Zuges.

Den auf Seite 82 ersichtlichen Anforderungen gegenüber zeigt nun die Planrostfeuerung folgendes Verhalten:

Sie läßt sich allen Raumverhältnissen gut anpassen; bei geeigneter Kesselform kann man sie selbst in den Kessel legen. Man trifft daher die Planrostfeuerung sowohl als Vor-, wie auch als Unter- oder Innenfeuerung an.

Ihre Anwendbarkeit ist indessen von der Art des Brennmateriales ziemlich abhängig; sie eignet sich in der Hauptsache nur für stückförmiges, welches bei der Verbrennung nicht zu stark zerfällt.

Da die senkrechte Lage der Rostspalten leicht zu erheblichen Verlusten an Brennmaterial führt, so ist bei dieser Feuerungseinrichtung die Weite der Rostspalten von besonderer Wichtigkeit.

Die Weite der Rostspalten hat sich außer nach der Stückgröße des zur Verwendung kommenden Brennmateriales auch nach dem Verhalten desselben bei seiner Verbrennung zu richten. Je kleinstückiger das Brennmaterial und je magerer die Steinkohlensorte ist, um so feinere Spalten muß der Rost besitzen; man wendet für solche Brennmaterialien Spaltenweiten von 3 bis zu 8 mm an. Je gröber dagegen das Brennmaterial ist, und je mehr dasselbe bäckt und flüssige Schlacke absondert, um so weiter können und müssen die Spalten sein, damit sie sich im Betrieb nicht zu rasch verschmieren und verstopfen; die Roststäbe, zwischen welchen keine Luftströmung mehr stattfindet, kommen sonst ins Glühen und verbrennen. Die Spalten erhalten in diesem Falle 12 bis 15 mm Weite.

Damit endlich die Asche nicht hängen bleibt, sondern gut durchfällt, erweitert man die Spalten nach unten, indem man die Roststäbe unten etwas dünner, etwa nur $^2/_3$ so stark, wie oben, macht.

Die Form der einzelnen Roststäbe wird eine zweckmäßige, wenn dieselben eine obere Stärke, welche das doppelte der Spaltenweite, eine Höhe, welche das 10fache der Stabstärke, sowie eine Länge, welche das 50fache der letzteren beträgt, erhalten.

Man läßt oft die Höhe der Roststäbe nach den Enden zu abnehmen; da indessen die Roststäbe durch die zwischen denselben sich bewegenden Luftstrahlen gekühlt werden sollen, dies aber begünstigt wird durch eine entsprechend breite Fläche der Roststäbe, so zieht man es neuerdings vor, die Roststäbe in ihrer ganzen Länge gleich hoch zu machen.

Die Enden der Roststäbe, Köpfe genannt, und wohl auch die Mitte des Stabes, erhalten Ansätze, deren Höhe gleich der Spaltenweite ist, wodurch die Weite der Rostspalten gesichert und dauernd bewahrt wird.

Sehr dünne Roststäbe fertigt man der größeren Haltbarkeit wegen auch aus Schmiedeeisen an; sie werden aus gewalzten, oben etwas stärkeren Flacheisenschienen hergestellt, deren man gewöhnlich drei unter Zwischenlegung von dünnen, die Spaltenweite sichernden Platten oder Scheiben zusammennietet und zu einem Stabe vereinigt.

Es finden nun neben der in den Figuren 14 und 15 dargestellten einfachsten Form des Roststabes die verschiedenartigsten Rostformen Anwendung; dieselben verfolgen meistens den Zweck, durch möglichst viele Oeffnungen der Rostfläche den Luftzutritt zu vermehren und durch eine recht große Oberfläche darbietende Gestalt der auf den Roststäben oder innerhalb derselben angeordneten Luftzuführungskanäle die Wärmeabgabe an die einströmende Luft sowie das Kühlbleiben des Roststabes zu begünstigen und hiermit die Haltbarkeit des letzteren zu erhöhen. Es mag sein, daß ein solcher Rost eine etwas reichlichere Verbrennung ergiebt; man findet deshalb häufig derartige, außer mit Längsspalten auch mit Querspalten versehene Roststäbe bei Kesselarten, wie den Lokomotivkesseln, vor, bei welchen auf einem verhältnißmäßig kleinen Rost in kurzer Zeit ganz bedeutende Brennmaterialmengen zur Verbrennung zu bringen sind. Da indessen mit den gewöhnlichen, billigeren Roststäben bei gleicher Haltbarkeit eine ebenso gute Verbrennung erzielt werden kann, so soll auf diese Besonderheiten nicht weiter eingegangen werden.

Die Fläche des Rostes entspricht erfahrungsgemäß der Menge des zu verbrennenden Brennmateriales, wenn auf einem Quadratmeter der Rostfläche in der Stunde durchschnittlich verbrannt werden:

bei natürlichem Schornsteinzug 80 kg Steinkohle oder 120 kg böhmische Braunkohle oder 60 kg Koks;
bei künstlichem scharfen Zug (Lokomotivkessel) das 3- bis 5fache hiervon.

Die freie Rostfläche ergiebt sich bei Befolgung der mitgetheilten Regeln zu $^1/_3$ der totalen.

Die Höhe des Feuerraumes, beziehentlich der Abstand des Kessels vom Rost, welcher sich nach der Art des Brennmateriales und dem Verhalten desselben bei seiner Verbrennung zu richten hat, ist eine zweckmäßige, wenn dieselbe beträgt:

bei Steinkohle, je nachdem dieselbe bei dem Verbrennen kürzere oder längere Flammen bildet, 40 bis 60 cm,
bei böhmischer Braunkohle 35 bis 45 cm,
bei Koks 50 cm.

Bezüglich der guten Uebersichtlichkeit und Zugänglichkeit aller Theile des Rostes läßt die Planrostfeuerung, sobald nur die Länge des Rostes 2 m nicht überschreitet, nichts zu wünschen übrig. Dagegen erfordert die Herstellung und Unterhaltung der Brennmaterialschicht ziemliche Geschicklichkeit. Auch bereitet das Schüren und Abschlacken, obgleich die senkrechten Rostspalten das Entfernen der Asche erleichtern und begünstigen, erhebliche Mühe und Arbeit. Hierzu tritt ein weiterer Nachtheil. Alle diese Arbeiten müssen bei geöffneter Feuerthür ausgeführt werden; während dieser Zeit strömt nun trotz Dämpfen des Zuges eine Menge kalte Luft in den Feuerraum, welche nicht nur diesen, sondern auch den Kessel abkühlt und schließlich den Schornstein in erwärmtem Zustande verläßt, wodurch aber ein beträchtlicher Wärmeverlust herbeigeführt wird. Die abwechselnde Abkühlung und Wiedererhitzung ist auch dem Kessel keineswegs dienlich und führt leicht zu Beschädigungen desselben.

Eine rasche Verstärkung der Verbrennung, wie solche bei plötzlich eintretendem, starkem Dampfverbrauch erforderlich wird, hat der Heizer dagegen leicht in der Hand, da eine Erhöhung der Brennmaterialschicht und eine Zugverstärkung schnell zu bewerkstelligen sind.

Es soll aber hierbei auch womöglich kein Rauch entstehen; welche Mittel anzuwenden sind, dieses Ziel zu erreichen oder demselben doch nahe zu kommen, ist bereits Seite 42 u. f. angedeutet worden. Dem ist hier nun Folgendes hinzuzufügen:

Wird die Zuführung des frischen Brennmateriales, welche bei der Planrostfeuerung zumeist in Pausen erfolgt, in der Weise vorgenommen, daß man dasselbe gleichmäßig über den ganzen Rost vertheilt, so wird zwar eine rasche Entzündung des Brennmateriales erzielt; dagegen ist es, wie bereits a. a. O. erläutert wurde, ein Ding der Unmöglichkeit, alle aus dem zugeführten Brennmaterial in größeren Mengen sich entwickelnden Gase vollkommen zu verbrennen; der Schornstein raucht eine Zeit lang.

Dieser Uebelstand kann sehr gemildert werden, wenn man das frische Brennmaterial nur einer bestimmten Stelle des Rostes zuführt. Als letztere wählt man den Theil des Rostes, welcher am bequemsten zu erreichen ist, also den der Feuerthür zunächst liegenden.

Hierbei kann wieder auf zweierlei Weise verfahren werden: Entweder macht der Heizer vor dem Aufwerfen des frischen Brennmateriales den vorderen Theil des Rostes auf ein Drittel oder ein Viertel seiner Länge frei, indem er das hellbrennende Brennmaterial mit der Krücke nach der Feuerbrücke zu schiebt, und bringt nun das frische Brennmaterial auf die freigemachte Stelle (vergleiche Figur 16a); oder er legt das frische Brennmaterial auf die Schürplatte, wartet, bis es entgast ist, und schiebt es dann nach hinten (vergleiche Figur 16b).

Damit den sich entwickelnden Gasen die zu ihrer Verbrennung

erforderliche Luft zugeführt wird, wendet man ferner folgende Kunstgriffe an: Bei dem ersteren Verfahren (Figur 16a) läßt man den vorderen Theil des Rostes in 4 bis 5 cm Breite ganz frei, so daß durch die Rostspalten genügend überschüssige Luft einströmt, welche sich mit den Gasen mischt und zu deren vollständiger Verbrennung beiträgt. Bei dem zweiten Verfahren (Figur 16b) läßt man die zur Verbrennung der Gase erforderliche Luft entweder durch die etwas geöffnete Feuerthüre oder durch in letzterer angebrachte Schlitze eintreten. Ist das frische Brennmaterial entgast und in Gluth gekommen, so hat auch die besondere Luftzuführung aufzuhören, und kann dann die Feuerthür oder können die Schlitze der Feuerthür, welche gewöhnlich mit einem Schieber versehen werden, wieder geschlossen werden. Die Entzündung und Verbrennung der Gase erfolgt in beiden Fällen durch Berührung mit den Flammen der hellbrennenden Brennmaterialschicht, über welche sie hinziehen.

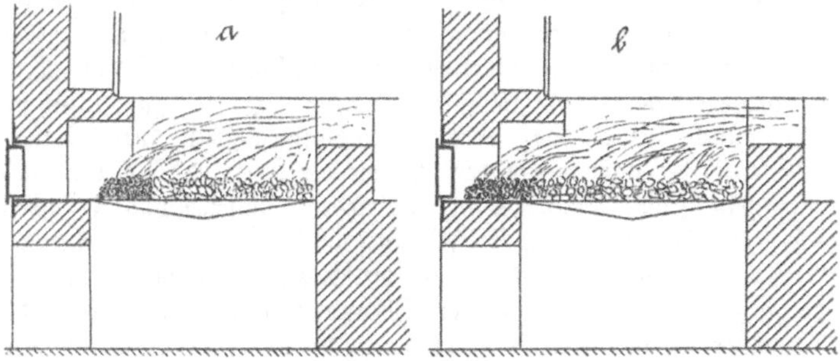

Fig. 16a und b.

Ist demnach eine vollständige Verbrennung der aus dem frischen Brennmaterial sich entwickelnden Gase und die Vermeidung von Rauch und Ruß leichter und sicherer zu erreichen, wenn dieses Brennmaterial immer nur einer Stelle, und zwar dem vorderen Theile des Rostes zugeführt wird, so macht sich doch auch ein Nachtheil fühlbar. Das frisch zugeführte Brennmaterial wird nur unter der Einwirkung der ihm von dem daneben liegenden, hellbrennenden Brennmaterial und dem glühenden Mauerwerk des Feuerraumes zugestrahlten Wärme entgast; diese Entgasung vollzieht sich aber weit langsamer, als wenn es über den ganzen Rost vertheilt worden wäre. Es ist dem Heizer daher auch bei plötzlichem, starkem Dampfverbrauch nicht möglich, die Verbrennung und Dampferzeugung genügend zu beschleunigen; der Dampfdruck wird erheblich sinken.

Beide Ziele, eine rasche Vermehrung der Verbrennung und die Vermeidung des Rauchens, sind also bei der Planrostfeuerung nicht gleichzeitig zu erreichen. Legt man auf die rasche Erzielung größerer Dampfmengen das Hauptgewicht, so ist es nothwendig, das frische Brennmaterial über den ganzen Rost zu vertheilen, und dann wird es auch ohne Rauch nicht abgehen; ist dagegen der Dampfverbrauch ein ziemlich gleichmäßiger, und soll das Rauchen möglichst vermieden werden, so muß dem Rost das frische Brennmaterial in einer der beiden zuletzt geschilderten Weisen zugeführt werden.

Nun ist allerdings auch die Art des Brennmateriales und das Verhalten desselben bei der Verbrennung von wesentlichem Einfluß auf den Erfolg dieser Bestrebungen.

Koks verbrennt an und für sich rauchlos. Auch trockenes Holz entwickelt wenig Rauch. Bei Braunkohle und magerer Steinkohle, die bald in Gluth kommen und während des Verbrennens lockere Massen bilden, macht es ebenfalls nur wenig Mühe, eine gute und nahezu rauchlose Verbrennung zu erzielen. Hat man dagegen eine stark schmelzende und backende Steinkohle zur Verbrennung zu bringen, so vollzieht sich die Entgasung sehr langsam, weil die Kohlenstücke zu größeren Klumpen zusammenbacken, deren innere Theile sich der Einwirkung der Wärme entziehen und an der Gasentwickelung nicht theilnehmen. Bei jedem Schüren und Zertheilen der Kohle kommen dann frische, unentgaste Brennmaterialtheilchen wieder zum Vorschein, und beginnt die Gasentwickelung von Neuem; die regelrechte Behandlung des Brennmateriales zum Zwecke der Rauchvermeidung wird hierdurch natürlich außerordentlich erschwert und die Erreichung dieses Zieles unter Umständen völlig vereitelt.

Es wird sich später zeigen, daß sich übrigens auch die besten, sogenannten rauchfreien Feuerungseinrichtungen stark backender Steinkohle gegenüber machtlos erweisen. Man ist dann gezwungen, zu dem Aushülfsmittel zu greifen, der backenden Kohle eine magere Kohle oder Braunkohle beizumischen, welche letztere das Feuer bis zu einem gewissen Grade locker hält und das allzu starke Zusammenbacken der Kohle verhindert. Nur auf diese Weise ist es möglich, backende Steinkohlensorten ohne übermäßige Rauchentwickelung zu verbrennen.

Bezüglich des Sichtbarbleibens der gefährdeten Kesseltheile, der Feuerplatten, wird die Planrostfeuerung allen Wünschen gerecht; denn der Heizer kann bei geöffneter Feuerthür jeden beliebigen Punkt der Feuerplatten bequem in Augenschein nehmen.

Auch bezüglich der Haltbarkeit und Dauerhaftigkeit läßt

die Planrostfeuerung wenig zu wünschen übrig. Doch ist Folgendes zu berücksichtigen:

Es müssen natürlich zweckmäßige, dem Brennmaterial entsprechende Roststäbe verwendet werden; denselben muß ferner die Möglichkeit geboten sein, sich frei und ungehindert auszustrecken, was man dadurch erreicht, daß man das eine Ende der Stäbe nicht rechteckig gestaltet, sondern abschrägt (vergleiche Figur 14). Sind beide Enden rechteckig, so setzt sich Asche und Schlacke zwischen die Köpfe der Roststäbe, und werfen sich die am freien Ausdehnen verhinderten Roststäbe bald krumm; es entstehen dann weite Spalten, durch welche das Brennmaterial fällt, und die unbrauchbar gewordenen Stäbe müssen schließlich entfernt werden. Etwas größere Haltbarkeit der Roststäbe hat man neuerdings auch dadurch zu erreichen gesucht, daß man die obere, mit dem Brennmaterial in unmittelbare Berührung kommende Fläche der Roststäbe in Hartguß umwandelt.

Weiter müssen die Brustplatte und Schürplatte kräftig hergestellt werden; dünne Platten springen leicht.

Die Feuerthür erhält entweder einen Schutzschirm, der die vom Feuer ausgestrahlte Wärme auffängt, oder sie wird doppelwandig hergestellt und mit einigen kleinen Oeffnungen versehen, so daß sich durch den Hohlraum der Thür beständig ein Luftstrom bewegt, welcher die Thür kühlt.

Es ist selbstverständlich, daß zu dem Mauerwerk des Feuerraumes, der Feuerbrücke u. s. w. die besten feuerfesten Steine verwendet werden müssen.

Haben alle diese Gesichtspunkte Beachtung gefunden, so wird man auch eine recht haltbare Feuerung besitzen.

Ein Rückblick läßt folgende Vor- und Nachtheile der Planrostfeuerungen erkennen:

Sie lassen sich dem verfügbaren Raum gut anpassen, gewähren eine gute Uebersichtlichkeit und Zugänglichkeit, gestatten mit Leichtigkeit eine rasche Verstärkung der Verbrennung, entziehen die Feuerplatten nicht dem Blicke des Heizers und sind, wenn richtig angelegt, auch haltbar; sie haben aber die nachtheiligen Eigenschaften, daß sie sich nur für stückförmige Brennmaterialien eignen, daß ihre regelrechte Bedienung vom Heizer viel Mühe und Geschicklichkeit erfordert, daß das Einströmen von kalter Luft während der Bedienung nicht ganz vermieden werden kann, wodurch nicht nur Wärmeverluste entstehen, sondern auch der Kessel leidet, und daß endlich die Vermeidung von Rauch und Ruß nur bei gleichmäßigem Betrieb und nicht ganz ungeeignetem Brennmaterial möglich ist.

b) Die Treppenrostfeuerung.

Die Treppenrostfeuerung ist für klares oder leicht zerfallendes Brennmaterial, insbesondere erdige Braunkohle, Sägespäne und Lohe sowie auch klare, magere Steinkohle bestimmt; um das Durchfallen des Brennmateriales zu verhüten, sind die Rostspalten wagerecht angeordnet, wodurch sich aber für den Rost eine schräge Lage ergiebt. Figur 17 stellt eine Treppenrostfeuerung der üblichsten Form dar.

Die Roststäbe *a* haben hier die Form flacher, wagerechter Stäbe, welche mit ihren Enden in der, in der rechten unteren Ecke der Figur in etwas größerem Maßstabe dargestellten Weise auf den gußeisernen Treppenwangen *b* ruhen; der oberste Roststab erhält eine größere Breite und dient als Schürplatte. Die Treppenwangen selbst aber lagern auf den eingemauerten, quergelegten Rostträgern *c* und *g*.

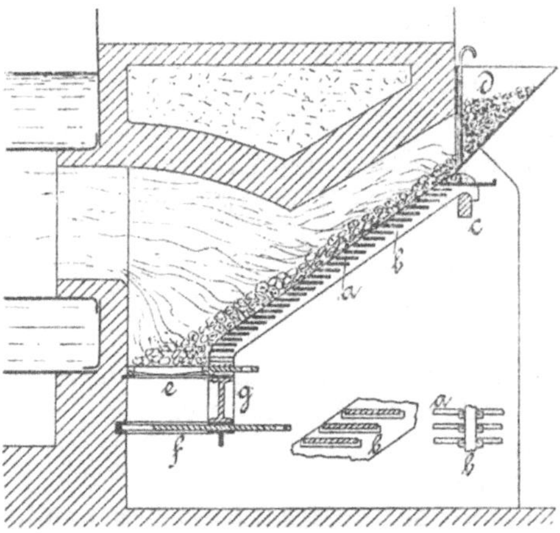

Fig. 17.

Am oberen Ende des Rostes ist ein eiserner, trichterförmiger Kasten *d* angebracht, in welchen das Brennmaterial geschüttet, und aus welchem dasselbe je nach Bedarf unter Zuhülfenahme eines Schiebers herabgelassen nnd dem Rost zugeführt wird.

Das untere Ende des Rostes ist durch einen schmalen Planrost geschlossen, auf welchem sowohl das Brennmaterial noch vollständig ausbrennt, als auch die Asche und Schlacke sich ansammeln, welche dann entweder durch seitliche, im Mauerwerk des Feuerraumes angebrachte Reinigungsthüren entfernt, oder auch nach unten fallen gelassen werden; zu dem letzteren Zwecke ist entweder der Rost in Falzen wagerecht verschiebbar eingerichtet, sodaß er vom Heizer nach vorn gezogen werden kann, oder er besitzt die Form einer Klappe, die sich um eine an der Rückwand der Feuerung liegende, wagerechte Angel dreht.

Um das Einströmen kalter Luft während des Entfernens der Asche und Schlacke zu verhindern, ist die Vorrichtung recht geeignet, welche an der in Figur 17 dargestellten Feuerungsanlage angebracht ist. Auch hier befindet sich am unteren Ende des Rostes ein schmaler Planrost *e*, der wagerecht verschoben werden kann; unter demselben ist aber noch ein zweiter Schieber *f* angeordnet, der eine volle, eiserne Platte bildet. Der Zwischenraum zwischen diesen beiden Schiebern ist durch den eisernen Balken *g* geschlossen, so daß ein kastenförmiger Hohlraum entsteht.

Während des Betriebes ist der obere Schieber geschlossen und der untere geöffnet, damit noch Luft eintritt und die Verbrennung des auf dem oberen Schieber liegenden Brennmateriales vollendet. Will man Asche und Schlacke entfernen, so schließt man den unteren Schieber ganz, öffnet den oberen und läßt Asche und Schlacke in den Kasten fallen; hierauf schließt man wieder den oberen Schieber, stößt Brennmaterial nach und öffnet dann den unteren Schieber, damit der Kasten von Asche und Schlacke entleert wird. Es ist einleuchtend, daß diese Arbeiten vollzogen werden können, ohne daß ein Einströmen von überflüssiger Luft stattfindet.

Die Decke und die Seitenwände des Feuerraumes müssen natürlich aus feuerfesten Steinen hergestellt werden; um die durch Strahlung nach außen entstehenden Wärmeverluste zu vermindern, werden diese Wandungen gewöhnlich doppelwandig gemacht, und schließt man zwischen dieselben eine Luft- oder Ascheschicht ein, welche den Durchgang der Wärme als schlechter Wärmeleiter möglichst verhindert.

Bei der Treppenrostfeuerung machen sich nun folgende Eigenschaften und Erfordernisse geltend:

Infolge der schrägen Lage des Rostes nimmt diese Feuerungseinrichtung eine beträchtlichere Höhe ein, als die Planrostfeuerung; sie läßt sich daher unter Umständen kaum unter, viel weniger aber in einen Kessel legen, wie dies die Planrostfeuerung so bequem zuläßt. Man trifft demnach auch die Treppenrostfeuerung vorwiegend als Vorfeuerung, seltener als Unterfeuerung und kaum einmal als Innenfeuerung an. Der sich hieraus ergebende große Raumbedarf ist aber keineswegs eine vortheilhafte Eigenschaft der Treppenrostfeuerung.

Die eigenartige Gestalt des Rostes bietet indessen den Vortheil, daß im Nothfall auch stückförmiges Brennmaterial auf demselben gut verbrannt werden kann, falls dasselbe nur nicht stark schmilzt und zusammenbäckt.

Eine zweckmäßige Form des Rostes wird erhalten, wenn folgende Regeln beachtet werden:

Damit nur kurze, nicht so rasch krumm werdende Roststäbe sich ergeben, wählt man die Entfernung der Treppenwangen von einander zu 0,4 bis 0,6 m.

Die Stärke der Roststäbe beträgt gewöhnlich 8 bis 12 mm; der lichte Abstand der einzelnen Roststäbe 20 mm. Damit das Brennmaterial, welches zwischen die Rostspalten fällt, nicht aus diesen herausfällt, müssen die Stäbe eine ziemliche Breite erhalten; dieselbe wird meistens auf 100 bis 120 mm bemessen.

Sehr wichtig ist die Neigung des Rostes, welche so gewählt sein muß, daß das Brennmaterial möglichst selbstthätig und ohne große Nachhülfe seitens des Heizers nachrutscht; dieses Ziel wird z. B. bei erdiger Braunkohle erreicht, wenn der Neigungswinkel des Rostes gegen die Wagerechte etwa 35 ^{0} ausmacht. Ist der Rost steiler, so stürzt alles Brennmaterial, welches aus dem Schüttkasten gelassen wird, sofort nach unten, und würde der obere und mittlere Theil des Rostes ganz unbedeckt bleiben; liegt dagegen der Rost zu flach, so wird dem Heizer die Zuführung des Brennmateriales sehr erschwert.

Um die richtige Neigung des Rostes ausprobiren zu können, empfiehlt es sich, denselben stellbar zu machen.

Die Fläche des Rostes ist eine angemessene, wenn stündlich auf einem Quadratmeter derselben bei natürlichem Schornsteinzug etwa 160 kg klare Braunkohle oder ebensoviel Sägespähne und Holzabfall beziehentlich 100 kg klare, magere Steinkohle verbrannt werden. Künstlichen, scharfen Zug wendet man bei Treppenrostfeuerungen nicht an, weil dieser zu viel von dem leichten, klaren Brennmaterial unverbraunt mit sich fortreißen würde.

Die freie Rostfläche beträgt, wenn die Roststäbe die oben angegebenen Stärken und Spaltenweiten erhalten, $^2/_3$ der totalen.

Die Höhe des Feuerraumes, dessen Decke aus feuerfestem, während des Betriebes glühendem Mauerwerk besteht, kann und muß hier wesentlich geringer sein, als bei dem Planrost, damit das frisch zugeführte Brennmaterial rasch durch die strahlende Wärme der Feuerraumdecke entgast und entzündet wird; die Verbrennung wird ja auch hier durch die größere Nähe der Decke nicht gestört, da die Decke eben ein glühender Körper ist. Die Höhe des Feuerraumes soll im oberen Theile etwa 25 bis 30 cm betragen; im unteren

Theil des Rostes ist aber eine größere Höhe erforderlich, damit sich die Flammen frei entfalten und durcheinander wirbeln können.

Auch bei dem Treppenrost kann jeder Punkt desselben noch gut übersehen und demselben leicht Brennmaterial zugeführt werden, indem man mit einem flachen Schüreisen zwischen die Roststäbe stößt und das Brennmaterial zum Nachrutschen veranlaßt; ja, die Herstellung einer gleichmäßigen Brennmaterialschicht macht selbst dem wenig geübten Heizer, sobald nur der Rost eine richtig gewählte Neigung besitzt, geringe Mühe. Die sich auf den Roststäben ablagernde Asche fällt zwar nicht, wie bei dem Planrost, von selbst durch die Rostspalten; doch ist ihre Entfernung auch nicht schwer zu bewerkstelligen. Ebenso bereitet das Entfernen der Schlacke dem Heizer nur wenig Mühe.

Der Treppenrost ist also leichter zu bedienen, als der Planrost; hierbei bietet er dem Planrost gegenüber noch den Vortheil, daß sowohl die Zuführung des frischen Brennmateriales, als auch das Schüren und Abschlacken vorgenommen werden können, ohne daß während dieser Arbeiten überflüssige, kalte Luft in die Feuerung strömt.

Bezüglich der Möglichkeit, das Feuer rasch verstärken zu können, stellt sich der Treppenrost mit dem Planrost auf nahezu gleiche Stufe; die Rauchentwickelung ist aber hier leichter zu vermeiden, weil die aus dem frischen Brennmaterial sich entwickelnden Gase gezwungen werden, an dem glühenden Gewölbe der Decke entlang zu ziehen und auf die Flammen der den unteren Theil des Rostes bedeckenden, lebhaft brennenden Brennmaterialschicht zu stoßen, wodurch eine sichere Entzündung und gute Verbrennung dieser Gase erzielt wird. Dieses Vortheiles wegen findet übrigens der Treppenrost auch öfters Verwendung für stückförmiges Brennmaterial, welches aber keine backenden Eigenschaften besitzen darf, da sonst das Nachrutschen des Brennmateriales ausbleibt, und dem Heizer die gleichmäßige Vertheilung des zu Klumpen zusammenbackenden Brennmateriales über die Fläche des Rostes zur Unmöglichkeit wird.

Die Beobachtung der von den Flammen zuerst getroffenen Stellen des Kessels wird dem Heizer während des Betriebes leider verwehrt; der Treppenrost befindet sich in dieser Beziehung dem Planrost gegenüber im Nachtheil.

Bezüglich der Haltbarkeit steht der Treppenrost aber wieder mit dem Planrost auf gleicher Stufe.

Es ergeben sich mithin für den Treppenrost folgende Vortheile und Nachtheile: Die Bedienung ist eine wesentlich leichtere und einfachere, als die des Planrostes; während dieser Arbeiten wird das schädliche Einströmen kalter Luft vermieden. Das Feuer kann leicht verstärkt werden, so daß, bei plötzlich eintretendem starkem Dampfverbrauch einem Sinken des Dampfdruckes wirksam begegnet wird; hierbei ist auch die Bildung von Rauch leichter zu vermeiden, als bei dem Planrost. Die Treppenrostfeuerung hat aber die Nachtheile, daß sie viel Raum bedarf, und daß die Feuerplatten des Kessels dem Blick des Heizers entzogen werden.

2. Die rauchfreien Feuerungen.*)

Während die Wasserkraft an einen bestimmten Ort, den Wasserlauf gebunden und ihre Größe durch das vorhandene Gefälle und die Menge des fließenden Wassers begrenzt ist, bietet die Dampfkraft die Möglichkeit, an jedem beliebigen Ort Betriebskräfte in unbeschränktem Umfang zu entwickeln. Diese Vorzüge waren die Ursache, daß die Industrie sich mehr und mehr der Dampfkraft bediente und aus den einsamen Thälern in die Städte wanderte, wo sie immer mächtiger emporblühte. Je mehr sich aber die Dampfanlagen auf einem engen Raum zusammendrängten, desto fühlbarer wurden auch die Nachtheile, unter welchen die Umgebung derartiger Anlagen zu leiden hat.

Weit lästiger, als der Lärm der Maschinen, werden dem Nachbar der Dampfanlage die dem Schornstein entströmenden Heizgase, wenn dieselben reich an Rauch und Ruß sind. Nicht genug, daß diese Bestandtheile in kurzer Zeit die Außenseite der Häuser schwärzen und schänden; sie dringen auch in die Zimmer, alle Gegenstände beschmutzend und verderbend. Aber auch die Gesundheit des Bewohners erfährt Schädigungen; denn die mit der eingeathmeten Luft in die Lunge dringenden Rauch- und Rußtheilchen können dem Wohlbefinden des Menschen unmöglich förderlich sein.

In Erkenntniß der durch rauchende Feuerungsanlagen hervorgerufenen Mißstände sind denn auch überall Staatsregierungen, Behörden und Technik bemüht gewesen und noch bemüht, den beorängten Nachbar der Dampfanlage zu schützen und das Uebel der Rauchplage zu bekämpfen. In England wurde das Rauchen der Schornsteine einfach gesetzlich verboten.

Die Ursachen einer unzulässig starken Rauch- und Ruß-Entwickelung ergeben sich aus den Erörterungen des zweiten und dritten Abschnittes:

*) Eine erschöpfende Darstellung bietet das Werk: Dampfkesselfeuerungen zur Erzielung einer möglichst rauchfreien Verbrennung, im Auftrage des Vereines deutscher Ingenieure bearbeitet von F. Haier.

Werden an eine Kesselanlage zu hohe Anforderungen in Bezug auf Dampferzeugung gestellt, so sind der zu kleine Rost und der zu schwache Schornstein eben nicht im Stande, die große Menge Brennmaterial, welche unter dem Kessel verbrannt werden muß, vollkommen zur Verbrennung zu bringen; Rauch und Ruß sind dann unvermeidlich.

Zuweilen sind es nur einzelne Mängel oder auch das Zusammenwirken solcher, welche das Uebel verursachen. Hierbei kämen wieder in Betracht: Eine ungeeignete oder zu kleine Feuerungseinrichtung, oder zu schwacher Zug infolge ungenügenden Schornsteins; weiterhin die ausschließliche Verwendung eines die Rauchentwickelung begünstigenden Brennmateriales; endlich eine mangelhafte Bedienung der Anlage durch einen unfähigen Heizer.

Die Mittel, welche je nach Lage der Verhältnisse anzuwenden sind, die Rauchentwickelung zu vermindern oder zu beseitigen, bestehen daher entweder in der Vermehrung der Heizfläche beziehungsweise der Beschaffung größerer oder zahlreicherer Kessel, oder der Verbesserung der Feuerungsanlage beziehungsweise Vergrößerung des Feuerraumes, oder der Beschaffung eines ausreichenden Schornsteines, oder der Anwendung eines geeigneteren Brennmateriales oder endlich einer fachkundigeren Bedienung der Anlage.

Recht erhebliche Schwierigkeiten stellen sich mitunter der Herbeiziehung eines fachkundigen Heizers entgegen; denn an tüchtigen Heizern mangelt es leider noch sehr. Dieser Umstand ist aber die Ursache gewesen, daß man schon seit langer Zeit bemüht war, die Kessel mit Feuerungseinrichtungen zu versehen, welche dem Heizer seine Aufgabe erleichtern, oder noch besser, den Einfluß des Heizers auf die Güte der Verbrennung ganz beseitigen und die letztere von dem guten Willen und der Geschicklichkeit des Heizers völlig unabhängig machen. Diese Bestrebungen führten zur Erfindung der zahlreichen, sogenannten rauchfreien Feuerungen, von welchen nunmehr die wichtigeren einer Besprechung unterzogen werden sollen.

Die rauchverzehrenden Feuerungseinrichtungen lassen sich wieder in zwei Gruppen scheiden: in solche, bei welchen das frische Brennmaterial dem Rost in Pausen, und in solche, bei welchen dasselbe ununterbrochen zugeführt wird.

a) Feuerungseinrichtungen, bei welchen das frische Brennmaterial dem Rost in Pausen zugeführt wird.

Wohl das älteste Mittel, den Rauch sowohl bei Planrostfeuerungen, als auch bei Treppenrostfeuerungen zu vermindern, besteht darin, den Flammen ein zweites Mal Luft (sekundäre Luft) durch Oeffnungen in der Feuerbrücke, oder dort, wo die Flammen den Feuerraum verlassen und in die Feuerzüge treten, zuzuführen; es wird damit beabsichtigt, den unverbrannt gebliebenen Gasen nochmals Luft beizumischen, um die nachträgliche, vollständige Verbrennung dieser Gase zu ermöglichen. Um die Sache zu vervollkommnen, erwärmt man die zugeführte Luft, indem man sie vorher durch Kanäle strömen läßt, welche im Mauerwerk des Feuerraumes angeordnet sind; es wird hierdurch eine zu starke Abkühlung der Flamme, welche der Entzündung der unverbrannten Gase hinderlich sein würde, vermieden. Man bringt wohl auch hinter der Feuerbrücke einen oder mehrere Mauerbögen oder Gitter von feuerfesten Steinen an, welche im Betriebe glühend werden und nun zur Entzündung und Verbrennung der mit der Flamme hindurchwirbelnden unverbrannten Gase beitragen.

Erzielt man auch durch diese Hülfsmittel eine wesentliche Verminderung des Rauches, so hat die Sache doch den Nachtheil, daß der Luftüberschuß ganz bedeutend erhöht wird, was, wie bereits früher gezeigt wurde, auf die Nutzbarmachung der aus dem Brennmaterial entwickelten Wärme einen nachtheiligen Einfluß ausübt. Versuche an solchen, mit sekundärer Luftzuführung versehenen Feuerungsanlagen haben ergeben, daß dieselben oft mit dem 3- bis 4fachen der theoretisch zur Verbrennung erforderlichen Luftmenge arbeiteten; ein gewöhnlicher, von einem geschickten Heizer bedienter Planrost, welcher mit dem $1^1/_2$fachen derselben betrieben werden kann, ist dann der mit sekundärer Luftzuführung versehenen Feuerungseinrichtung in Bezug auf Sparsamkeit im Brennmaterialverbrauch weit überlegen.

Ein gleich einfaches, von Fairbairn (sprich Färbärn) zuerst angewandtes Mittel, die Rauchentwickelung zu vermindern oder vielmehr den entwickelten Rauch zu verbrennen, gipfelt darin, daß man den Planrost durch eine Längsscheidewand in zwei Theile scheidet und diese abwechselnd mit frischem Brennmaterial beschickt; die auf dem beschickten Theil sich entwickelnden Gase werden bei ihrem Eintritt in die Feuerzüge infolge ihrer Berührung mit den Flammen der nachbarlichen Rosthälfte entzündet und verbrannt.

Selbst bei gewissenhafter und verständiger Bedienung ist der Erfolg dieser Einrichtung indessen nicht wesentlich größer, als er mit einem einfachen Rost erzielt werden kann, sodaß dieselbe, lediglich zum Zwecke der Rauchverzehrung, nur noch selten angewendet wird.

Es ist einleuchtend, daß die Rauchbildung bei der zumeist üblichen Beschickung über die ganze Rostfläche auch wirksam verhindert wird, wenn die aus dem zugeführten Brennmaterial sich entwickelnden Gase gezwungen werden, ihren Weg durch die lebhaft brennende, alte Schicht zu nehmen, wobei sie die beste Gelegenheit finden, sich zu entzünden und zu verbrennen. Um dies zu erzielen, müßte die Richtung des Feuers in der Brennmaterialschicht umgekehrt werden. Dasselbe Ziel wird aber auch durch eine Beschickung des Rostes erreicht, bei welcher das frische Brennmaterial nicht auf, sondern unter die alte Brennmaterialschicht gelangt. Beide Verfahren sind versucht und angewendet worden.

Die Richtung des Feuers in der Brennmaterialschicht wird zu einer entgegengesetzten, wenn man die zur Verbrennung erforderliche Luft durch die stets offene Feuerthür einströmen läßt, den Feuerraum an der Feuerbrücke und den Aschenfall unterhalb der Feuerthür abschließt, die hintere Stirnwand des Aschenfalls aber mit einer Oeffnung versieht, an welche sich der erste Feuerzug schließt. Es ist klar, daß die Flamme dann durch den Rost in den Aschenfall schlagen und von diesem aus in die Feuerzüge treten muß.

Eine gute Rauchverzehrung wird mit einer solchen Einrichtung erzielt; leider hat die Sache den Nachtheil, daß der Rost sehr rasch verbrennt und zerstört wird. Man versuchte diesem Uebelstand dadurch zu begegnen, daß man die Roststäbe hohl machte und ihre Enden in ebenfalls hohle Rostbalken münden ließ, welch' letztere wiederum mit dem Kessel in Verbindung standen, so daß in den mit Wasser gefüllten Roststäben auch eine nicht unbeträchtliche Dampferzeugung stattfand. Die nicht zu vermeidenden Verstopfungen der Roststäbe und sonstigen Rohrverbindungen, sowie die zahlreichen in Stand zu haltenden Dichtungen waren die Ursache, daß die Einrichtung nur versuchsweise ausgeführt wurde und bald wieder verschwand.

Der Gedanke, das frische Brennmaterial dem Feuer von unten zuzuführen, liegt einer älteren Einrichtung zu Grunde, welche nach ihrem Erfinder der Langen'sche Stufen- oder Etagenrost genannt wird und noch heutigen Tages in Anwendung steht. Nahm die vorhin geschilderte Einrichtung ihren Ausgang von der Planrostfeuerung, so schließt sich der Stufenrost in seiner Gestalt der Treppenrostfeuerung an; die Einrichtung ist in Figur 18 (nächste Seite) dargestellt.

Der Rost besteht hier aus mehreren stufenförmig über einander liegenden Schürplatten *a*, deren vorderes Ende sich in schräg nach unten gerichtete Roststäbe *b* fortsetzt. Wie bei dem Treppenrost schließt ein Schlackenrost den unteren Theil des Feuerraumes ab.

7*

Das frische Brennmaterial wird auf die Schürplatten geworfen; die aus demselben sich entwickelnden Gase müssen ihren Weg durch die hellbrennende Brennmaterialschicht nehmen und werden hierbei sicher entzündet und verbrannt. Ist das Brennmaterial entgast, so wird es mit dem Schüreisen von den Platten weg nach hinten geschoben und über den Rost vertheilt.

Mit Braunkohle und magerer Steinkohle wird auf diese Weise eine recht gute, rauchfreie Verbrennung erzielt; doch erfordert die Bedienung des Stufenrostes immerhin, wenn die Verbrennung eine stets rauchfreie sein soll, einen geschickten Heizer. Für backende Kohle

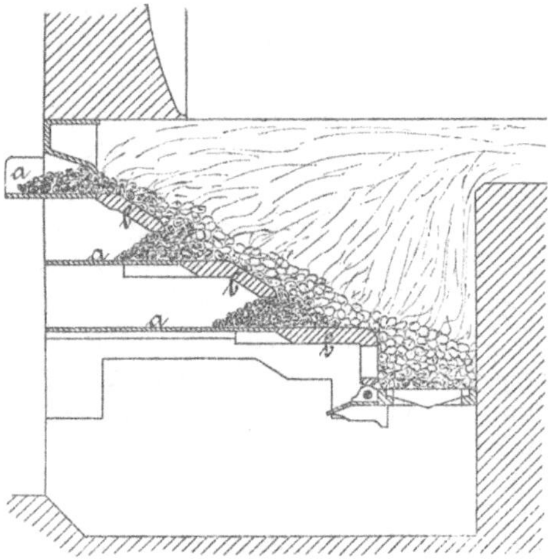

Fig. 18.

ist die Einrichtung nicht anwendbar. Auch läßt die Haltbarkeit des Rostes zu wünschen übrig.

Wie bereits bei der Planrostfeuerung dargelegt wurde, ist die Verbrennung leichter zu einer rauchfreien zu gestalten, wenn das frische Brennmaterial nur einer bestimmten Stelle des Rostes zugeführt wird, die sich entwickelnden Gase mit der zu ihrer Verbrennung erforderlichen Luftmenge versehen und hierauf mit der Flamme der hellbrennenden, alten Schicht in Berührung gebracht werden. Hierbei ist es zweckmäßig, als Zuführungsstelle den vorderen, dem Heizer zunächst gelegenen Theil des Rostes zu wählen, weil hierdurch die Brennmaterialzuführung erleichtert wird. Die Zahl der rauchfreien Feuerungseinrichtungen, welche von diesem Grundgedanken ausgehen, überwiegt die aller anderen. Dieselben unterscheiden sich in solche, bei welchen die sich entwickelnden und zu verbrennenden Gase zu der Flamme der alten Brennmaterialschicht treten — Feuerungen mit vorgehender Flamme; weiter in solche, bei welchen diese Flamme umkehrt und auf die Gase stößt — Feuerungen mit rückkehrender Flamme; endlich in solche, bei welchen die Gase ihren Weg durch das ältere Brennmaterial nehmen und in die Flamme desselben treten — Feuerungen mit einhüllender Flamme.

Zu den erstgenannten Feuerungseinrichtungen, denen mit vorgehender Flamme, sind die Planrostfeuerung, wenn dieselbe in der auf Seite 88 und 89 beschriebenen Weise bedient wird, und die Treppenrostfeuerung zu zählen.

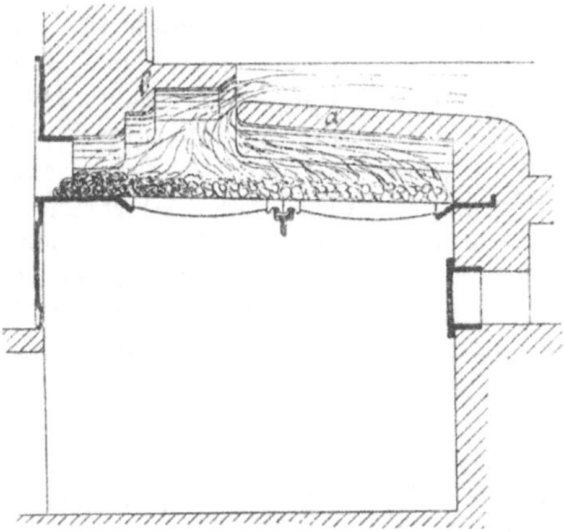

Fig. 19.

Eine große Verbreitung erlangten Feuerungseinrichtungen der zweiten Art d. h. mit rückkehrender Flamme; als deren Erfinder gilt der Ingenieur Tenbrink, welcher dieselbe zuerst 1860 in Frankreich bei Lokomotivkesseln anwandte.

Die einfachste Form einer Feuerungseinrichtung mit rückkehrender Flamme dürfte die von Adam (Sebnitz) eingeführte sein, welche Figur 19 darstellt.

Bei dieser Einrichtung findet ein Planrost Verwendung. Das frische Brennmaterial wird auf den vorderen, der Feuerthür zunächst gelegenen Theil des Rostes oder die Schürplatte geworfen. Ein über den Rost gespanntes, hinten etwas tiefer liegendes Gewölbe von feuerfesten Steinen *a* zwingt die Flamme des hinteren Rosttheiles am Gewölbe entlang nach vorn zu ziehen und auf die aus dem frischen Brennmaterial entwickelten Gase zu stoßen. Den letzteren wird entweder die zu ihrer Verbrennung nöthige Luft durch die Rostspalten oder durch Oeffnungen der Feuerthüre zugeführt (vergleiche Seite 89). In dem Zwischenraum, welchen das zuerst genannte Gewölbe mit einem darüber liegenden, nach hinten etwas ansteigenden, kurzen Gewölbebogen *b* bildet, erfolgt die Entzündung und Verbrennung der Gase, worauf die Flammen am Kessel entlang ziehen.

Mit dieser Einrichtung läßt sich zwar eine ziemlich rauchfreie Verbrennung erzielen. Die rückkehrende Flamme und das glühende Gewölbe strahlen dem Rost und der Feuerthür aber so lebhaft Wärme zu, daß die Roststäbe rasch zerstört werden, und die Heizer, um das Glühendwerden und Zerspringen der Feuerthür zu verhüten, gezwungen sind, diese Thür stets etwas geöffnet zu halten und überschüssige Luft einzulassen. Die von der strahlenden Wärme belästigten Heizer gerathen überdies in Versuchung, das Hinterschieben des entgasten Brennmateriales zu unterlassen, so daß auf dem hinteren Theil des Rostes leere Stellen entstehen, durch welche noch mehr überflüssige Luft einströmt. Die Verbrennung wird daher in der Regel mit einem zu großen Luftüberschuß erfolgen. Versuche haben ergeben, daß diese Feuerungen gewöhnlich mit dem 2- bis 3fachen der theoretisch erforderlichen Luftmenge arbeiteten, welcher Umstand natürlich die Sparsamkeit im Brennmaterialverbrauch stark beeinträchtigt.

Eine Feuerungseinrichtung, bei welcher das frische Brennmaterial zwar wieder dem vorderen Rostende zugeführt wird, die sich entwickelnden Gase aber gezwungen werden, ihren Weg durch die alte Brennmaterialschicht oder einen Theil derselben zu nehmen und in die Flamme dieser Schicht zu treten, also eine Feuerungseinrichtung mit einhüllender Flamme wird erhalten, wenn man den vorderen Theil des Feuerraumes durch eine bis zur Oberfläche der Brennmaterialschicht herabreichende Wand abtrennt, und das frische Brennmaterial nur diesem Raum zuführt.

Wilmsmann hat den Planrost, Völcker den Treppenrost in diesem Sinne in rauchfreie Feuerungen umgewandelt. Doch wird bei beiden Feuerungseinrichtungen ein Theil der aus dem frischen Brennmaterial entwickelten Gase auch durch besondere Kanäle abgeführt und, mit Luft vermischt, in die Flamme geleitet; bei Wilmsmann liegen diese Kanäle seitlich im Mauerwerk des Feuerraumes, bei Völcker in der Scheidewand des Feuerraumes.

Die Wilmsmann'sche sogenannte Wehrfeuerung ist vorwiegend in Westfalen für Steinkohle, die Völcker'sche Feuerung in der Provinz Sachsen für erdige Braunkohle in Benutzung.

Es kommt endlich eine Gruppe von rauchfreien Feuerungseinrichtungen in Betracht, bei welchen das frische Brennmaterial einer oder zwei, sich über die ganze Länge des Rostes erstreckenden Stellen zugeführt wird; die sich entwickelnden Gase werden dann entweder durch die an diesen Stellen entlang ziehenden Flammen der alten Brennmaterialschicht entzündet und verbrannt — vorgehende Flamme —, oder sie müssen zu diesem Zweck ihren Weg durch jene Schicht nehmen — einhüllende Flamme.

Die Feuerungseinrichtung von Cario und Haage besitzt von der Mitte nach beiden Seiten hin abfallende Planroste. Das frische Brennmaterial wird dem mittleren, erhöhten Theil des Rostes zugeführt; diese Arbeit wird mittelst einer oben offenen Blechmulde, deren Länge gleich der Rostlänge und deren vorderes Ende zugespitzt ist, vollzogen. Man führt die mit Brennmaterial gefüllte Mulde durch eine Oeffnung der Brustplatte auf dem Kamm des Rostes entlang in den Feuerraum und schiebt hierbei das alte Brennmaterial zur Seite; hierauf dreht man die Mulde um und zieht sie heraus. Das frische Brennmaterial bleibt dann auf dem Kamm des Rostes liegen. Die sich entwickelnden Gase gelangen durch die vorgehende Flamme der älteren Brennmaterialschicht zur Verbrennung.

Zur Entfernung der sich ansammelnden Schlacke sind besondere Schlackenthüren angebracht. Weiter sind sowohl die Zuführungsthüren, wie die Schlackenthüren zweitheilig hergestellt und pendelnd aufgehangen. Hierdurch wird erzielt, daß diese Thüren nur so weit und so lange geöffnet werden können, als unbedingt erforderlich ist, hiermit aber das Einströmen kalter Luft in den Feuerraum thunlichst beschränkt.

Mit dieser Einrichtung läßt sich die Rauchbildung nicht unwesentlich vermindern; für stark backende Kohle ist sie indessen nicht geeignet. Ihre Verwendbarkeit als Innenfeuerung für Flammenrohrkessel erwarb ihr viele Freunde.

Bei der Feuerungseinrichtung von Heiser gelangt das frische Brennmaterial entweder in eine über der Mitte des Rostes gelegene oder zwei seitlich von demselben angebrachte, aus Mauerwerk hergestellte Kammern, deren Länge gleich der Rostlänge ist. In diesen Kammern verliert das Brennmaterial den größten Theil seiner Gase und gleitet allmählich auf der geneigten Rostfläche herab. Die Schlacke sammelt sich auf einem tiefer gelegenen Planrost an und kann von hier durch besondere Schlackenthüren entfernt werden. Die aus den Kammern tretenden Gase nehmen ihren Weg durch das bereits entgaste, hellbrennende Brennmaterial und werden hierdurch entzündet; den Feuergasen wird schließlich an der Feuerbrücke noch erwärmte, sekundäre Luft zugeführt.

Aehnlich ist die Feuerungseinrichtung von Fränkel & Co.; doch findet bei derselben keine Zuführung sekundärer Luft statt.

Für Braunkohle und magere Steinkohle eignen sich beide Feuerungen recht gut; bei stark backender und schlackender Steinkohle hört aber das Nachrutschen auf, und ist die Rauchentwickelung dann unvermeidlich.

b. Feuerungseinrichtungen, bei welchen das frische Brennmaterial dem Rost ununterbrochen zugeführt wird.

Schon frühzeitig ging man in England dazu über, die Brennmaterialzuführung zu einer ununterbrochenen und selbstthätigen zu machen; hierzu bedurfte es aber besonderer Einrichtungen, welche das Brennmaterial auf den Rost streuten.

Es wurde versucht, die aus einem Trichter fallende und hierauf durch ein Walzwerk zerkleinerte Kohle mittelst eines Luft- oder Dampfstrahles von veränderlicher Stärke auf den Planrost zu blasen; der Erfolg konnte selbstverständlich ein befriedigender nicht sein.

Mit mehr Glück wandte man an Stelle des Luftstromes Schaufeln an, welche durch Federn gespannt wurden und die Kohle je nach der Spannnung der Federn, mehr oder weniger weit über den Rost schnellten — Feuerungen von Proctor beziehungsweise Münckner & Co.

Am zweckmäßigsten haben sich Einrichtungen erwiesen, bei welchen das Brennmaterial durch rasch laufende Schleuderräder über den Rost verstreut wird. Eine der gebräuchlichsten Einrichtungen dieser Art ist die von Leach (spr. Liedsch), welche von der Sächsischen Maschinenfabrik in Chemnitz ausgeführt wird.

Bei der Leach'schen Feuerungseinrichtung, welche in Figur 20 dargestellt ist, fällt die zerkleinerte Kohle aus dem, den Kohlenvorrath bergenden Behälter auf eine mit Kammern versehene und sich langsam drehende Speisewalze a und aus dieser auf die rasch laufenden Schleuderräder b; die Schaufeln der letzteren werfen die Kohle in den Feuerraum. Die gleichmäßige Vertheilung der Kohle über den Rost wird aber durch eine, vor den Schaufelrädern beweglich angebrachte, um eine wagerechte Achse verstellbare Klappe c herbeigeführt; je nachdem diese Klappe die Kohlenstücke ungehindert vorbeifliegen läßt oder infolge einer mehr oder weniger geneigten Stellung ein Anprallen derselben veranlaßt, wird auch die

Kohle entweder bis zum Ende des Rostes gelangen oder näher der Feuerthür zum Niederfallen kommen. Die regelmäßige Verstellung der Klappe hat daher die gleichmäßige Vertheilung der Kohle über den Rost zur Folge.

Alle erforderlichen Bewegungen werden von einer durch Maschinenkraft angetriebenen Welle veranlaßt. Die Menge des zuzuführenden Brennmateriales wird durch die Geschwindigkeit der Speisewalze, welche in ziemlich weiten Grenzen verändert werden kann, geregelt. Unterhalb der Zuführungsvorrichtung befindliche Feuerthüren ermöglichen das Anzünden des Feuers, sowie das Schüren und Abschlacken des Rostes.

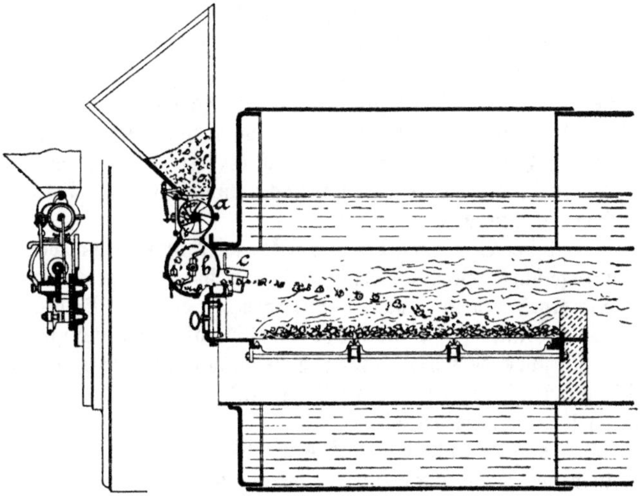

Fig. 20.

Die Leach'sche Feuerungseinrichtung hat sich sehr gut bewährt; die Verbrennung erfolgt stets mit einem mäßigen Luftüberschuß und bleibt eine rauchfreie. Bei stark backender Kohle versagt allerdings die Einrichtung. Sie ist bereits bei einer großen Anzahl von Kesseln mit Erfolg angewendet worden.

Der Leach'schen ähnlich ist die Ruppert'sche Feuerungseinrichtung, welche von der Maschinenfabrik Germania in Chemnitz ausgeführt wird und sich ebenfalls gut bewährt hat.

Die mittelst einer Speisewalze zugeführte, klare Kohle wird hier von einer Wurfschaufel erfaßt, welche mit Hülfe einer eigenthümlichen Vorrichtung in eine, mit sich stetig ändernder Geschwindigkeit vollziehende Umdrehung versetzt wird; je nach der Geschwindigkeit der Wurfschaufel wird die Kohle mehr oder weniger weit fortgeschleudert und hierdurch eine gleichmäßige Vertheilung der letzteren über die Rostfläche erzielt. Die ganze Vorrichtung ruht auf einem Wagen und wird an den Kessel geschoben; wird sie entfernt, so kann die Feuerung auch als gewöhnliche Planrostfeuerung betrieben werden.

Die Aufgabe, dem Planrost das frische Brennmaterial ununterbrochen von unten zuzuführen, hat der Engländer Smith gelöst.

Bei der von diesem Erfinder erdachten Einrichtung, wohl auch Helix- oder Schnecken-Rost genannt, befindet sich vor der Feuerung ein Behälter, in welchen das zerkleinerte Brennmaterial geworfen wird; aus dem Behälter fällt es in einen querliegenden Trog, an welchen sich drei unter dem Rost entlang geführte Röhren schließen. In jeder dieser Röhren, welche nahezu so lang, wie der Rost, sind, bewegt sich langsam eine nach vorn etwas schwächer werdende Schnecke oder Schraube. Mit ihrer oberen Kante liegen die Röhren in der Ebene der Rostfläche und sind hier offen, d. h. mit einem langen Schlitz versehen.

Durch die Bewegung der Schnecken wird nun sowohl das denselben zugeführte Brennmaterial in den Röhren fortgeschoben, als auch emporgehoben und somit ununterbrochen aus den Schlitzen auf den Rost gedrückt. Die Roststäbe erhalten aber eine langsam auf und ab schwingende Bewegung, durch welche das frische Brennmaterial gleichmäßiger über den Rost vertheilt und die Brennmaterialschicht zugleich lockerer gehalten wird.

Das hintere Ende des Rostes ist als Kipprost hergestellt, vermittelst dessen die Schlacke entfernt werden kann.

Auch die Smith'sche Feuerungseinrichtung hat sich ziemlich gut bewährt; für backende und schlackende Kohle eignet sie sich indessen nicht. Zu zahlreichen Ausführungen ist sie in Deutschland nicht gekommen.

Der ununterbrochenen Brennmaterialzuführung zum vorderen Ende des Planrostes unter Benutzung der vorgehenden Flamme ist in England ebenfalls viel Aufmerksamkeit zugewendet worden.

Die älteste Einrichtung dieser Art ist unter dem Namen des Juckes'schen Kettenrostes bekannt. Der Rost ist hier aus einzelnen, an den Enden durch Gelenkbolzen miteinander verbundenen Stäben zusammengesetzt und bildet eine endlose, über zwei wagerechte Trommeln laufende Kette, welche durch Maschinenkraft langsam bewegt wird. Das frische Brennmaterial fällt aus einem Trichter vorn auf den Rost herab, wird mit dem Rost in den Feuerraum geführt, verbrennt und soll an der Feuerbrücke als Asche und Schlacke anlangen.

Die Schwierigkeit, die Verbrennung und die Bewegung des Rostes stets in Einklang zu bringen, und die rasche Zerstörung des Rostes waren die Klippen, an welchen der Erfolg der Einrichtung scheiterte.

Etwas günstigere Erfahrungen machte man mit Einrichtungen, bei welchen das Brennmaterial auf den Rost geschoben wird, und dieser für ein Fortschreiten desselben sorgt. Alle Einrichtungen dieser Art haben das Gemeinsame, daß die frische Kohle aus einem Trichter in ein Gehäuse herabfällt, in welchem sich Kolben oder Schieber hin und her bewegen; die Kolben schieben nun das Brennmaterial vor sich her und auf den Rost herab. Die der Feuerthür zunächst gelegenen Enden der Roststäbe werden aber durch eine vielfach gekröpfte Welle oder eine Anzahl Excenter erfaßt und im Kreise bewegt, während die hinteren Rostsabenden auf dem Rostträger hin und her gleiten. Die Roststäbe nehmen demnach eine schwingende Bewegung an. Da indessen immer die benachbarten Roststäbe nicht gleichzeitig schwingen, sondern hierin einander vorauseilen, so wird nicht nur die Brennmaterialschicht beständig aufgelockert, sondern auch ein Wandern des Brennmateriales nach der Feuerbrücke zu veranlaßt, wo sich schließlich die Schlacke ansammelt und vermittelst eines Kipprostes nach unten entfernt werden kann.

Auch diese Einrichtungen ergeben bei nicht backender Kohle eine ziemlich rauchfreie Verbrennung; doch fällt viel Brennmaterial durch die Rostspalten und geht verloren. In Deutschland sind sie nicht heimisch geworden.

Die ununterbrochene Brennmaterialzuführung zum vorderen Rostende, aber unter Benutzung der rückkehrenden Flamme dient der von Tenbrink erdachten vorzüglichen Feuerungseinrichtung als Grundlage; doch bedarf es hier zur Zuführung des Brennmateriales keiner mechanischen Vorrichtung, da lediglich die Schwere des Brennmateriales als befördernde Kraft thätig ist.

Die erste, 1857 von Tenbrink angegebene Einrichtung benutzte die rückkehrende Flamme noch nicht. Erst bei seiner Lokomotivfeuerung vom Jahre 1860 fügte er diese Art der Flammenführung hinzu; an Stelle des bei Adam über dem Rost schwebenden, geneigten Gewölbes ordnete er einen doppelwandigen Körper an, welcher mit dem Wasserraum des Kessels in Verbindung stand.

Die in Figur 21 dargestellte Form der Feuerung ist die von

Tenbrink im Jahre 1870 für feststehende Dampfkessel erfundene und heutigen Tages noch übliche.

Unter dem Dampfkessel oder dessen Hauptheil liegt ein wagerechter, kurzer Cylinderkessel, in welchen ein oder zwei schrägliegende Flammenrohre eingebaut sind; in jedem Flammenrohr ist ein geneigter Planrost *a* angeordnet. Das Brennmaterial wird in den Schüttkasten *b* gebracht und rutscht aus diesem über die Schürplatte *c* hinweg auf den Rost; die Dicke der Schicht kann durch die Verengerung oder Erweiterung des Schüttkastens, dessen mittlere Platte verstellbar ist, verändert werden. Die Neigung des Rostes und des Flammenrohres muß nun so gewählt werden, daß das Brennmaterial immer

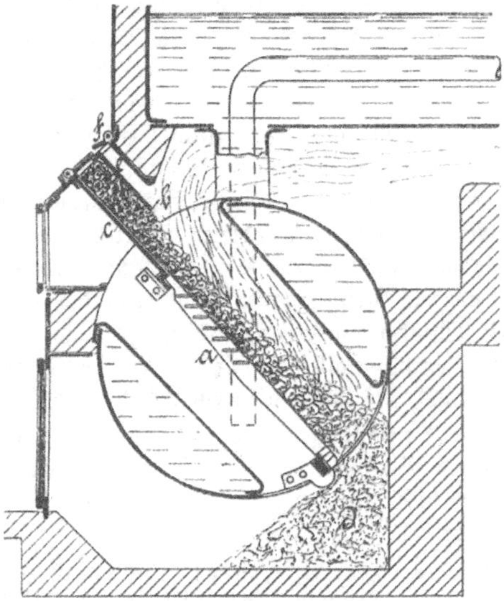

Fig. 21.

in gleicher Schichtstärke den Rost zu bedecken sucht und dabei selbstthätig nachrutscht; der Winkel zwischen der Rostfläche und der Wagerechten beträgt nahezu 45 °. Die sich am Fuße des Rostes ansammelnde Asche und Schlacke *d*, welche niemals ganz entfernt wird, verschließt die untere Oeffnung des Flammenrohres und verhindert das Eindringen kalter Luft in das letztere.

Den auf der Schürplatte aus dem frischen Brennmaterial sich entwickelnden Gasen wird nun durch den Kanal *e* die zu ihrer Verbrennung erforderliche sekundäre Luft zugeführt; die Menge dieser

Luft, welche nicht größer sein soll, als zur Verbrennung der entwickelten Gase nothwendig ist, kann durch die einstellbare Klappe *f* geregelt werden.

Die von unten kommende Flamme stößt bei ihrem Austritt aus den Flammenrohren mit dem, auf dem oberen Theil des Rostes gebildeten Gas- und Luftgemisch zusammen und bewirkt dessen Entzündung und Verbrennung.

Um den Luftzutritt durch die Klappe *f* auf das richtige Maß zu bringen, wendet man folgendes einfache Mittel an: Man schließt die Klappe zunächst vollständig; sofort wird der Schornstein rauchen. Die Klappe wird hierauf nach und nach geöffnet; sowie das Rauchen des Schornsteins aufhört, hat auch die Luftzuführung das richtige Maß erreicht, und wird nunmehr die Klappe in dieser Lage festgestellt.

Es ist endlich zu erwähnen, daß der Querkessel, um den in demselben gebildeten Dampf abzuführen, an seinem höchsten Punkt mit dem Hauptkessel durch Rohre oder Stutzen verbunden werden muß; ein schwächeres, im tiefsten Punkt des Querkessels mündendes Rohr führt demselben frisches Wasser aus dem Hauptkessel zu und veranlaßt einen ziemlich lebhaften Umlauf der Wassermasse.

Auch diese Einrichtung giebt bei leichter Bedienung eine rauchfreie und sehr gute Verbrennung mit mäßigem Luftüberschusse; als Vortheile sind noch hervorzuheben, daß mit der Anbringung der Einrichtung zugleich eine Vermehrung der Heizfläche eintritt, und daß von der strahlenden Wärme des Feuers, wie bei allen Innenfeuerungen, verhältnißmäßig nur wenig verloren geht. Bei stark backender und schlackender Kohle versagt sie aber den Dienst, weil dann das regelmäßige Rutschen des Brennmaterials aufhört.

Der außergewöhnliche Erfolg der Tenbrinkfeuerung gab den Anstoß zu ähnlichen, auf demselben Grundgedanken beruhenden Einrichtungen. Kuhn umging den theueren, mit Feuerrohren versehenen Cylinderkessel und erzielte die rückkehrende Flamme dadurch, daß er dem Tenbrinkrost gegenüber einen cylindrischen, mit Wasser gefüllten Kesseltheil anordnete. Andere verzichteten auf die Zuhülfenahme von Kesseltheilen ganz und setzten an deren Stelle ein aus feuerfesten Steinen hergestelltes Mauerwerk. Doch machte sich im letzteren Falle, besonders bei Verwendung von Steinkohle, der Nachtheil geltend, daß eine beträchtliche Steigerung der Temperatur im Feuerraum, infolgedessen aber eine vermehrte Schlackenbildung und eine raschere Zerstörung des Rostes eintraten.

Die Tenbrinkfeuerung ist nun auch für die Verwendung klarer Brennmaterialien nutzbar gemacht worden. Dr. Bunte und Oberingenieur Gyßling in München führten eine Feuerung ein, welche einen Treppenrost besitzt und unter dem Namen des Münchener Stufenrostes bekannt geworden ist; ihre Gestalt geht aus Figur 22 hervor, welche einer Erläuterung nicht bedarf. Bemerkenswerth ist die Stellung der Roststäbe; die verschiedene Neigung der letzteren gewährt den Vortheil, daß der Heizer von seinem Stand aus zugleich in alle Rostspalten blicken kann.

Der Münchener Stufenrost wird vielfach und mit großem Erfolge in Bayern benutzt.

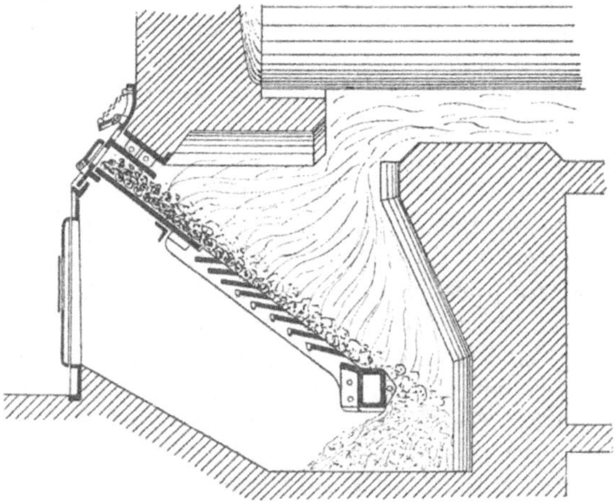

Fig. 22.

Eine der Smith'schen verwandte Feuerungseinrichtung ist der Schultz'sche Schneckenrost, welchen Figur 23 (nächste Seite) darstellt; Schultz führt dem vorderen Theile des Planrostes das Brennmaterial ununterbrochen von unten zu und benutzt die einhüllende Flamme.

Der Rost ist nicht ganz eben; im vorderen Theil besitzt er eine muldenartige Vertiefung. Die Brustplatte ist mit einem oder zwei rohrartigen Gehäusen versehen, in welchen sich je eine Schraube *a* bewegt, die von einer stehenden Welle *b* unter Beihülfe einer Schnecke und eines Schneckenrades in langsame Umdrehung versetzt wird. Auf dem Gehäuse der Schrauben befindet sich je ein Trichter *c*, in welchen das Brennmaterial geworfen wird; die Schrauben befördern dasselbe aus dem Trichter und dem Gehäuse heraus in die Vertiefung und auf den Rost, auf welchem sich ein kegelförmiger Berg von Kohlen bildet. Die Verbrennung wird geregelt durch die Veränderung der Geschwindigkeit der Schraube, beziehungsweise durch die Verschiebung des auf einem Konus laufenden Antriebriemens des Schneckenvorgeleges.

Die im Inneren des Kohlenberges sich entwickelnden Gase müssen nun ihren Weg durch die äußeren, in lebhaftester Gluth befindlichen Kohlenschichten nehmen und werden dabei entzündet und verbrannt. Eine besondere Luftzuführung findet nicht statt, da die durch die Rostspalten eindringende Luft sich zur Verbrennung der Gase als ausreichend erweist.

Zwei seitlich von der Zuführvorrichtung angebrachte Thüren ermöglichen es dem Heizer, die Ausbreitung der Kohle über die Rostfläche mit dem Schüreisen zu unterstützen, sowie auch das Schüren und Abschlacken vorzunehmen. Zu dem Zwecke der Schlackenentfernung ist am hinteren Ende des Rostes wieder ein sogenannter Kipp- oder Schlackenrost *d* angebracht, nach dessen Oeffnung die nach dort geschobene Schlacke von selbst herabstürzt.

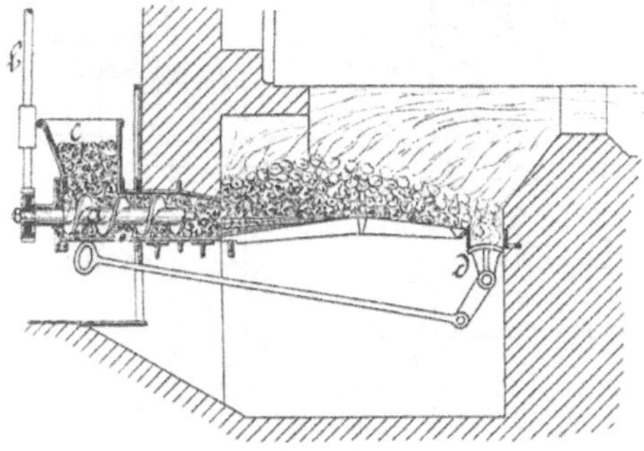

Fig. 23.

Auch die Schultz'sche Feuerung ergiebt für magere Steinkohle eine gute, rauchfreie Verbrennung; doch muß der Heizer etwas nachhelfen, damit die hinteren Ecken des Rostes nicht leer werden und kalte Luft einlassen.

Bei backender Kohle schmilzt allerdings der Kohlenberg zu einem großen, der Luft den Zugang verwehrenden Klumpen zusammen, welcher vom Heizer aufgelockert und zertheilt werden muß; es kommen dann unvergaste Kohlentheile an die Oberfläche, und die Feuerung fängt an zu rauchen.

Wenn ferner bei unregelmäßigem Dampfverbrauch die Verbrennung in starkem Maße beschleunigt werden muß, so fehlt es für die Entgasung des frischen Brennmateriales an Zeit, und ist der Rauch ebenfalls nicht zu vermeiden.

Wird endlich dem Rost nicht etwas mehr Abstand vom Kessel gegeben, als bei dem gewöhnlichen Planrost geschieht, so erfahren die Feuerplatten leicht Beschädigungen durch die sich bildenden, sehr heißen Stichflammen.

Der gleiche Grundgedanke, die sich aus dem frischen, dem vorderen Rostende zugeführten Brennmaterial entwickelnden Gase dadurch zur Verbrennung zu bringen, daß man sie durch glühende Brennmaterialschichten führt, wird auch bei der Donneley'schen (sprich Donnleh) Feuerung verfolgt; bei derselben wird die ununterbrochene Zuführung des frischen Brennmateriales wieder durch die Schwere desselben bewirkt. Die Einrichtung ist in Figur 24 dargestellt.

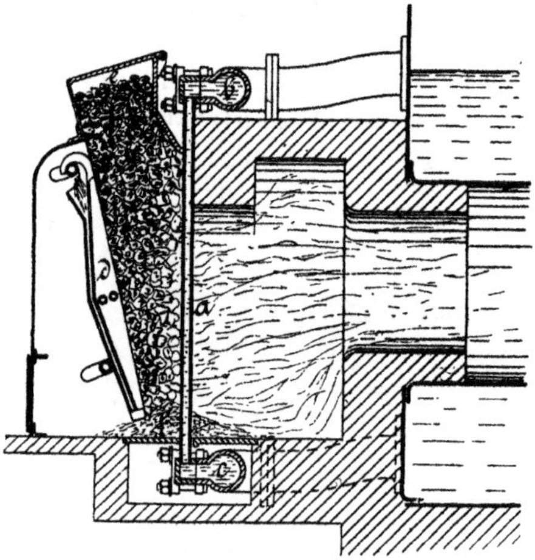

Fig. 24.

Vor dem Kessel befindet sich eine Reihe senkrechter Röhren *a*, welche zwischen sich nur schmale Spalten lassen; die Röhren münden mit ihrem oberen und unteren Ende paarweise in Köpfe, welche an den wagerechten Sammelrohren *b* und *c* befestigt sind. Das Rohr *b* steht durch ein Rohr, welches in der Höhe der Wasserlinie des Kessels mündet, mit dem letzteren in Verbindung; das Rohr *c* ist durch ein oder zwei Rohre mit dem unteren Theile des Kessels verbunden. Oft sind auch zwischen den Rohren *b* und *c* noch seitliche Verbindungsrohre angebracht. Dem Röhrenrost *a* gegenüber liegt ein nahezu senkrechter Planrost *d*. Der schachtförmige Raum zwischen dem Röhrenrost und dem Planrost nimmt das Brennmaterial auf; in den Schüttkasten *e* wird das frische Brennmaterial geworfen.

In der Hauptsache wird nun die Verbrennung geregelt durch die Veränderung des Zuges; doch kann auch die Weite des Raumes zwischen Röhrenrost und Planrost verstellt und damit die Dicke der Brennmaterialschicht verändert werden. Die aus dem frischen, im oberen Theil des Schachtes befindlichen Brennmaterial sich entwickelnden Gase nehmen ihren Weg nach unten und kommen mit dem lebhaft brennenden Brennmaterial in Berührung, infolgedessen sie sicher entzündet und verbrannt werden; die zu ihrer Verbrennung erforderliche Luft wird durch die Rostspalten in genügender Menge zugeführt. In demselben Maße, wie die Verbrennung fortschreitet, fällt von oben frisches Brennmaterial nach; unten aber sammelt sich die Asche und Schlacke *f* an, welche von Zeit zu Zeit entfernt werden muß.

Die Donneley-Feuerung hat sich ebenfalls gut bewährt; sie liefert bei wenig Mühe und keine besondere Geschicklichkeit erfordernder Bedienung eine rauchfreie und gute Verbrennung mit mäßigem Luftüberschuß und bringt zugleich eine recht angenehme Vermehrung der Kesselheizfläche und der Verdampfung mit sich. Für die alleinige Verwendung stark backender und schlackender Kohle ist sie indessen nicht geeignet, weil dann die Kohle hängen bleibt, Hohlräume bildet, und bei dem Nachstoßen seitens des Heizers die Feuerung schließlich auch raucht. Weitere Nachtheile sind der große Raumbedarf und das öftere Schadhaftwerden der Röhren bei nicht ganz reinem Wasser.

Der Vollständigkeit wegen ist endlich der Einrichtung des Franzosen Duméry zu gedenken, welcher den Planrost nach der Mitte zu ansteigend herstellte und das aus seitlichen Schächten herabrutschende Brennmaterial durch je eine am Fuß des Schachtes hin und her schwingende Klappe von der Seite her auf den Rost und unter die alte Brennmaterialschicht drückte. Zu einer allgemeineren Verwendung gelangte diese Feuerungseinrichtung indessen nicht.

c. Die Gasfeuerungen.

Bedarf es zur rauchfreien Verbrennung des stückförmigen Brennmateriales, wie die zuletzt besprochenen Feuerungseinrichtungen zeigten, recht sinnreicher Einrichtungen, so ist es dagegen einfach und leicht, gasförmige Brennmaterialien oder, kurzgesagt, Gase ohne Rauch zu verbrennen.

Das in den Leuchtgasfabriken durch Destillation der Kohle in Retorten erzeugte Gas wäre freilich für die Beheizung von Dampfkesseln zu theuer; es kann indessen ein billiges und geeignetes Gas auf folgende Weise erhalten werden:

In einem schachtförmigen, mit einem Planrost oder Treppenrost versehenen Ofen, der Generator (Gaserzeuger) genannt wird, entzündet man zunächst in gewöhnlicher Weise ein Feuer, schichtet hierauf die Kohle ungewöhnlich hoch auf dasselbe und unterhält diesen Zustand beständig. Die Flamme erstickt natürlich; die Verbrennung hört aber nicht auf. In unmittelbarer Nähe des Rostes verbrennt zwar das Brennmaterial unter Luftüberschuß noch zu Kohlensäure; dieselbe wandelt sich aber, wie bereits Seite 29 und 30 erläutert wurde, bei ihrer Berührung mit dem glühenden Brennmaterial wieder ziemlich vollständig in Kohlenoxydgas um. Die in der untersten Schicht entwickelte Wärme dient nun ausschließlich dazu, das in den höheren Schichten befindliche, kalte Brennmaterial zu erwärmen und

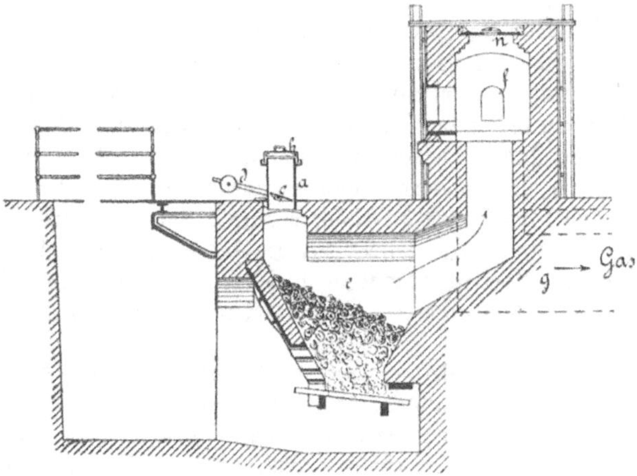

Fig. 25.

zu entgasen, wobei sich, wie auf Seite 28 gezeigt wurde, neben Wasserstoff und Kohlenoxydgas eine Menge brennbare Gase und Dämpfe, sogenannte Kohlenwasserstoffe entwickeln. Der Generator erzeugt also ein Gemisch von Wasserstoff, Kohlenoxydgas und Kohlenwasserstoffen, also lauter brennbaren Gasen, welchen allerdings der in der zugeführten Luft enthaltene Stickstoff und etwas Wasserdampf beigemengt sind.

In Figur 25*) ist ein solcher Generator, deren meistens mehrere in einer Reihe liegen, dargestellt.

Die frische Kohle wird in den Fülltrichter *a* geworfen, dessen

*) Nach Zeichnungen des Herrn Civilingenieur R. Schneider in Dresden.

Deckel *b* für gewöhnlich in einen mit Wasser gefüllten Ring eintaucht und hierdurch dicht abgeschlossen ist; nach der Füllung des Trichters dreht man die Klappe *c* mittelst des Hebels *d* herum, worauf die Kohle herab in den Generator *e* stürzt. Das entwickelte Gas steigt nach dem Sammelkanal *f* empor; von hier wird es durch den Gaskanal *g* nach den Verbrauchsorten geleitet.

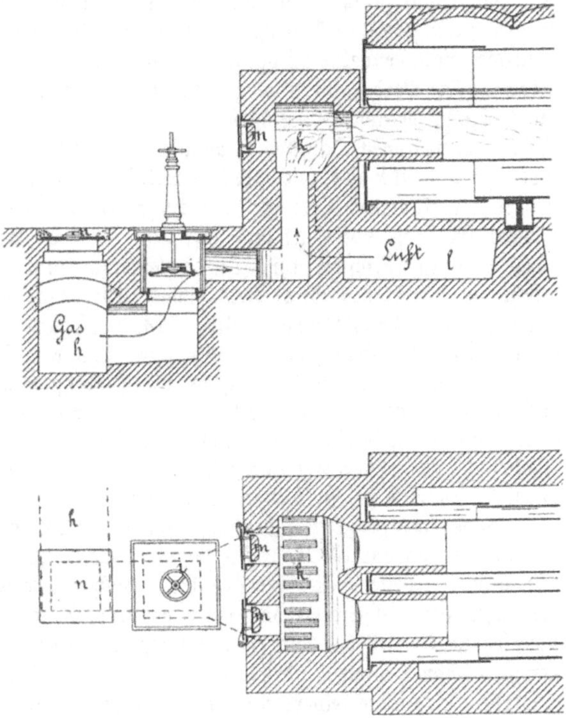

Fig. 26 und 27.

Die Asche und Schlacke kann leicht von dem am Fuß des Generatorschachtes befindlichen, aus Quadrateisenstäben hergestellten Schlackenrost entfernt werden.

Es liegt auf der Hand, daß der Gang der Vergasung gestört wird, wenn stark backende Kohle Verwendung findet; dieselbe bäckt zu zähen Klumpen zusammen, und die Gasentwickelung hört schließlich auf.

Wie weiter die Figuren 26 und 27, Aufriß und Grundriß*)

*) Nach Zeichnungen des Herrn Civilingenieur R. Schneider in Dresden.

darstellen, liegt vor den Dampfkesseln ein Vertheilungskanal *h*; von diesem Kanal strömt das Gas, falls ihm dies nicht durch das Absperrventil *i* verwehrt wird, in die vor oder unter dem Kessel gelegene Verbrennungskammer *k*, in welche es durch eine Anzahl schmale Kanäle eintritt. Zwischen diesen Kanälen liegen andere, etwas längere Kanäle, welche die durch den Luftzuführungskanal *l* zugeleitete Luft einlassen.

Die Gasströme mischen sich nun mit den Luftströmen und verbrennen bei geringem Luftüberschuß mit hoher Temperatur und langer, in die Flammenrohre schlagender Flamme ohne jede Rauchentwickelung. Die Verbrennung wird geregelt durch das Gasventil und den im Fuchs befindlichen Schieber.

Es ist hinzuzufügen, daß das Ingangsetzen des Generators beträchtliche Zeit und überdies, wie auch das Entzünden der Flamme in der Verbrennungskammer, ziemliche Vorsicht erfordert, da sich leicht explodirbare Gemische von Gas und Luft bilden, deren Explosion erheblichen Schaden anrichten kann. In den Gaskanälen muß daher, damit nicht Luft eingesogen wird, stets etwas Ueberdruck herrschen, bei der Entzündung der Flamme, welche durch die Thüre *m* vorgenommen wird, ist aber stets zuerst die Luft und dann das Gas einzulassen. Zur Sicherheit sind übrigens die Hauptgaskanäle mit Sicherheitsdeckeln *n* versehen, welche lose aufliegen, mit Sand abgedichtet sind und im Falle einer Explosion sich abheben.

Mehrfach sind größere Dampfkesselanlagen mit derartigen Gasfeuerungen in Betrieb gesetzt worden und haben sich gut bewährt. Der hohe Preis und große Raumbedarf, sowie der Umstand, daß sich die Gasfeuerung nur für Fabriken eignet, welche ohne Pausen, Tag und Nacht, arbeiten, sind indessen die Ursachen gewesen, daß diese Einrichtungen, abgesehen von einer größeren Anzahl in den Hüttenwerken im Betrieb befindlichen Dampfkesseln, unter welchen die aus den Hochöfen entweichenden, noch brennbaren Gase verbrannt werden, eine allgemeinere Anwendung nicht gefunden haben.

Es sind nun auch Gasfeuerungen hergestellt worden, bei welchen jeder Kessel seinen eigenen Generator besitzt, und dieser unmittelbar unter dem Kessel liegt; die Wärmeverluste werden hierdurch nicht unwesentlich herabgezogen. Da aber die Ingangsetzung und Bedienung dieser Einrichtungen mehr Zeit und Sorgfalt erfordern, als die der gewöhnlichen, rauchfreien Feuerungen, die letzteren in ihrer Wirkung den Gasfeuerungen auch kaum nachstehen, so sind sie wieder verlassen worden.

Es würden endlich die Feuerungseinrichtungen, welche zerstäubte, flüssige Brennstoffe (Erdölrückstände) oder in den Feuerraum geblasenen oder gestreuten Kohlenstaub als Brennmaterial verwenden, zu erwähnen sein; da indessen die Bedeutung derselben eine untergeordnete geblieben ist, so soll auf ihre Besprechung verzichtet werden.

B. Die Feuerzüge.

Die im Feuerraum gebildeten Heizgase geben je nach der Lage desselben zum Kessel schon hier einen beträchtlichen Theil ihrer Wärme durch Strahlung an den Kessel ab; sie treten hierauf in die Feuerzüge, werden ein oder mehrere Male an den Kesselwandungen entlang geführt und schließlich, nachdem ihnen auch durch Leitung möglichst viel Wärme entzogen worden ist, in den Schornstein geleitet.

Die Züge bieten entweder den Heizgasen, wie das Flammenrohr eines Flammenrohrkessels, eine einzige Durchgangsöffnung dar; oder sie sind, wie bei den Heizröhrenkesseln, in eine größere Anzahl kleinere Kanäle getheilt. Immer sollen die Züge aber, wie Seite 51 erläutert wurde, einen genügend großen Querschnitt besitzen, damit die Geschwindigkeit der Heizgase eine mäßige bleibt.

Aber auch aus anderen Gründen sind zu enge Züge zu vermeiden.

Bei größeren Kesseln müssen die Züge genügend weit hergestellt werden, damit der Heizer sie befahren und sich von dem guten Zustande des Kessels und der Züge überzeugen kann; unter 40 cm weite Züge sind aber nicht mehr befahrbar.

Weiter setzt sich im Betrieb auf den Kesselwandungen sehr bald eine Rußkruste an, und lagert sich in den Zügen an geeigneten Stellen Flugasche ab; sowohl der Ruß wie die Flugasche sind schlechte Wärmeleiter, welche der Wärmeabgabe der Heizgase an die Kesselwandungen hinderlich sind. Verengt oder verstopft sich aber ein Feuerzug durch Ruß und Flugasche, so wird auch die Bewegung der Heizgase in den Zügen gestört; es fehlt bald an der zur Verbrennung nöthigen Luft, und die Verbrennung wird mangelhaft. Der Kessel und die Züge müssen daher von Zeit zu Zeit gründlich gereinigt werden. Damit nun Ruß und Flugasche bequem beseitigt werden können, und eine Verengung oder Verstopfung der Züge nicht so rasch eintritt, dürfen die Züge ebenfalls nicht zu eng sein.

Hiernach sind die Seitenzüge eines eingemauerten Kessels an ihrer schmalsten Stelle, also in der Höhe der Kesselmitte bei *a* (siehe Figur 28), niemals enger, als 12 cm zu machen. Um ferner Raum für die Ablagerung der Flugasche zu gewinnen, empfiehlt es sich, die Sohle der Seitenkanäle in der aus Figur 28 ersichtlichen Weise zu vertiefen.

In engen Zügen wird endlich die Geschwindigkeit der Heizgase eine größere; dann stellt sich aber der Bewegung der Gase ein größerer Widerstand durch Reibung entgegen, und kann hierdurch die Luftzuführung ebenfalls leicht nachtheilig beeinflußt werden.

Andererseits sind auch übermäßig weite Züge zu verwerfen. Obgleich bei diesen die Geschwindigkeit der Heizgase in den Zügen eine langsame ist, und die Heizgase längere Zeit mit dem Kessel in Berührung bleiben, kommen doch zu wenige Theilchen des breiten Heizgasstromes mit der Kesselwandung in Berührung; die Wärmeabgabe verzögert sich. Ueberdies wird bei den Seitenzügen an das weit mehr Oberfläche darbietende Mauerwerk des Zuges sehr viel Wärme abgegeben, welche von diesem zum Theil nach außen geleitet und ausgestrahlt wird, hierdurch aber verloren geht.

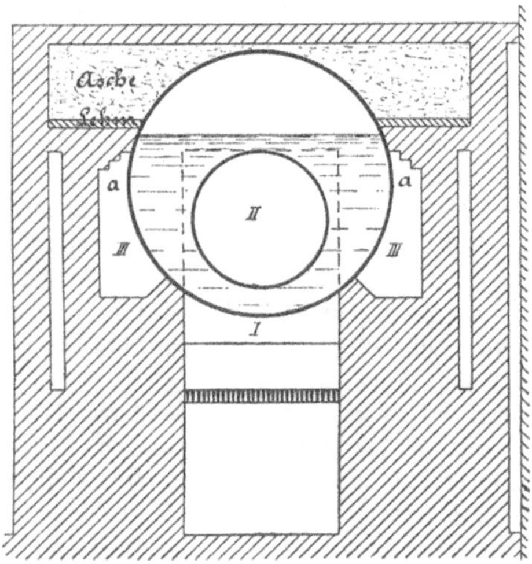

Fig. 28.

Die Erfahrung lehrt nun, daß die Feuerzüge zweckmäßig bemessen sind, wenn dieselben mindestens denselben Querschnitt besitzen, wie ein der Anlage angemessener Schornstein an seiner Mündung; den gleichen Querschnitt muß natürlich auch ein Zug aufweisen, welcher entweder durch ein oder zwei Flammenrohre oder eine größere Anzahl von Heizröhren gebildet wird. Ueber den erforderlichen Querschnitt des Schornsteines an seiner Mündung sollen Angaben bei Besprechung des letzteren folgen.

Da die Heizgase im heißesten Zustande einen wesentlich größeren Raum einnehmen, als in dem abgekühlten Zustande, in welchem sie in den Schornstein treten, so würde die Geschwindigkeit in den ersten Zügen, wenn alle Züge einen gleich großen Querschnitt besitzen, eine wesentlich größere sein, als in dem letzten Zuge; um dieselbe zu einer in allen Zügen nahezu gleichen zu machen, empfiehlt v. Reiche bei

Anwendung dreier Züge, wie dieselbe bei eingemauerten Kesseln meistens gebräuchlich ist, den drei Zügen, vom Rost ab gerechnet, ein Querschnittsverhältniß von 6 : 5 : 4 zu geben, wobei dann der letzte Zug wieder, wie oben bemerkt, den Schornsteinquerschnitt erhält.

Dieser letztere Querschnitt soll übrigens auch immer an der Feuerbrücke vorhanden sein; bei Flammenrohrkesseln mit Innenfeuerung ist dies allerdings nicht zu erreichen, und muß man sich dann mit einem etwas geringeren Querschnitt begnügen.

Die Höhe, bis zu welcher die Seitenzüge an dem Kessel heraufreichen, sowie auch die Lage der höchsten Punkte der von Kesselwandungen gebildeten Feuerzüge (Flammenrohr, Heizrohre, Feuerbüchse) haben sich nach der Linie des für den Kessel festgesetzten tiefsten Wasserstandes zu richten. Damit nämlich der Kessel nicht beschädigt wird, müssen die höchsten Stellen der äußerlich von den Flammen und den hocherhitzten Feuergasen berührten Kesselwandungen innerhalb des Kessels reichlich mit Wasser bedeckt sein; ein Herantreten der Feuergase an die innerlich vom Dampf berührten Kesselwandungen ist nur in besonderen Fällen statthaft.

Der senkrechte Abstand zwischen den höchsten Punkten der Feuerzüge und dem festgesetzten tiefsten Wasserstande soll nun nach gesetzlicher Vorschrift immer mindestens 10 cm betragen (vergleiche hierzu § 2 der allgemeinen polizeilichen Bestimmungen des Bundesrates über die Anlegung von Dampfkesseln vom 5. August 1890 im letzten Abschnitt). Daß diese wichtige und nothwendige Bestimmung erfüllt ist, darüber hat der staatliche Aufsichtsbeamte zu wachen, welcher, ehe der Kessel in Betrieb gesetzt werden darf, die Höhe der Feuerzüge und die an dem Kessel angebrachte Marke des tiefsten Wasserstandes nachmißt und kontrollirt. Damit dies möglich ist, sind, nebenbei bemerkt, in der Abdeckung der Seitenzüge eingemauerter Kessel einige Oeffnungen zu lassen, welche nach geschehener Nachmessung wieder zugesetzt werden. In welcher Höhe aber die Linie des tiefsten zulässigen Wasserstandes im Kessel anzunehmen ist, darüber wird der nächste Abschnitt Aufschluß geben.

Die Berührung der Feuergase mit Kesselwandungen, welche innerlich nicht vom Wasser, sondern vom Dampf berührt werden, ist gesetzlich nur zulässig bei Kesseln, welche aus Sieberöhren von weniger als 10 cm Weite bestehen, sowie bei Feuerzügen, in welchen ein Erglühen des mit dem Dampfraum in Berührung stehenden Theiles der Wandungen nicht mehr zu befürchten steht. Mit einer solchen Anordnung der Feuerzüge wird bezweckt, die gesammte Oberfläche des Kessels als Heizfläche nutzbar zu machen und insbesondere auch dem Dampf Wärme zuzuführen, damit die in dem letzteren noch schwebenden Wasserperlchen in Dampf verwandelt werden, und derselbe als ganz reiner oder, wie man sagt, trockener Dampf den Kessel verläßt.

Mit der Anwendung dieses Verfahrens bei Kesseln, welche aus engen Siederöhren bestehen, sind Gefahren nicht verbunden; bedenklicher ist dasselbe bei Kesseln mit großem Durchmesser. Eine der üblichsten Einrichtungen dieser Art ist aus Figur 29 ersichtlich; bei derselben durchziehen die auf dem Rost gebildeten Heizgase zuerst die Flammenrohre (I), bestreichen dann die untere Hälfte des Kessels in dem Zug II von hinten nach vorn und werden zuletzt im Zuge III über den Kessel hinweg nach hinten und in den Schornstein geführt. Man nennt den Zug III einen Oberzug und einen solchen Kessel einen mit einem Oberzug versehenen oder kurz Oberzugkessel.

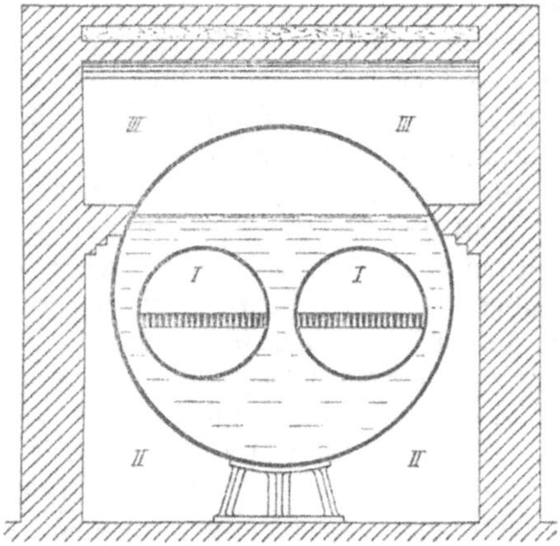

Fig. 29.

Natürlich darf ein solcher Kessel nicht durch den Betrieb beschädigt werden, was der Fall sein würde, wenn die den Dampfraum des Kessels umspülenden Feuergase zn heiß wären. Die gesetzlichen Bestimmungen gestatten eine solche Anordnung nur unter der Bedingung, daß die Heizgase erst an die innerlich vom Dampf berührten Kesselwandungen treten, wenn sie vorher eine vom Wasser berührte Heizfläche bestrichen haben, welche bei natürlichem (durch einen Schornstein erzeugten) Zug mindestens 20 mal, bei künstlichem Luftzug mindestens 40 mal so groß ist, als die Rostfläche.

Gegen den Oberzug lassen sich verschiedene Bedenken geltend machen:

Daß der Oberzugkessel nicht ungefährdet ist, beweist ein Fall, bei welchem die aus den Flammenrohren in Folge schadhaft gewordener Einmauerung unmittelbar in den Oberzug tretende Flamme den Kessel derart beschädigte, daß er explodirte.

Weiter bedeckt sich der im Oberzug gelegene Theil des Kessels im Betriebe sehr rasch mit Ruß und Flugasche, also schlechten Wärmeleitern, welche die Wärmeabgabe an den Dampfinhalt des Kessels nahezu aufheben.

Endlich nimmt das über dem Kessel befindliche, den Oberzug begrenzende Mauerwerk eine nicht unbeträchtliche Menge Wärme auf und strahlt dieselbe an die Luft des Kesselhauses aus, so daß die Heizgase, ohne den gewünschten Nutzen geleistet zu haben, kühler in den Schornstein treten, als wenn sie den Oberzug nicht durchzogen hätten.

Alle diese Umstände sprechen gegen die Anwendung des Oberzuges. Nützlich hat sich der Oberzug nur dann erwiesen, wenn in denselben Speisewasservorwärmer oder Dampfüberhitzer gelegt wurden.

Die eingemauerten, liegenden Kessel bedürfen einer sicheren Lagerung.

Kleinere und mittlere Kessel läßt man, wie aus Figur 28 ersichtlich, auf Mauerzungen ruhen, welche mindestens 15 cm breit sein müssen; größere Kessel erhalten aber auf den Kesselmantel genietete, meistens gußeiserne, starke Tragwinkel, welche sich mit breiten Flächen auf das über den Seitenzügen befindliche Mauerwerk legen. Wird der unter dem Kessel liegende Zug nicht von der Flamme oder sehr heißen Gasen durchzogen, so kann der Kessel auch auf gußeiserne Kästen gelagert werden, wie dies in Figur 29 dargestellt ist. Diese Kästen werden in Abständen von 2 bis 3 m auf die Sohle des Zuges gestellt; man darf sie aber mit dem Kessel nicht fest verbinden, damit sich der letztere noch frei ausdehnen und auf den Kästen verschieben kann.

Im Uebrigen ist bei der Lagerung eines einzumauernden Kessels zu beachten, daß man demselben eine schwache Neigung zu geben hat, damit der aus dem Wasser sich absetzende Schlamm und Kesselstein sich nicht auf denjenigen Kesselwandungen ablagern, welche äußerlich von den Flammen getroffen werden; unterläßt man dies, so brennt der Schlamm und Kesselstein auf den Feuerplatten fest, und werden die letzteren durch die Flamme leicht beschädigt. Cylinderkessel und Flammenrohrkessel mit unter dem vorderen Kesselende liegender Feuerung werden daher mit dem hinteren Ende stets etwas tiefer gelegt, damit sich der Schlamm nach hinten zieht. Hiermit erzielt man gleichzeitig den Vortheil, daß der Kessel beim Ablassen des Wassers sich vollständiger entleert. Es genügt, auf jeden Meter Kessellänge den Kessel um etwa einen Centimeter zu senken; bei kurzen Kesseln nimmt man etwas mehr Neigung und bei langen etwas weniger.

Die aus Mauerwerk hergestellten Züge müssen sehr sorgfältig mit dünnen Mörtelfugen hergestellt werden. Dicke Fugen sind zu verwerfen, weil sie im Betriebe zu Rissen Anlaß geben, durch welche Luft in die Züge strömt. Man kann sich hiervon leicht überzeugen, wenn man ein Licht an die Fugen hält; an rissigen, undichten Fugen wird die Flamme des Lichtes lebhaft eingezogen.

Die innere Schicht des ersten, von der Flamme durchzogenen Zuges ist, wie die des Feuerraumes, in feuerfesten Chamotteziegeln mit einem Mörtel aus Chamottemehl oder Thon und Sand herzustellen; zu den übrigen Zügen benutzt man gewöhnliche Ziegel, welche in mageren Lehm gesetzt werden.

Der obere Anschluß der Seitenzüge an den Kessel wurde früher oft in einem Viertelkreisbogen gewölbt; dieses Verfahren ist indessen nicht zu empfehlen, weil die Mörtelfugen im Betriebe ausbrennen, und dann leicht ein Wölbstein aus dem Bogen herausrutscht und herunterfällt, was aber gewöhnlich den Einsturz eines Theiles des Gewölbes nach sich zieht. Besser ist es, den Zug in der Weise abzuschließen, daß man die Ziegelschichten durch Ueberkragung allmählich an den Kessel heranrücken läßt, wie dies in Figur 28 ersichtlich gemacht ist.

Das Mauerwerk eines Dampfkessels nimmt mit der Zeit in Folge der häufigen Erhitzung einen größeren Raum ein, es treibt oder wächst; damit hierdurch weder der Kessel, noch die Umfassungsmauern des Kesselhauses einen Druck erfahren, verlangen die gesetzlichen Bestimmungen, daß zwischen dem Kesselgemäuer und den Umfassungswänden des Kesselhauses allseitig ein freier Zwischenraum von mindestens 8 cm verbleibt (vergleiche § 15 der allgemeinen polizeilichen Bestimmungen des Bundesrathes über die Anlegung von Dampfkesseln vom 15. August 1890 im letzten Abschnitt und Figur 28). Damit nicht Gegenstände, Handwerkszeug 2c., in diesen Zwischenraum fallen können, aus welchem sie nur mühsam wieder herauszuholen sind, deckt man den Raum oben ab.

Um das Mauerwerk zusammen zu halten, versieht man endlich größere, eingemauerte Kessel mit zahlreichen Verankerungen; d. h. man legt äußerlich auf die senkrechten Flächen des Kesselmauerwerkes eine Anzahl eiserne Schienen, welche durch in das Gemäuer gelegte Eisenanker mit einander verbunden werden.

Es ist endlich zu erwähnen, daß man die Züge einer Kesseleinmauerung seitlich oder an den Enden mit verschließbaren Oeffnungen versehen muß, um die Züge bequem von Ruß und Asche reinigen zu können; man setzt gewöhnlich gußeiserne Rahmen in das Mauerwerk und verschließt die Oeffnungen durch gußeiserne Deckel.

Damit die Wärmeverluste möglichst geringe werden, empfiehlt es sich, das seitliche Mauerwerk des Kessels mit Luftschichten zu unterbrechen, welche, da die Luft ein schlechter Wärmeleiter ist, den Durchgang der Wärme nach außen wirksam verhindern. Das den Feuerraum und die Seitenzüge einschließende Mauerwerk erhält zu diesem Zwecke, wie in Figur 28 ersichtlich, etwa 8 cm weite, geschlossene Zwischenräume; den hierdurch entstehenden, dünneren Wänden wird aber der nöthige Halt gegeben, wenn in Entfernungen von 1 bis 1,5 m beide Theile der Seitenwände durch schmale, senkrechte Mauerzungen mit einander wieder verbunden werden.

Nach oben schützt man den Kessel gegen Wärmeverluste, indem man entweder über den Kesselmantel in etwa 10 cm Abstand ein Gewölbe spannt, so daß wieder die zwischen Kessel und Gewölbe eingeschlossene Luft den Durchgang der Wärme verhindert; oder man deckt den Kessel mit einer dicken Asche- oder Sandschicht zu, welche der Sauberkeit halber mit einer Ziegelschicht abgepflastert wird. Dem Einsickern der Asche oder des Sandes in die Züge, welches durch Risse in der Zugabdeckung herbeigeführt werden könnte und neben dem Einsinken und Zusammenfallen der Abpflasterung auch ein Verstopfen der Züge nach sich ziehen würde, begegnet man aber dadurch, daß man auf die Abdeckung der Züge eine 6 bis 8 cm starke Schicht von Lehm bringt, welche des besseren Zusammenhanges wegen mit gehacktem Stroh oder Häcksel vermischt wird (siehe Figur 28).

Freiliegende Kesseltheile, wie den vorderen Boden der mit Innenfeuerung versehenen Flammenrohrkessel, die Dampfdome der Kessel, ferner die Wandungen nicht eingemauerter Kessel, wie z. B. die der Lokomotiven, muß man ebenfalls gegen Abkühlung und Wärmeverluste schützen. Man bedeckt diese Kesselflächen oft mit 3 bis 4 cm starkem Filz, über welchem man des glatten Aussehens und der längeren Haltbarkeit halber eine Holz- oder Blechverkleidung anbringt. Auch in die Form von Platten oder runden Schalen gebrachte Korkmasse, mit welcher die Kesselwandungen belegt werden, ferner Schlackenwolle, Kieselguhr, Seidenabfälle und andere Stoffe verwendet man mit Vortheil als Wärmeschutzmittel.

Ein recht schönes Aussehen und Haltbarkeit besitzen die Ueberzüge mit Wärmeschutzmasse, welche in knetbarem Zustande auf die

Kesselflächen aufgetragen werden; als solche sind zu nennen und im Handel zu haben die Leroy'sche, die Grünzweig & Hartmann'sche Masse u. a. Man rührt sie zu einem zähen Brei an, und streicht auf den womöglich etwas erwärmten Kesseltheil mit den Händen eine bis zu 1 cm starke Schicht auf, die man trocknen läßt, worauf man eine neue Schicht aufträgt und dies fortsetzt, bis die ganze Schicht mehrere cm stark ist und nun sauber abgeputzt wird*).

Auch Dampfrohre versieht man mit solchen Umhüllungen; einige Dienste leisten übrigens schon um die Rohre gewickelte Strohseile, welche mit Lehm bestrichen werden.

Bei eingemauerten, feststehenden Kesseln durchziehen die Heizgase, nachdem sie den Kessel verlassen haben, zunächst einen kurzen Kanal, welchen man den Fuchs nennt. In diesen Kanal wird in der Regel der Essenschieber eingebaut; es ist dies eine einfache, eiserne Platte, welche sich in einem eingemauerten Rahmen bewegt. Die Größe der Durchgangsöffnung des Fuchses und des Schiebers soll so groß sein, wie die eines dem Kessel angemessenen Schornsteines an seiner Mündung.

Der Schieber ist gewöhnlich an einer Kette aufgehangen, welche über einige am Dachgebälke des Kesselhauses befestigte Rollen läuft, nach dem Heizerstande vor dem Dampfkessel führt und dort mit einem der Schwere des Schiebers entsprechenden Gegengewicht belastet ist; das letztere hat den Zweck, dem Schieber das Gleichgewicht zu halten, damit derselbe in jeder Stellung von selbst stehen bleibt. Der Heizer hat stets darauf zu sehen, daß dieser Schieber leicht beweglich ist.

Durch das Heben und Senken der Schieberplatte wird die Durchgangsöffnung des Schiebers erweitert oder verengt, und kann hierdurch die Zugkraft des Schornsteines nach Belieben voll oder in vermindertem Maße zur Wirkung gebracht werden.

Die nicht eingemauerten, feststehenden Kessel werden mit dem Schornstein oft durch ein Blechrohr verbunden; man bringt dann in diesem, gewöhnlich kreisförmigen Rohre eine drehbare Klappe an, durch deren Stellung der Zug geregelt wird.

---

*) Eine gute derartige Masse erhält man nach Weinlig auf folgende Weise: „Man nehme 100 kg Thon, sumpfe ihn gehörig mit Wasser ein, gebe 100 kg feine Asche hinzu, knete sie durcheinander und vermische sie mit 1 kg Haaren (Kälber-, Kuh- oder Schweinshaare). Ist das Gemenge gut durchgearbeitet, so lasse man es stehen und mische zu dem Ganzen erst kurz vor dem Gebrauche 100 kg feinen Gyps. Das Gemisch bindet bald ab und darf deshalb höchstens 12 Stunden stehen."

C. Der Schornstein und die künstliche Zugerzeugung.

Die Heizgase treten schließlich in den Schornstein und werden von diesem in höhere Luftschichten geführt, welche die Gase mit sich nehmen. Damit die Gase Niemand lästig fallen, wird von den Baupolizei-Behörden für die Schornsteine der Dampfkessel gewöhnlich eine Mindesthöhe vorgeschrieben.

Wie Seite 56 gezeigt wurde, hängt die Zugkraft eines Schornsteines von der Menge und der Temperatur der in demselben eingeschlossenen Heizgase ab. Es könnte nun vermuthet werden, daß bei gleichem Rauminhalt des Schornsteines und bei gleicher Temperatur der Heizgase ein sehr weiter und niedriger Schornstein eben so wirksam sei, wie ein sehr enger und hoher. Ueben auch die beiden Schornsteine die erforderliche Zugkraft aus, so ist doch keiner derselben zu gebrauchen.

In dem weiten Schornstein steigen die Heizgase sehr langsam empor; die Folge ist, daß schon ein mäßiger, über die Schornsteinmündung streichender Wind den Gasen den Austritt zu verwehren und den Zug zu stören im Stande ist. Der enge und hohe Schornstein steht dagegen nicht fest genug und wird leicht vom Winde umgeworfen.

Es ist daher nothwendig, daß zwischen Höhe und Weite eines Schornsteines bestimmte Verhältnisse eingehalten werden; bei mittleren Schornsteinen soll die Höhe wenigstens 25 mal, bei außergewöhnlich großen Schornsteinen dagegen höchstens 50 mal so groß sein, als die Weite an der Mündung.

Im Uebrigen erhält man aber einen zweckmäßigen Schornstein, wenn man die Weite an der Mündung so groß nimmt, daß die Querschnittsfläche daselbst bei Steinkohlenfeuerung und einer Schornsteinhöhe von

16 bis 25 m $^1/_4$ der Rostfläche
25 „ 36 „ $^1/_5$ „ „
über 36 „ $^1/_6$ „ „

beträgt. Bei Feuerungen mit klarer Braunkohle genügt $^2/_3$ bis $^3/_4$ dieses Querschnittes.

Bei Errichtung eines neuen Schornsteines wird man immer gut thun, alle Maße etwas reichlich zu nehmen, um bei später nothwendig werdenden Betriebserweiterungen noch genug Zugkraft zu besitzen.

Werden mehrere Kessel mit einem gemeinschaftlichen Schornstein versehen, so sind die Rostflächen derselben zu addiren, und ist dann die Schornsteinmündung aus der erhaltenen Summe zu bestimmen. Gewöhnlich münden die Füchse solcher Kessel in einen gemeinschaftlichen Sammelkanal, welcher die Gase nach dem Schornstein führt; auch dieser Sammelkanal erhält einen Querschnitt, welcher dem eines aus der Summe der Rostflächen berechneten Schornsteines wenigstens gleich sein muß. Die Züge jedes einzelnen Kessels bemißt man natürlich nach dem Querschnitt des Schornsteines, welcher dem einzelnen Kessel entsprechen würde, nicht nach dem des gemeinschaftlichen Schornsteines.

Meistens erhalten die Schornsteine von unten bis oben gleiche Weite; noch besser ist es, sie unten um etwa $^1/_4$ weiter zu machen.

Der untere Theil der aus Mauerwerk hergestellten Schornsteine wird Sockel genannt und erhält gewöhnlich eine quadratische Form; seine Höhe beträgt in der Regel $^1/_4$ der gesammten Höhe. Der übrige Theil, Schaft genannt, wird entweder rund, achteckig oder auch quadratisch gestaltet.

Der runde Schaft ist der theuerste, aber beste, weil er dem Sturm am besten Widerstand leistet; der quadratische ist der billigste, aber vom Sturm am meisten gefährdeste; der achteckige hält zwischen diesen beiden die Mitte.

Der oberste Theil des Schornsteines wird meistens des gefälligeren Aussehens wegen mit einer Verstärkung, einem Kopf, versehen.

Die Mauerstärken, welche von oben nach unten zuzunehmen haben, richten sich nach der Höhe und Weite des Schornsteines und müssen so gewählt werden, daß der Schornstein eine genügende Standfestigkeit erhält. Die Ermittelung dieser Maße erfordert eingehende mathematische Kenntnisse, und ist daher von einer Besprechung derselben hier abzusehen*).

Bei schlechtem Baugrund und wenn es sich darum handelt, eine Anlage recht schnell herzustellen, fertigt man den Schornstein aus 4 bis 6 mm starkem Eisenblech an. Dieses Blechrohr wird auf ein gemauertes Fundament geschraubt und wohl auch durch Drahtseile, die von dem oberen Theile des Schornsteins schräg nach dem Erdboden herabführen und dort befestigt sind, gegen das Umstürzen gesichert.

In einem eisernen Schornstein kühlen sich natürlich die Heizgase in Folge ihrer Wärmeabgabe an die Schornsteinwand und nach außen bei der guten Wärmeleitungsfähigkeit des Eisens weit mehr ab,

---

*) Der größte Schornstein Deutschlands befindet sich auf den Königlichen Schmelzhütten zu Halsbrücke bei Freiberg; er besitzt eine Höhe von 140,0 m und an seiner oberen Mündung eine Weite von 2,5 m.

als in einem gemauerten, wodurch die Zugkraft des Schornsteines Einbuße erleidet. Dann kostet auch der eiserne Schornstein, sobald es sich nicht um eine kleinere Anlage handelt, meistens etwas mehr, als der gemauerte. Endlich zerfrißt der Rost den eisernen Schornstein ziemlich rasch, während ein gemauerter Schornstein Jahrhunderte alt wird. Aus allen diesen Gründen ist dem gemauerten Schornstein der Vorzug zu geben.

Bei gewissen Dampfkesselarten, wie den Lokomotiv-, Lokomobilkesseln und zuweilen auch den Schiffskesseln muß der Schornstein leicht und niedrig sein; solche Schornsteine sind aber nicht im Stande, auf natürliche Weise die für den Betrieb des Kessels erforderliche Zugkraft zu erzeugen. Man ist dann gezwungen, sich künstlicher Hilfsmittel zu bedienen, um die erforderliche Zugkraft zu gewinnen; es werden hierzu entweder Blaserohre, Dampfstrahlgebläse oder Ventilatoren benutzt.

Bei den Lokomotiven bedient man sich der sogenannten Blaserohreinrichtung, welche in Figur 30 (nächste Seite) dargestellt ist; bei derselben wird der von der Maschine verbrauchte Dampf für den in Frage stehenden Zweck nutzbar gemacht.

Von den beiden Dampfcylindern *a* der Maschine wird der abgehende Dampf durch je ein Rohr *b* in die dicht abgeschlossene Rauchkammer des Lokomotivkessels geführt, in welche seitlich die Heizröhren münden. Beide Rohre *b* vereinigen sich zu dem senkrechten Mundstück *c*, welches unter dem Schornstein steht, und dessen Mündung durch Heben oder Senken eines vom Führerstande aus durch Zugstangen und Hebel in Bewegung gesetzten Einsatzstückes verengt oder erweitert werden kann. Der aus dem Mundstück mit großer Geschwindigkeit ausströmende Dampfstrahl reißt nun an seinem Umfange die in der Rauchkammer befindlichen Heizgase kräftig mit sich fort und zum Schornstein hinaus, wodurch aber die in den Heizröhren befindlichen Gase nachgesogen werden, und ein sehr lebhafter Zug erzeugt wird. Je nach der Stellung des Mundstückes läßt sich die Geschwindigkeit des Dampfstrahles verstärken oder mäßigen und auf diese Weise der Zug regeln.

Die Lokomobilkessel besitzen meistens die gleiche Einrichtung; doch fehlt gewöhnlich die Stellvorrichtung am Mundstück des Blaserohres.

Zum Anfachen des Feuers während des Stillstandes der Lokomotiven benutzt man ferner eine Einrichtung, welche in gleicher Weise, wie das Blaserohr, wirkt. Ein dünnes Kupferrohr ist im unteren Theil des Schornsteines nach dessen Mitte geführt und endigt dort in einer senkrecht nach oben gerichteten Zuspitzung. Läßt man in dieses

Rohr Dampf aus dem Kessel strömen, so erzeugt der aus der Mündung des Rohres tretende Dampfstrahl ebenfalls einen ziemlich kräftigen Zug. Man nennt eine solche Einrichtung einen Bläser oder Puster.

Es sind weiter besondere, auf der Wirkung des Blaserohres beruhende Einrichtungen zu erwähnen, bei welchen ebenfalls ein Dampfstrahl zur Erzeugung eines kräftigen Zuges benutzt wird. Man verschließt dann entweder den Aschenfall dicht und bläst mittelst

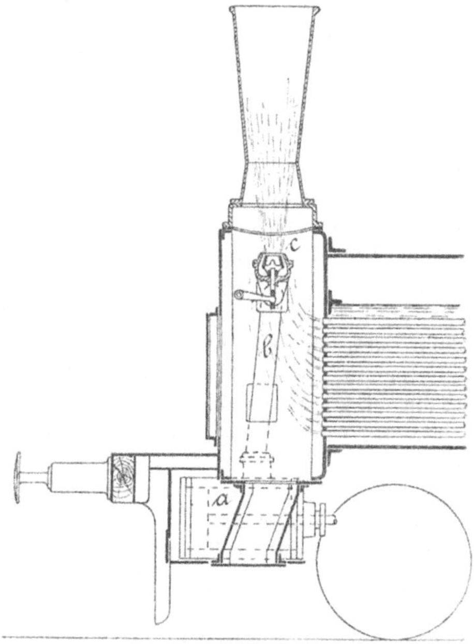

Fig. 30.

einer solchen, Dampfstrahlgebläse genannten Vorrichtung einen Luftstrom in den Aschenfall und durch den Rost; oder man stellt die Vorrichtung in den niedrigen Schornstein und läßt dieselbe die aus den Zügen kommenden Heizgase ansaugen und im Schornstein emporblasen. Solche Dampfstrahlgebläse werden vorzugsweise von der Firma Gebr. Körting in Hannover erbaut.

Bei den Schiffskesseln erzielt man auch vielfach stärkeren Zug und eine vermehrte Verbrennung und Verdampfung dadurch, daß man entweder dem dicht abgeschlossenen Kesselraum Luft zuführt, welche nunmehr mit einem gewissen Ueberdruck in die Feuerungen der Kessel dringt, oder daß man in dem Schornstein bewegte Flügelrad-Ventilatoren, welche den Zug verstärken, anbringt.

Sowohl die Dampfstrahlgebläse, welche mit frischem Kesseldampf betrieben werden, als auch die Ventilatoren, zu deren Betrieb Dampfkraft erforderlich ist, verursachen recht erhebliche Betriebskosten; für feststehende Anlagen ist daher stets ein gemauerter oder eiserner Schornstein mit natürlichem Zug, dessen Betrieb nichts kostet, und der die ausgenutzten Heizgase überdies in größere Höhen befördert, vorzuziehen.

Siebenter Abschnitt.

Die wichtigsten Bauarten der Dampfkessel.

Inhalt: Die an einen Dampfkessel zu stellenden Anforderungen: Reichliche Dampfentwickelung; gleichmäßiger Dampfdruck; Reinheit (Trockenheit) des erzeugten Dampfes; Sicherheit gegen Explosionsgefahren: rasches und billiges Anheizen; bequeme Reinigung des Kessels; mäßiges Gewicht und geringer Raumbedarf; leichte Herstellbarkeit und Billigkeit. — A. Die feststehenden Dampfkessel: 1. Der Walzen- oder Cylinderkessel. 2. Der Siederohrkessel. 3. Der Flammenrohrkessel. 4. Der Heizröhrenkessel. 5. Der zusammengesetzte Kessel. 6. Der Wasserröhrenkessel. — B. Die halbbeweglichen Dampfkessel: 1. Der Feuerbüchsenkessel mit Siederöhren. 2. Der Feuerbüchsenkessel mit Heizröhren. — C. Die beweglichen Dampfkessel: 1. Der Lokomotivkessel. 2. Der Lokomobilkessel. 3. Der Schiffskessel.

Ueberblickt man die gewaltige Menge der Dampfkessel, welche im gewerblichen Leben benutzt werden, so fällt die außerordentliche Verschiedenheit ihrer Formen auf, und doch ist der Endzweck aller dieser Einrichtungen der gleiche, Dampf zu erzeugen.

Ein Hauptunterschied in der Gestalt der Dampfkessel macht sich schon geltend, wenn man sein Augenmerk darauf richtet, ob der Kessel ein feststehender oder ein beweglicher ist; aber auch innerhalb der beiden aus diesem Gesichtspunkt sich ergebenden Hauptgruppen treten noch so grundverschiedene Formen zu Tage, daß man das Vorhandensein tiefergehender Gründe für die Vielgestaltigkeit der Kesselarten annehmen muß.

Forscht man nun diesen Gründen nach, so zeigt sich, daß die große Verschiedenheit der Form außer in den besonderen Verwendungszwecken, zu welchen die Dampfkessel bestimmt sind, in den mannigfaltigen Anforderungen, welche man sowohl an die Dampfkessel im Allgemeinen, als auch an den erzeugten Dampf stellt, ihre Ursache hat. Diese Anforderungen lassen sich in die folgenden Punkte zusammenfassen:

1. Jeder Dampfkessel soll eine recht wirksame Heizfläche

besitzen; d. h. jeder Quadratmeter der Heizfläche des Kessels soll bei guter Ausnutzung der Wärme des Brennmateriales möglichst viele kg Wasser in der Stunde zu verdampfen fähig sein. Wie bereits Seite 51 u. f. gezeigt wurde, kann die Erreichung dieses Zieles namentlich dadurch gefördert werden, daß für eine rasche Abgabe der Wärme seitens der Heizgase an die Kesselwandungen — durch Herstellung wirbelnder oder wiederholt senkrecht auf die Kesselwandungen stoßender Bewegung der Heizgase oder Theilung des Heizgasstromes in sehr viele Theile, und für eine rasche Wärmeabgabe seitens der Kesselwandungen an das Wasser — durch Herbeiführung eines kräftigen Umlaufes des letzteren Sorge getragen wird.

2. Der Kessel soll auch bei ungleichmäßigem Dampfverbrauch immer Dampf von gleich hohem Druck liefern; dies ist in erhöhtem Maße erforderlich, wenn der erzeugte Dampf zum Betriebe von Maschinen verwendet wird, da die letzteren, gleiche Leistung vorausgesetzt, bei geringerem Dampfdruck wesentlich mehr Dampf verbrauchen und unvortheilhafter arbeiten, als bei hohem Druck.

Dem Sinken des Dampfdruckes kann nun zwar bei plötzlich eintretendem, stärkeren Dampfverbrauch mit mehr oder weniger Erfolg durch Verstärkung des Feuers begegnet werden. Doch reicht dieses Mittel allein nicht aus; es muß vielmehr durch die auf Seite 15 geschilderte und als Sättigung des Dampfes bezeichnete Erscheinung unterstützt werden; ja, es wird bisweilen von diesem Vorgang in der Wirkung weit übertroffen. Je mehr nämlich ein Kessel im Verhältniß zu seiner Heizfläche Wasser enthält, um so größere Dampfmengen werden sich in demselben bei einer durch Dampfentnahme veranlaßten Druckabnahme entwickeln, und um so weniger wird sein Druck sinken. Die Menge des im Kessel enthaltenen Dampfes oder die Größe des Dampfraumes des Kessels ist dagegen auf die Erhaltung des Dampfdruckes einflußlos, und eine etwaige, zu diesem Zweck vorgenommene Vergrößerung des Dampfraumes wäre völlig verkehrt und sinnlos, wie sich aus der folgenden Betrachtung ergiebt:

Ein Kessel enthalte 2 Kubikmeter Dampf und 3 Kubikmeter Wasser und stehe unter einem Dampfdruck von 5 Atmosphären Ueberdruck. Dann wiegt der im Kessel befindliche Dampf, da nach der Tabelle auf Seite 14 ein Kubikmeter desselben ein Gewicht von 3,16 kg besitzt, 6,32 kg, das Wasser des Kessels dagegen annähernd 3000 kg.

Weiter berechnet sich die im Dampf enthaltene Wärmemenge, da nach derselben Tabelle ein kg desselben 654,7 Wärmeeinheiten in sich birgt, zu $6{,}32 \times 654{,}7 = 4138$ Wärmeeinheiten, die im Wasser aufgespeicherte Wärmemenge, da ein kg desselben bei der im

Kessel herrschenden Temperatur von 157,9 ° C (vergleiche die Tabelle auf Seite 12) annähernd 157,9 Wärmeeinheiten enthält, aber zu 3000 × 157,9 = 473 700 Wärmeeinheiten.

Es ist nun einleuchtend, daß selbst die mehrmalige Entleerung des Dampfraumes, welche der jedesmaligen Entziehung einer Wärmemenge von 4138 Wärmeeinheiten entsprechen und auch ohne die Einwirkung des Feuers eine Neubildung von Dampf aus dem erhitzten Wasserinhalt des Kessels hervorrufen würde, das letztere doch nicht merklich abkühlt und keine wesentliche Verminderung des Dampfdruckes nach sich zieht.

Umgekehrt wird auch im Falle einer Stockung im Dampfverbrauch der Druck um so weniger rasch steigen, eine je größere Wassermasse vorhanden ist, da dieselbe schon eine beträchtliche Wärmemenge aufzunehmen vermag, ohne eine erhebliche Zunahme ihrer Temperatur zu erfahren.

Hieraus folgt, daß ein Kessel, welcher auch bei schwankendem Dampfverbrauch möglichst gleich hohen Dampfdruck halten soll, einen im Verhältniß zu seiner Heizfläche großen Wasserinhalt besitzen muß. Man bezeichnet Kessel, welche diese Eigenschaft besitzen, als Großwasserraumkessel.

3. Der vom Kessel gelieferte Dampf soll trocken sein, d. h. er soll kein Wasser enthalten. Stark mit Wasserperlen vermischter Dampf giebt zu Stößen in der Dampfmaschine und überdies zu Wärmeverlusten Anlaß; denn das Wasser, welches im Cylinder keinerlei Arbeit verrichtet, den letzteren aber in nahezu siedendem Zustand verläßt, nimmt in Folge dessen eine beträchtliche Menge Wärme mit sich fort, welche nutzlos verloren geht.

Der Wassergehalt des Dampfes wird nun von zwei Umständen beeinflußt:

Wird der erzeugte Dampf dem Kessel sehr rasch entnommen, so werden auch viele der bei dem lebhaften Sieden des Wassers emporgerissenen Wassertheilchen mit fortgeführt; kann sich dagegen der Dampf vor seiner Verwendung noch eine geraume Zeit im Kessel aufhalten, so fallen die im Dampf schwebenden Wasserperlchen zum größeren Theile wieder in das Wasser des Kessels herab, und der dem Kessel entnommene Dampf ist bedeutend reiner oder trockener. Damit nun der Dampf länger im Kessel bleiben kann, muß dem Raum des Kessels, welcher mit Dampf gefüllt ist, eine entsprechende Größe gegeben werden. Dann ist es auch erforderlich, daß der Dampf einem vom Wasserspiegel möglichst entfernten Punkt des Kessels, nach welchem der erzeugte Dampf einen längeren Weg zurückzulegen hat, entnommen wird. Man versieht die Kessel zu diesem

Zweck meistens mit einem cylindrischen Aufsatz und bringt die Dampfentnahme-Ventile am oberen Rande des letzteren an; ein solcher Aufsatz, welchen man bekanntlich einen Dampfdom nennt, soll selbstverständlich nicht über der Feuerplatte, sondern möglichst weit entfernt von dieser seinen Platz finden.

Um recht gleichmäßigen Dampfdruck zu erhalten, sollte der Wasserraum des Kessels möglichst groß sein, oder der Kessel stark mit Wasser gefüllt werden; um recht trockenen Dampf zu erzielen, soll dagegen der Dampfraum des Kessels möglichst groß sein, oder der Kessel eine nur mäßige Wassermenge enthalten. Die Erfahrung lehrt, daß diesen beiden sich widersprechenden Forderungen in gleichem Maße genügt wird, wenn der Rauminhalt des Wassers zu dem des Dampfes sich etwa wie 3 : 2 verhält. Diesem Verhältniß entsprechend wird denn auch in der Regel die Lage des tiefsten zulässigen Wasserstandes eines Kessels festgesetzt.

Der erzeugte Dampf wird ferner um so mehr mit Wassertheilchen vermischt sein, je kleiner die Fläche des Wasserspiegels im Verhältniß zur Heizfläche des Kessels ist.

Je mehr Heizfläche unter dem Wasserspiegel eines Kessels liegt, um so mehr Dampf kann erzeugt werden. Der erzeugte Dampf muß aber empor steigen und den Wasserspiegel durchbrechen; es wird dies um so stürmischer geschehen und ein um so heftigeres Aufwallen des Wassers hervorrufen, je kleiner der Wasserspiegel im Verhältniß zur Heizfläche ist. Um so mehr Wasserperlchen reißt aber der erzeugte Dampf mit sich empor, und um so mehr Wasser enthält er, wenn er den Kessel verläßt und nicht Zeit und Gelegenheit hatte, sich von den in ihm schwebenden Wasserperlchen zu befreien. Der Trockenheit des Dampfes wegen soll daher der Kessel einen im Verhältniß zur Heizfläche möglichst großen Wasserspiegel besitzen.

4. Angesichts der verheerenden Wirkungen einer Explosion muß man von einem Kessel eine möglichst große Sicherheit gegen solche Ereignisse verlangen. Nun werden zwar die Kessel in der Regel genügend stark hergestellt; da sie aber im Betrieb der Abnutzung unterworfen sind, die nicht immer sofort erkennbar ist, und auch durch die Nachlässigkeit des Heizers Umstände eintreten können, unter welchen die Widerstandsfähigkeit des Kessels gegen den Dampfdruck in gefahrdrohender Weise geschwächt ist (bei Wassermangel, unterlassener Reinigung u. a. m.), so liegt der Wunsch nahe, daß doch, wenn einmal die Kesselexplosionen nicht völlig aus der Welt zu schaffen sind, wenigstens die Folgen einer solchen möglichst milde sein möchten.

Jede Kesselexplosion besteht nun im Wesentlichen darin, daß die

Wandungen des Kessels plötzlich eine größere Oeffnung erhalten, was an und für sich ein Ausströmen von Dampf oder Wasser und eine rasche Abnahme des Dampfdruckes zur Folge hat. Das im Kessel noch vorhandene Wasser befindet sich aber alsdann in einem stark überhitzten Zustand. Dies zieht nun bei der ungeheueren Menge der in dem Wasser aufgespeicherten Wärme sofort eine gewaltige Dampfentwickelung nach sich, welcher Vorgang sich so stürmisch abspielt, daß die Wassermassen des Kessels mit großer Gewalt nach allen Richtungen auseinander geschleudert werden. Die hierdurch erzeugten Stöße führen alsdann die Zertrümmerung des Kessels herbei.

Je mehr Wasser ein Kessel enthält desto verderbenbringender wird im Allgemeinen eine eintretende Explosion. Doch ist hierbei zu unterscheiden, ob die ganze Wassermasse in einen einzigen Kesseltheil eingeschlossen, oder ob dieselbe auf eine größere Anzahl mit einander verbundener, kleinerer Kesseltheile vertheilt ist; im letzteren Falle tritt selbstverständlich nicht so leicht eine Zertrümmerung ein, und werden bei einer solchen auch nur kleinere und leichtere Kesseltheile davongeschleudert.

Je sicherer also ein Dampfkessel und je ungefährlicher eine Explosion desselben sein soll, desto weniger Wasserinhalt darf er im Verhältniß zu seiner Heizfläche besitzen, und aus desto mehr kleineren Theilen muß er zusammengesetzt sein.

Es wird sich bei der Besprechung der verschiedenen Kesselarten zeigen, daß diesem Grundsatz entsprechende besondere Bauarten erfunden worden sind, welche die Erzeugung von Dämpfen mit hohem Druck gestatten und dabei doch große Sicherheit gegen die Gefahr einer mit schweren Folgen verbundenen Explosion bieten.

5. Wird ein Kessel nicht ununterbrochen, Tag und Nacht im Betrieb erhalten, sondern muß er täglich von Neuem angeheizt werden, so erfordert dieses Anheizen jedesmal eine gewisse Zeitdauer und eine entsprechende Menge Brennmaterial, ehe der über Nacht abgekühlte Kessel wieder erhitzt, das Wasser des Kessels zum Sieden gebracht und Dampf erzeugt worden ist. Auch zur Wiedererwärmung des Mauerwerkes des Kessels, wenn derselbe eingemauert ist, bedarf es einer entsprechenden Menge Brennmateriales. Je mehr Wasser ein Kessel im Verhältnisse zu seiner Heizfläche enthält, und je mehr Mauerwerk ihn umgiebt, desto mehr Zeit und Brennmaterial oder Wärme geht für das Anheizen verloren.

Dampfkessel, welche rasch und mit wenig Brennmaterial Dampf geben sollen, müssen daher im Verhältniß zu ihrer Heizfläche möglichst wenig Wasser enthalten und dürfen nicht eingemauert sein. Die Kessel der Lokomotiven, Dampffeuerspritzen, Schiffskessel u. A.

entsprechen diesen Bedingungen. Freilich kommen solche Kessel dann auch mit den Punkten 2 und 3 in Widerspruch; sie zeichnen sich durch stark schwankenden Dampfdruck aus und erzeugen sehr nassen Dampf.

6. Das in den Dampfkesseln zur Verdampfung gebrachte Wasser hinterläßt in der Regel eine größere oder kleinere Menge von Rückständen, welche theils lose, theils feste sind. Diese Rückstände, Schlamm und Kesselstein genannt, setzen sich an den Kesselwänden fest; sie sind als schlechte Wärmeleiter dem Wärmedurchgang hinderlich und müssen von Zeit zu Zeit entfernt werden.

Das Entfernen des fest an den Kesselwandungen haftenden Kesselsteins macht oft große Mühe; es wird sehr erleichtert, wenn die Kesseltheile eine genügende Weite besitzen, welche dem Heizer das Befahren des Kessels und die Arbeit mit dem Kesselsteinhammer bequem gestattet. Sehr enge Kesseltheile, insbesondere Sieberöhren, können ohne besondere Hülfsmittel von Kesselstein überhaupt nicht befreit werden. Dieser Umstand ist wohl zu beachten, wenn ein neuer Kessel angelegt werden soll, es sich um die Wahl seiner Bauart handelt, und an dem Aufstellungsort des Kessels ein Wasser zur Verfügung steht und verwendet werden muß, welches sehr vielen und festen Kesselstein absetzt. Man wird dann einer Kesselform den Vorzug geben, welche nur aus einem oder einer kleinen Anzahl weiter Theile besteht.

7. Bei besonderen Kesselarten muß Werth darauf gelegt werden, daß der Kessel möglichst leicht wird und wenig Raum zu seiner Aufstellung beansprucht. Es dürfte ohne weiteres einleuchten, daß dieser Bedingung nur Kessel entsprechen, welche einen im Verhältniß zu ihrer Heizfläche geringen Wasserinhalt besitzen, und deren Wandungen zu einem wesentlichen Theile durch dünne Bleche gebildet werden. Den mit einer großen Anzahl von Heizröhren versehenen Lokomotiv- und Schiffskesseln sind diese Eigenschaften in hohem Maße eigen.

8. Endlich hegt man zuweilen den Wunsch, daß der Kessel leicht herstellbar ist, was der Fall sein wird, wenn er eine recht einfache Form erhält; man erzielt damit zugleich, daß der Kessel billig wird. Ist nun bei den kleineren Kesseln eine einfache Gestalt immer anwendbar, so muß bei den größeren Kesseln wenigstens eine verhältnißmäßig einfache Form gewählt werden.

Aus den vorstehenden Erörterungen dürfte zur Genüge hervorgehen, daß die Anforderungen, welche an die Dampfkessel gestellt werden, sehr mannigfaltige und zur Erfüllung derselben oft ganz entgegengesetzte Wege einzuschlagen sind. Es ist deshalb auch ganz unmöglich, daß eine Kesselbauart allen Wünschen entspricht; wird nur ein möglichst großer und zwar der unter den vorliegenden Verhältnissen unbedingt nothwendige Theil derselben erfüllt, so muß man sich schon zufrieden geben.

In welcher Weise und bis zu welchem Maße die gebräuchlichsten Kesselbauarten die zu stellenden Anforderungen erfüllen, wird die nachfolgende Darstellung dieser Kesselarten zeigen.

A. Die feststehenden Dampfkessel.

Der weitaus überwiegende Theil der im Betrieb befindlichen Dampfkessel gehört zu den feststehenden. Da dieselben zumeist alltäglich benutzt werden, so kommt es bei ihnen besonders auf einen sparsamen Betrieb an; sie erhalten daher in der Regel reichlich große Heizflächen und werden mit natürlichem Zug betrieben.

1. Der Walzen- oder Cylinderkessel.

Die einfachste Form der zur Anwendung kommenden Dampfkessel ist die des Walzen- oder Cylinderkessels. Meistens erhalten die Cylinderkessel eine wagerechte Lage; doch kommen in Hüttenwerken auch senkrechte, von den abziehenden Gasen der Flammen- und Glühöfen beheizte Cylinderkessel vor.

Ein liegender Cylinderkessel ist in den Figuren 31 (Längenschnitt und Grundriß) und 32 (Querschnitt) dargestellt. Die Böden dieser Kessel erhalten in der Regel eine gewölbte Form, weil bei dieser dünnere Wandstärken zulässig sind, als bei der ebenen. Gewöhnlich sind die Kessel mit einem Dampfdom a versehen, in dessen Decke dann auch die zum Befahren des Kessels erforderliche Einsteigeöffnung, das Mannloch, angebracht wird.

Die Feuerungsanlage des Cylinderkessels besteht zumeist aus einer Unterfeuerung mit einem Planrost, wie Figur 31 darstellt, oder auch einem Treppenrost. Damit bei starker Ausscheidung von Schlamm und Kesselstein diese Stoffe sich mehr im hintern Theile des Kessels ablagern, und die Feuerplatten des Kessels nicht Schaden leiden, legt man den Kessel mit dem hintern Ende etwas tiefer.

Kleinere Kessel werden oft nur mit einem Feuerzug versehen; die auf dem Rost gebildeten Feuergase ziehen, die untere Hälfte des Kessels bestreichend, an diesem entlang und treten dann sofort in den Schornstein. Daß bei dieser Anordnung den Feuergasen ihre Wärme nur sehr mangelhaft entzogen wird, liegt auf der Hand.

Bei größeren Kesseln führt man entweder die Feuergase unter dem Kessel entlang und in zwei getrennten Seitenkanälen wieder nach vorn, um sie dann senkrecht nach unten fallen zu lassen, dort in einem Kanal wieder zu vereinigen und hierauf in den Fuchs zu führen; oder man leitet die Gase, wie bei dem dargestellten Kessel, unter demselben entlang, in einem Seitenzuge nach vorn, daselbst um den vorderen Boden des Kessels herum, hierauf auf der anderen Seite des Kessels wieder nach hinten und nunmehr durch den Fuchs in den Schornstein.

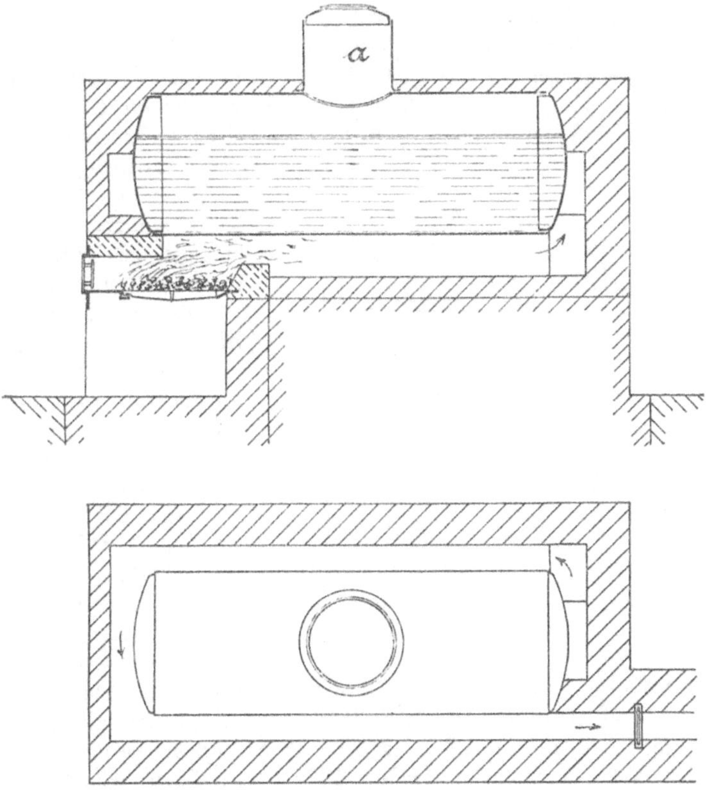

Fig. 31.

Mit dem Durchmesser der Cylinderkessel geht man bis 1,5 m, mit der Länge bis 10 m und erzielt dann Heizflächen bis zu 25 Quadratmetern.

Die Eigenschaften der Cylinderkessel lassen sich nun in folgende Punkte zusammenfassen:

Die Dampferzeugung eines Quadratmeters der Heizfläche kann keine sehr reichliche sein, da sowohl die Abgabe der Wärme an den Kessel in Folge des breiten, am Kessel gleichmäßig hinziehenden Heizgasstromes verzögert, als auch die Uebertragung der Wärme an das Wasser in Folge der schwachen Bewegung des letzteren verlangsamt wird; man darf daher von einem solchen Kessel, wenn der Betrieb sparsam sein soll, nicht mehr als 10 bis 12 kg Dampf von dem Quadratmeter Heizfläche in der Stunde verlangen.

Im Verhältniß zur Heizfläche besitzt der Cylinderkessel aber von allen Kesselarten den größten Wasserinhalt und eignet sich demzufolge ganz vorzüglich für Betriebe mit sehr unregelmäßigem Dampfverbrauch, z. B. für Brauereien, Färbereien u. A.; seine Anwendbarkeit findet allerdings eine Einschränkung dadurch, daß er nur für verhältnißmäßig kleine Heizflächen erbaut werden kann.

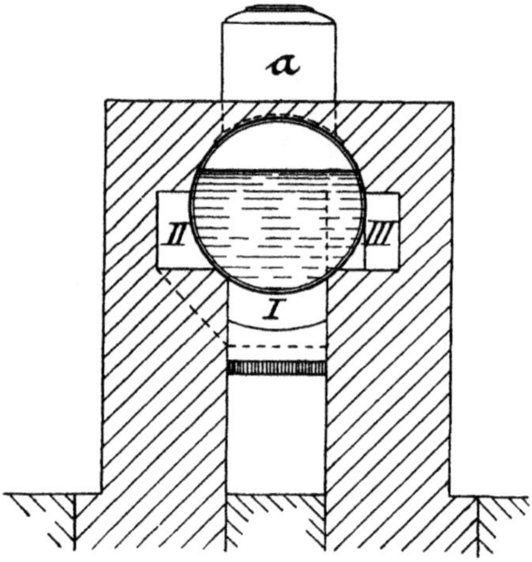

Fig. 32.

Der vom Cylinderkessel erzeugte Dampf ist ferner sehr trocken, da der vorhandene Dampfraum und der Wasserspiegel im Verhältniß zur Heizfläche groß sind.

Eine Schattenseite des Cylinderkessels besteht allerdings darin, daß eine eintretende Explosion infolge der auf einem Punkt zusammengedrängten, großen Wassermasse außerordentlich verheerend wirkt.

Für Betriebe, welche nicht ununterbrochen, sondern mit Nachtpausen arbeiten, eignet sich auch der Cylinderkessel darum nicht, weil sein Anheizen infolge der großen, während der Pausen abgekühlten und wieder zu erhitzenden Massen von Wasser und Mauerwerk viel Zeit und Brennmaterial erfordert.

Die Reinigung eines Cylinderkessels kann aber so leicht und bequem, wie nur irgend möglich, vorgenommen werden, auf welchen Umstand, wie bereits bemerkt, bei sehr schlechtem Speisewasser viel Werth zu legen ist. Freilich wird er dafür auch, eine bestimmte Heizflächengröße vorausgesetzt, am schwersten von allen Kesseln und erfordert zu seiner Aufstellung den größten Raum.

Sein Bau verlangt keine besondere Kunstfertigkeit und ist daher billig.

2. Der Siederohrkessel.

Um an Raum für die Aufstellung zu sparen und größere Heizflächen zu erzielen, kam man bald dahin, mehrere Cylinderkessel übereinander zu legen und zu einem Kessel zu vereinigen; man erhielt auf diese Weise den sogenannten Siederohrkessel.

Am gebräuchlichsten sind Siederohrkessel, welche aus einem obenliegenden größeren Hauptkessel, dem Oberkessel, und einem darunter liegenden kleineren Kessel, welcher der Unterkessel, das Siederohr oder wohl auch der Vorwärmer genannt wird, bestehen; der Durchmesser des Unterkessels beträgt hierbei gewöhnlich $^2/_3$ von dem des Hauptkessels. Oberkessel und Unterkessel werden gewöhnlich durch zwei kurze Blechcylinder, Verbindungsstutzen genannt, mit einander verbunden. Die Böden der Kesseltheile sind meistens gewölbte. Der Oberkessel wird mit einem Dampfdom versehen. Ein Siederohrkessel dieser Art ist in den Figuren 33 (Längenschnitt) und 34 (Querschnitt) auf der nächsten Seite dargestellt.

Die Verbindung von einem Hauptkessel mit zwei neben einander liegenden Siederohren wird mehr und mehr verlassen; sie ist nur zu empfehlen, wenn es sich um eine sehr große Anlage handelt, da die Reinigung zweier engen Siederohre unbequemer ist, als die eines solchen mit größerer Weite. Damit ein Siederohr noch bequem gereinigt werden kann, soll sein Durchmesser nicht kleiner, als 55 cm sein.

Neuerdings legt man die Siederohre, wenn deren mehrere mit einem Oberkessel verbunden werden, nicht neben-, sondern übereinander, und verbindet die Theile unter sich, worauf schließlich zwei oder drei solcher Gruppen zu einem einzigen Kessel vereinigt werden. Man nennt solche Anordnungen Batteriekessel; eine solche ist in den Figuren 35 (Längenschnitt) und 36 (Schnitt durch den Feuerraum) dargestellt. An die Stelle des Dampfdomes tritt dann ein liegender Dampfsammler *a*.

Die Größenverhältnisse der Oberkessel sind gewöhnlich die nämlichen, wie die der einfachen Cylinderkessel.

Die Siederohrkessel erhalten entweder eine Plan- oder eine Treppenrostfeuerung, welche in der Regel unter den Oberkessel gelegt wird. Die in Figur 35 dargestellte Feuerungseinrichtung ist für Steinkohlenschlamm bestimmt und wird vielfach auf den sächsischen Steinkohlengruben benutzt.

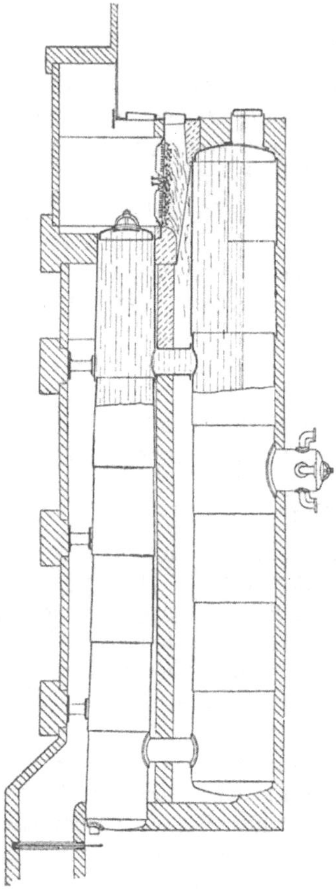

Fig. 33.

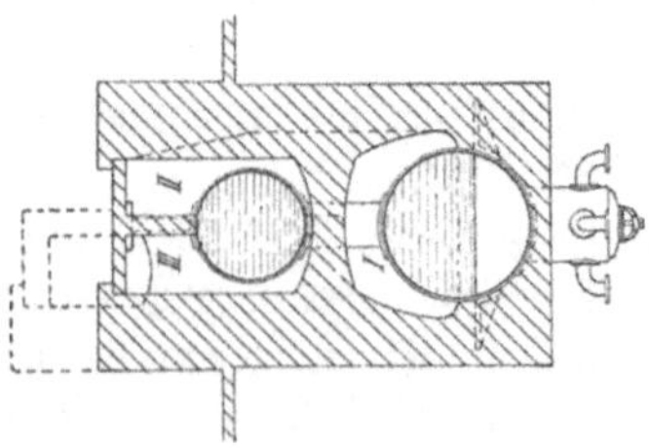

Fig. 34.

Die Feuerungsanlage unter den Unterkesseln anzuordnen, welche dann ganz zutreffend den Namen Siederohre oder Sieder führen, ist nicht zu empfehlen, weil hierbei die Flamme auf den Kesseltheil einwirkt, in welchem sich der Schlamm und Kesselstein ablagern; ein Verbrennen der Feuerplatten bleibt nicht aus, und die Reparaturen hören nicht auf.

Um der Ablagerung von Schlamm auf den Feuerplatten vorzubeugen, muß der Oberkessel hinten etwas tiefer gelegt werden, wodurch der Schlamm veranlaßt wird, sich mehr im hinteren Theil des Kessels abzusetzen und durch die Stutzen in die Siederohre herabzufallen.

Damit sich ferner in den Siederohren keine mit Dampf gefüllten Räume bilden, was z. B. eintritt, wenn das Ende eines Siederohres von dem Stutzen ab ansteigt, müssen die Siederohre eine derartige Lage erhalten, daß der in denselben gebildete Dampf nach dem Oberkessel entweichen kann. Wird diese Vorsichtsmaßregel nicht beobachtet, so beschädigt die Flamme leicht diejenigen Siederohrwandungen, hinter welchen sich anstatt des kühlenden Wassers Dampf befindet. Hierzu kommt der Uebelstand, daß sich an solchen Orten größere Dampfmengen ansammeln, welche plötzlich in geballter Masse, unter heftigem Gepolter und schädlichen Erschütterungen des Kessels nach dem Oberkessel emporsteigen. Bei Kesseln der in Figur 33 und 35 dargestellten Art wird daher der vordere Theil des Siederohrs wagerecht gelegt; der übrige Theil desselben erhält Fall nach hinten.

Die Anordnung der Feuerzüge ist gewöhnlich eine solche, wie sie die Figuren 33 und 34 darstellen.

Die auf dem Rost gebildeten Gase bestreichen zunächst die untere Hälfte des Oberkessels (I), fallen durch eine Oeffnung des über das Siederohr gespannten Gewölbes nach unten, ziehen an der einen Seite des Siederohrs nach vorn (II), bewegen sich hier um das Siederohr herum, nehmen ihren Weg hierauf an der anderen Seite des Siederohrs entlang wieder nach hinten (III) und werden endlich durch den Fuchs in den Schornstein geführt.

Es bedarf keines Hinweises, daß der Raum, in welchem das Siederohr liegt, durch je eine unter dem Siederohr sowie zwischen

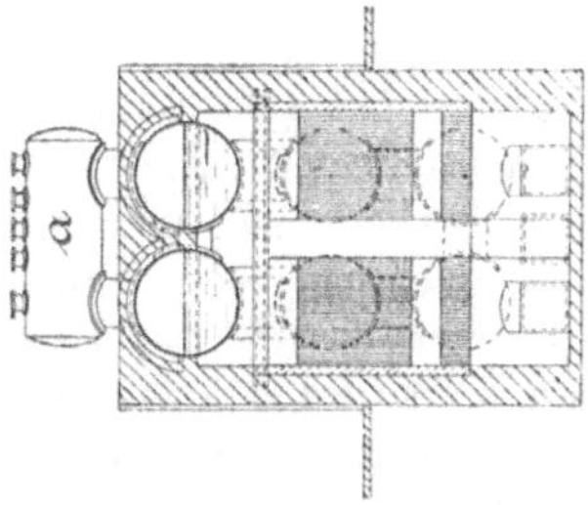

Fig. 36.

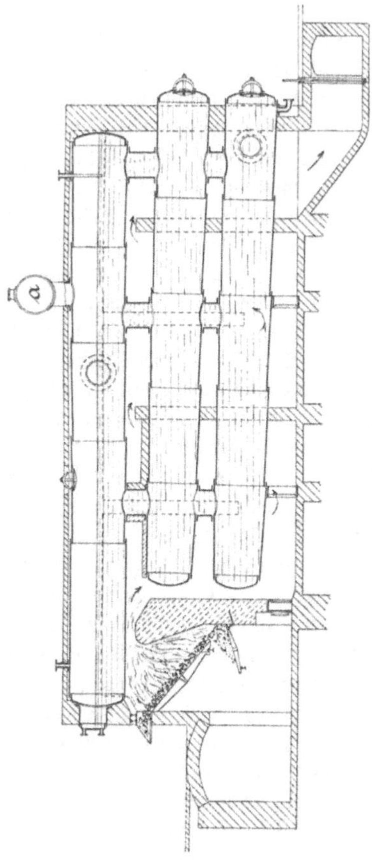

Fig. 35.

dem Siederohr- und dem Gewölbescheitel sich hinziehende Mauerzunge in zwei Theile, welche nur am vorderen Ende des Siederohrs in Verbindung stehen, getrennt werden muß.

Sind zwei Siederohre vorhanden, so wird der Kessel in der Weise eingemauert, daß die Feuergase zuerst am Oberkessel entlang nach hinten ziehen, dort nach unten geleitet werden, und sich hierauf an dem einen Siederohr, den ganzen Umfang desselben berührend, nach vorn bewegen; sie treten nunmehr herüber an das andere Siederohr, ziehen an diesem entlang nach hinten und werden schließlich durch den Fuchs in den Schornstein geführt.

Eine recht zweckmäßige Zuganordnung für Siederohrkessel ist auch die in den Figuren 35 und 36 dargestellte kammerförmige, bei welcher die Wärmeabgabe an den Kessel dadurch gefördert wird, daß die Feuergase wiederholt senkrecht auf die Kesselwandungen stoßen. Der Kessel wird zu diesem Zweck in eine Anzahl durch Mauern getrennte Kammern gelegt, welche mit Durchgangsöffnungen versehen sind.

Die auf dem Rost gebildeten Feuergase treten über die Feuerbrücke hinweg in die jenseits der Feuerbrücke gelegene, erste Kammer, fallen in dieser nach unten, ziehen unter der nur bis zur Mitte der untersten Siederohre reichenden Kammerwand in die Nachbarkammer hinüber und steigen in dieser wieder nach oben; sie überschreiten nunmehr die zweite, nicht ganz bis zum Oberkessel geführte Kammerwand und bewegen sich in der nächsten Kammer wieder nach unten, worauf sich das Spiel wiederholt. Die Bewegung der Feuergase ist mithin eine schlangenförmig, abwechselnd auf- und absteigende, die mit dem Eintritt in den Fuchs endigt.

Diese Art der Einmauerung führt in der That eine etwas raschere Abgabe der Wärme an den Kessel herbei, als die vorher geschilderte; gleichzeitig gewährt sie den Vortheil, daß bei Anbringung zweckmäßig vertheilter Reinigungsöffnungen die Flugasche aus den Zügen bequemer entfernt werden kann, als aus den langgestreckten Zügen der zuerst erläuterten Einmauerungsart.

Der Scheitel des vorderen Theiles der obersten Siederohre, sowie die vordersten, oberen Verbindungsstutzen müssen vor Ueberhitzungen durch Mauerwerk geschützt werden.

Der Siederohrkessel mit einem Siederohr ergiebt nun Heizflächen bis zu 50, der mit zwei Siederohren bis zu 70 und der Batteriekessel bis zu 150 Quadratmetern.

Bezüglich seiner Eigenschaften steht der Siederohrkessel mit dem Cylinderkessel auf nahezu gleicher Stufe, und kann daher auf das dort Gesagte verwiesen werden. Die beiden Kesselarten unterscheiden sich nur darin, daß bei dem Siederohrkessel die Verdampfung etwas günstiger wird (etwa 12 bis 15 kg für den Quadratmeter Heizfläche und die Stunde), daß derselbe etwas leichter ausfällt, und daß zu seiner Aufstellung weniger Platz, wenn auch mehr Höhe, erforderlich ist.

3. Der Flammenrohrkessel.

Der Flammenrohrkessel, welcher erhalten wird, wenn mehrere Cylinderkessel, nicht wie bei dem Siederohrkessel übereinander, sondern in einander gelegt werden, ist die beliebteste und gebräuchlichste aller Dampfkesselformen. Je nachdem der Kessel ein oder zwei Flammenrohre besitzt, nennt man ihn einen Einflammenrohr- oder einen Zweiflammenrohrkessel.

Damit der Zug nicht beeinträchtigt wird, darf der Durchmesser eines Flammenrohres nicht zu klein sein. Andererseits erhöht ein weites Rohr die Schwierigkeiten, welche mit dem Befahren und Reinigen des Kessels verbunden sind.

Damit der Einflammenrohrkessel noch befahrbar ist und gereinigt werden kann, muß zwischen der Oberkante des Flammenrohres und dem oberen Scheitel des Kesselmantels (vergleiche Figur 28 auf Seite 118) ein Abstand von wenigstens 60 cm, unterhalb des Flammenrohrs, zwischen Flammenrohr und Kesselmantel, ein solcher von mindestens 15 cm vorhanden sein; an dem letzteren Ort, wo sich leider auch der Kesselstein am stärksten ansetzt, ist selbst dann die Arbeit mit dem Kesselsteinhammer noch sehr erschwert. Um diese Arbeit zu erleichtern, wird das Flammenrohr zuweilen nach der Seite gelegt (vergleiche Figur 13 auf Seite 74), wodurch gleichzeitig eine gewisse Umlaufbewegung des Wassers, welches in dem engeren Raume zwischen Flammenrohr und Kesselmantel infolge der lebhafteren Verdampfung emporsteigt, in dem weiteren Raume aber niedersinkt, sich erzielen läßt.

Bei den Zweiflammenrohrkesseln ist die Reinigung des unteren Theiles des Kesselmantels etwas bequemer; diese Arbeit wird aber bezüglich des seitlich von den Flammenrohren gelegenen Manteltheiles, selbst wenn ein Abstand von mindestens 15 cm gewahrt bleibt, wieder sehr erschwert. Damit ein Mann sich zwischen den beiden Flammenrohren noch hindurchzwängen kann, muß zwischen diesen ein lichter Zwischenraum von mindestens 30 cm vorhanden sein; liegen die Rohre enger beisammen, so hat, damit der Raum unterhalb der Flammenrohre zugänglich wird, einer der Kesselböden eine Einsteigeöffnung zu erhalten.

Die Flammenrohre größerer Kessel müssen vor dem Zusammengedrücktwerden durch den allseitig von außen wirkenden Dampfdruck

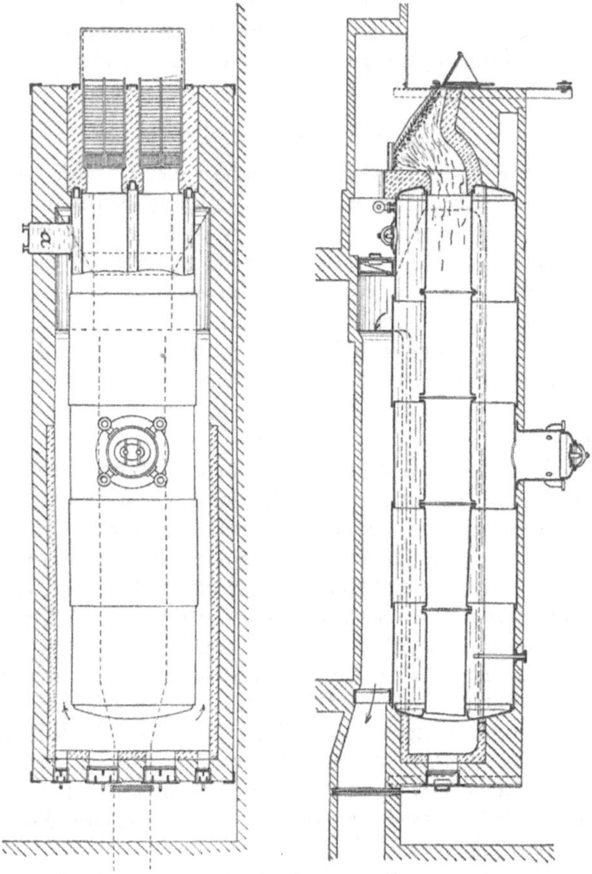

Fig. 37.

besonders gesichert werden, worüber bereits Seite 71 u. f. Mittheilungen gemacht wurden. Erhalten die Kesselböden der bequemer herzustellenden Verbindung zwischen Boden und Flammenrohr wegen ebene Gestalt, so müssen sie versteift werden (vergleiche Seite 69).

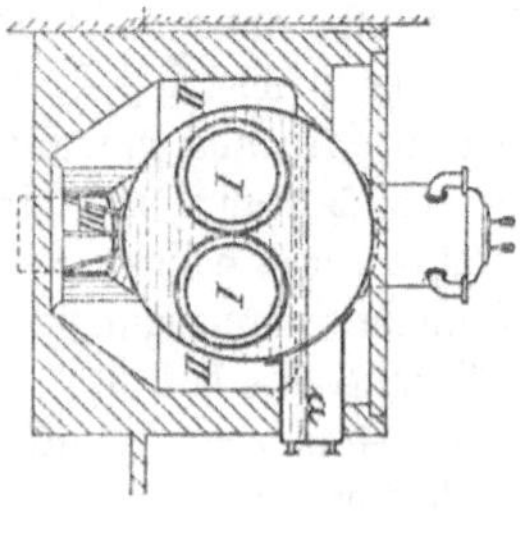

Fig. 38.

Auch der Flammenrohrkessel wird stets mit einem Dampfdom versehen.

Der Durchmesser des Einflammenrohrkessels soll mindestens 1,2 m betragen, und das Flammenrohr einen Durchmesser erhalten, der gleich der Hälfte des Hauptkesseldurchmessers ist. Die Länge des Kessels beträgt gewöhnlich das $2^1/_2$ bis 5fache des letzteren.

Der Zweiflammenrohrkessel muß einen Durchmesser von mindestens 1,7 m erhalten. Der Durchmesser der Flammenrohre beträgt hier gewöhnlich das 0,35 bis 0,40fache von dem Hauptkesseldurchmesser, die Kessellänge wieder höchstens das 5fache vom letzteren.

Wird bei dieser Kesselbauart ein Planrost verwendet, so kann die Feuerungsanlage in allen drei Lagen zum Kessel, entweder unter, vor oder auch in dem letzteren angeordnet werden; den Treppenrost legt man in der Regel vor den Kessel.

Die Planrost-Unterfeuerung, welche früher bei Flammenrohrkesseln sehr beliebt war und in ihrem Wesen der bei dem Heizröhrenkessel dargestellten gleicht, wird mehr und mehr verlassen. Bedenklich ist es, bei Einflammenrohrkesseln eine Unterfeuerung zu wählen, wenn das Speisewasser viel Schlamm und festen Kesselstein absetzt; es stellt sich dann öfteres Schadhaftwerden der Feuerplatten ein.

In den Figuren 37 (Aufriß und Grundriß) und 38 (Querschnitt) ist ein Zweiflammenrohrkessel mit durch Adamsonsche Ringe versteiften Rohren und einer für klare Braunkohle bestimmten Treppenrost-Vorfeuerung dargestellt. Der Kesseltheil *a* ist ein sogenannter Wasserstandstutzen, der zur Befestigung der Wasserstandszeiger dient.

Das Ablaßventil des Kessels befindet sich am vorderen Kesselboden; damit der Kessel sich beim Ablassen vollständiger entleert, legt man denselben vorn etwas tiefer.

Die sehr gebräuchliche Zuganordnung zwingt die auf dem Rost gebildeten Feuergase, ihren Weg zunächst durch die Flammenrohre nach hinten zu nehmen (I). Die Gase wenden sich nunmehr um den hinteren Kesselboden, bestreichen die beiden Seiten des Kessels (II), um, vorn angelangt, schräg nach unten zu fallen, sich wieder zu vereinigen und hierauf unter dem Kessel entlang nach hinten zu ziehen (III); sie treten schließlich durch den Fuchs in den Schornstein.

In den Figuren 39 (Aufriß und Grundriß) und 40 (Querschnitt) ist ein sogenannter Stufenrohrkessel, welche Kesselform die Firma Pauckſch & Co. in Landsberg a. d. W. eingeführt hat, dargestellt; derselbe ist mit einer Planrost-Innenfeuerung versehen.

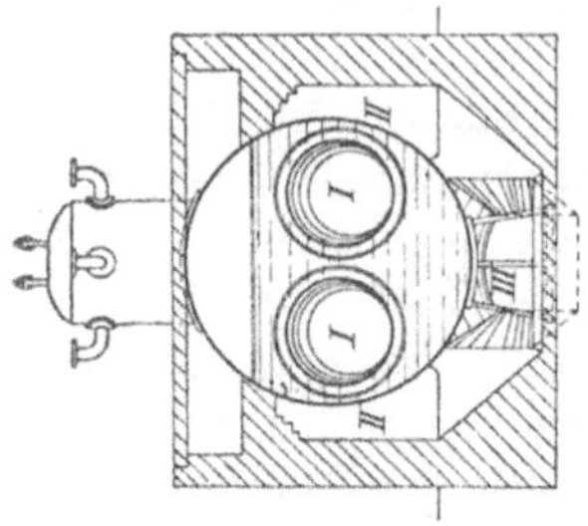

Fig. 40.

Um die Feuerungsanlage gut unterzubringen und keine zu langen Roste zu erhalten, werden die Flammenrohre derartiger Kessel im vorderen Theile etwas weiter gemacht; hinter dem Roste verengen sie sich wieder. Die Flammenrohre sind aus einer größeren Anzahl geschweißter

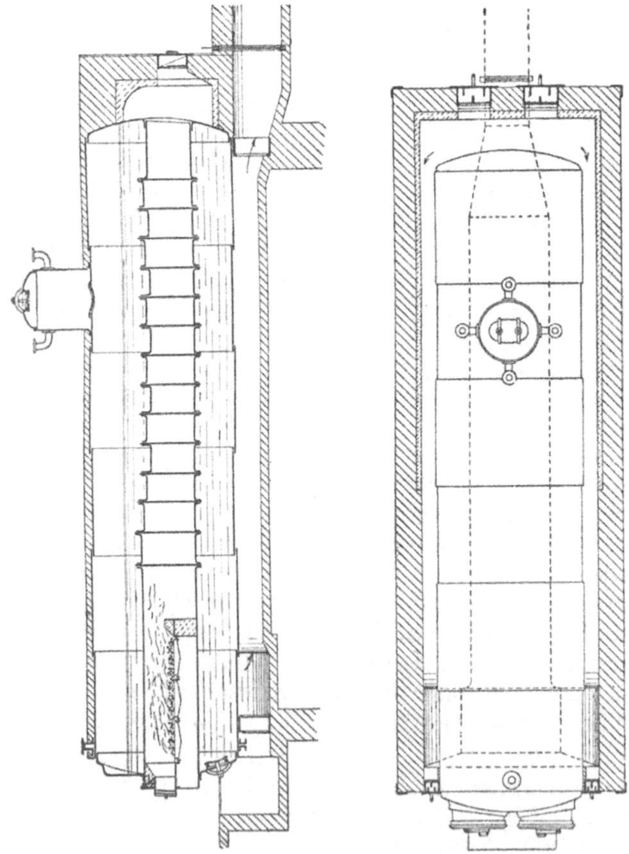

Fig. 39.

Trommeln von verschiedenem Durchmesser, welche unten glatt durchlaufen, oben aber sichelförmige Vorsprünge bilden, zusammengesetzt; durch diese Form wird ein lebhaftes Durcheinanderwirbeln der Gase, eine raschere Wärmeabgabe an den Kessel und ein reichlichere Verdampfung erzielt.

Die Zuganordnung ist die gleiche, wie bei dem vorher beschriebenen Zweiflammenrohrkessel.

Mit dem Einflammenrohrkessel werden Heizflächen bis zu 50, mit dem Zweiflammenrohrkessel bis zu 100 Quadratmetern erzielt.

Die Eigenschaften der Flammenrohrkessel lassen sich in Folgendes zusammenfassen:

Die stündliche Dampferzeugung auf dem Quadratmeter Heizfläche ist, besonders wenn die Flammenrohre mit Gallowayröhren versehen, gewellt oder als Stufenrohre ausgebildet sind, wodurch die Feuergase zu einer rascheren Wärmeabgabe an den Kessel veranlaßt werden, und die Dampfbildung vermehrt wird, eine wesentlich größere, als bei den Cylinder- und Siederohrkesseln; sie beträgt hier bei sparsamem Betrieb bis zu 20 kg.

Der Wasserinhalt im Verhältniß zur Heizfläche ist bei dem Flammenrohrkessel zwar geringer, als bei dem Cylinder- und Siederohrkessel, so daß bei unregelmäßigem Dampfverbrauch auch etwas größere Schwankungen im Dampfdruck eintreten; die letzteren machen sich indessen nicht so fühlbar, daß sich der Flammenrohrkessel nicht auch sehr gut zum Dampfmaschinenbetrieb eignete.

Dabei erweist sich der erzeugte Dampf, da ein beträchtlicher Dampfraum und ein im Verhältniß zur Heizfläche großer Wasserspiegel vorhanden sind, als ein reiner und trockener.

Mit dem geringeren Wasserinhalt stellt sich ferner der Vortheil ein, daß das Anheizen weniger Zeit und Brennmaterial erfordert; es macht sich dies inbesondere bei den Flammenrohrkesseln mit Innenfeuerung geltend, die am wenigsten im Betrieb hoch zu erhitzendes Mauerwerk besitzen. Die Flammenrohrkessel eignen sich daher vorzüglich für solche Betriebe, welche mit regelmäßigen Nachtpausen arbeiten.

Andererseits sind diese Kessel aber weit mehr der Gefahr einer Explosion ausgesetzt. Insbesondere kann leicht ein Zusammenklappen des Flammenrohres und eine Explosion eintreten, wenn sich bei einem mit Innenfeuerung versehenen derartigen Kessel während des Betriebes Wassermangel einstellt; das von Wasser entblößte Flammenrohr wird dann glühend und giebt schließlich nach. Die gleiche Gefahr stellt sich ein, wenn die Form des Flammenrohres nicht völlig kreisrund ist, und der Dampfdruck zu hoch steigt. Die größere Gefährlichkeit findet denn auch in den bei dieser Kesselart weit häufiger vorkommenden Explosionen ihre Bestätigung. Leider erweisen sich solche Ereignisse in Folge des beträchtlichen Wasserinhaltes des Kessels meistens sehr verheerend. Durch eine gute Versteifung der Flammenrohre oder die Verwendung von Wellrohren und Stufenrohren kann man sich allerdings gegen diese Gefahr bis zu einem gewissen Grade schützen.

Ein weiterer Nachtheil der Flammenrohrkessel liegt in den Schwierigkeiten und Unbequemlichkeiten der Reinigung des Kessels. Auch sind das Gewicht und der Raumbedarf recht beträchtlich.

Die Herstellung des Kessels bereitet dagegen keine besonderen Schwierigkeiten und verursacht keine übermäßigen Kosten.

4. Der Heizröhrenkessel.

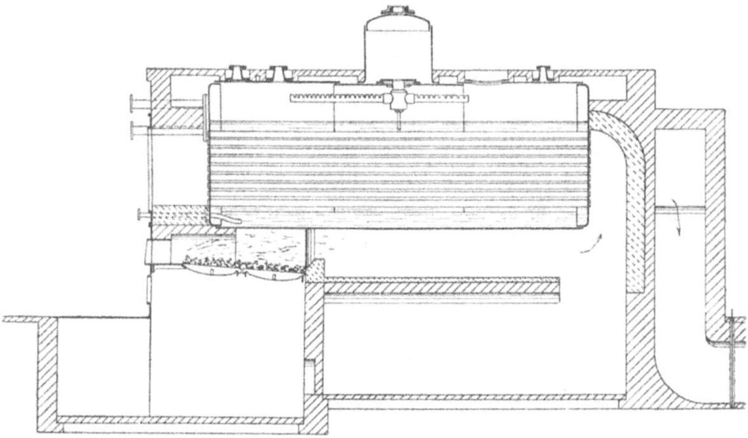

Fig. 41.

Das Bestreben, einen Kessel zu erhalten, welcher die Vortheile des Flammenrohrkessels in nahezu gleichem Maße besitzt, die Wärme der Heizgase durch eine große, sehr wirksame Heizfläche gut ausnützt und dabei wenig Raum zu seiner Aufstellung erfordert, führte zur Erfindung des Heizröhrenkessels, welchen die Figuren 41 (Aufriß) und 42 (Querschnitt) darstellen. Um die Ausbildung dieser Kesselgattung hat sich wieder die Firma Paucksch & Freund in Landsberg a. d. W. verdient gemacht.

Der Heizröhrenkessel ist im Wesentlichen ein Flammenrohrkessel mit einer sehr großen Anzahl von Rohren; er wird stets mit ebenen Böden hergestellt. Die Heizröhren werden in der Regel in zwei Gruppen angeordnet; der dazwischen liegende, freie Raum ermöglicht es dem Heizer, im Kessel zu stehen und die Heizröhren von oben und der Seite her zu reinigen. Der größere Theil der Bodenflächen ist nun zwar schon durch die Heizröhren mit einander verankert und gegen Ausbiegungen geschützt; der über den Heizröhren liegende Theil dieser Kesselwandungen muß aber noch durch Blechwinkel oder Längsanker versteift werden.

Auf den Kesselmantel wird wieder ein senkrechter Dampfdom genietet, welcher bei dem dargestellten Kessel mit einem wagerechten Dampfsammelrohr verbunden ist; letzteres soll die dem Dampf beigemischten Wassertheilchen zurückhalten und die Trockenheit des Dampfes begünstigen.

Die Heizröhren dürfen natürlich nicht zu eng sein, damit die Heizgase in denselben nicht zu viel Reibung erfahren; sie erhalten einen Durchmesser von 70 bis 100 mm. Der bei den Heizröhrenkesseln angewendete Durchmesser ist der bei den Flammenrohrkesseln übliche; die Länge des Kessels beträgt aber höchstens das $2^1/_2$ fache des Durchmessers. Dem Kessel und den Heizröhren eine größere Länge zu geben, ist überflüssig, da dieselben den Feuergasen schon rasch genug die Wärme entziehen.

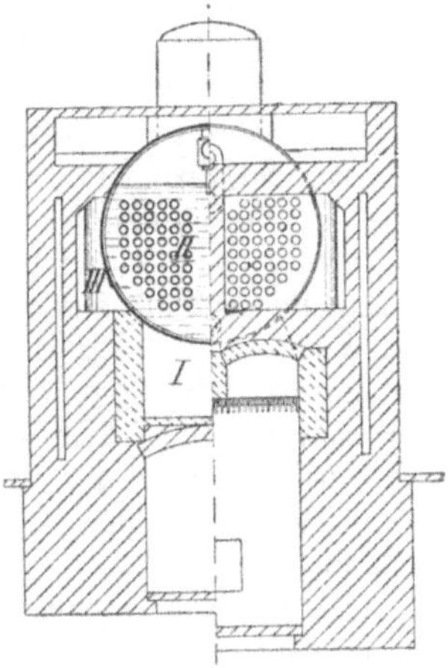

Fig. 42.

Der Heizröhrenkessel wird gewöhnlich mit einer Unterfeuerung versehen und meistens wagerecht gelegt, da eine Schutzwirkung durch Neigen des kurzen Kessels nicht zu erzielen ist. Da sich übrigens der größte Theil des Schlammes und Kesselsteines dort ablagert, wo die Flamme auf den Kessel einwirkt, so eignet sich diese Kesselgattung nicht für Anlagen, in welchen schlechtes Speisewasser verwendet werden muß; es ist dann ein öfteres Schadhaftwerden der Feuerplatten unvermeidlich.

Die Feuergase ziehen unter dem Kessel entlang (I), steigen am hinteren Kesselboden in einem gemauerten, oben und seitlich an den Kesselboden anschließenden Schacht empor und treten in die Heizröhren (II) ein, in welchen sie sich nach vorn bewegen; nach dem Austritt aus denselben kehren sie am vorderen Kesselboden um, ziehen an beiden Seiten des Kessels entlang nach hinten, vereinigen sich dort wieder und werden endlich vom Schornstein aufgenommen.

Um eine rasche Reinigung der Heizröhren während des Betriebes zu ermöglichen, ist der vor den Heizröhren gelegene Theil des Ofenmauerwerks durchbrochen und mit einer gußeisernen Platte verschlossen, in welcher letzteren zwei große Thüren angebracht sind, nach deren Oeffnung der Heizer die Heizröhren ausfegen kann.

Die Heizflächen der Heizröhrenkessel betragen bis zu 120 Quadratmeter.

In seinen Eigenschaften steht der Heizröhrenkessel dem Flammenrohrkessel nahe. Die Dampferzeugungsfähigkeit ist indessen nicht die gleiche, was überrascht, da die vielen engen Heizröhren eine sehr rasche Wärmeaufnahme und reichliche Dampferzeugung vermuthen lassen. In den Heizröhren sammelt sich leider im Betrieb allmählich Flugasche an, und läßt dann die Leistungsfähigkeit des Kessels bald nach. Es ist daher nur auf eine Verdampfung von 12 bis 15 kg auf den Quadratmeter Heizfläche in der Stunde zu rechnen. Da ferner der Wasserinhalt und der Dampfraum, sowie der Wasserspiegel im Verhältniß zur Heizfläche des Kessels beträchtlich kleiner sind, als bei dem Flammenrohrkessel, so ist der Druck bei etwas unregelmäßigem Dampfverbrauch ziemlich wechselnd und der erzeugte Dampf nässer, als bei jenem Kessel.

Die Explosionsgefahr ist eine etwas geringere, als bei dem Flammenrohrkessel. Auch erfordert das Anheizen etwas weniger Zeit und Brennmaterial, als bei dem Flammenrohrkessel, weshalb der Heizröhrenkessel sich ebenfalls gut für den Betrieb mit Unterbrechungen eignet.

Die innere Reinigung, insbesondere die der Heizröhren, wird dagegen recht erschwert; soll dieselbe gründlich erfolgen, so müssen in gewissen Zeitabschnitten die sämmtlichen Heizröhren herausgenommen, gereinigt und dann wieder eingesetzt werden.

Andererseits bietet die Bauart die Vortheile, daß der Kessel nicht zu schwer wird, zu seiner Aufstellung nur einen mäßigen Raum erfordert, nicht schwer herzustellen und daher auch nicht theuer ist.

5. Der zusammengesetzte Kessel.

Das Bestreben, Kessel zu erzielen, welche von den guten Eigenschaften der bisher erörterten möglichst viele, von den Mängeln aber möglichst wenige besitzen, hat zahlreiche Kesselformen ins Leben gerufen, welche aus den einfacheren zusammengesetzt sind und das gesteckte Ziel auch mehr oder weniger erreichen.

So sind Kessel erbaut worden, welche die Verbindung eines Flammenrohrkessels mit einem darunter liegenden Siederohr oder zwei solchen Siederohren, ferner eines Flammenrohrkessels mit einem darüber liegenden Cylinder- oder Flammenrohrkessel, endlich

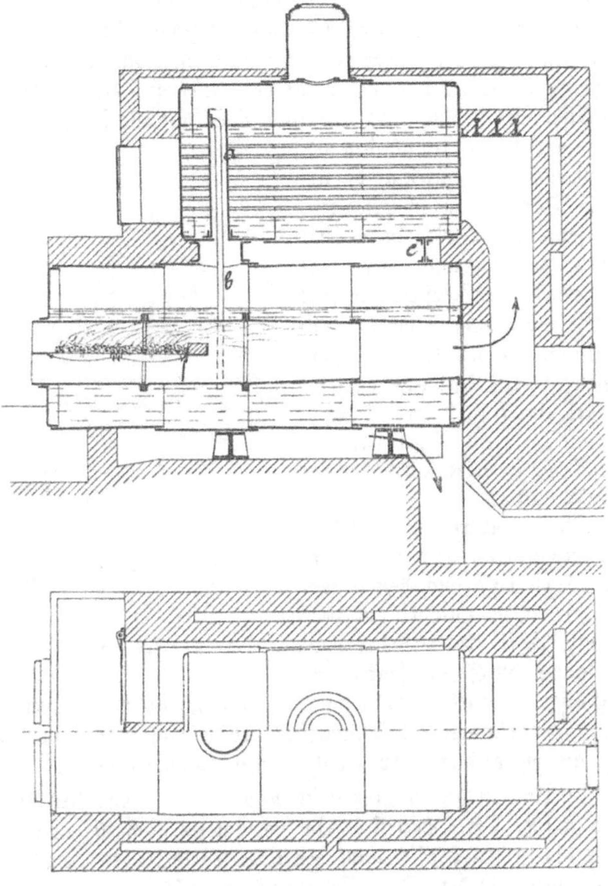

Fig. 43.

auch eines liegenden Cylinderkessels mit einem stehenden Heizröhrenkessel oder sonst welche Zusammenstellungen bilden. Von diesen mannigfachen Kesselarten soll nur noch die gebräuchlichste derselben besprochen werden, die Verbindung eines Flammenrohrkessels mit einem Heizröhrenkessel, als deren Erfinder A. Tischbein gilt; dieselbe ist in Figur 43 im Aufriß und Grundriß und in Figur 44 im Querschnitt dargestellt.

Der Unterkessel wird entweder mit einem Wellfeuerrohr oder, wie gezeichnet, mit zwei versteiften Flammenrohren versehen; in den letzteren werden auch oft Gallowayröhren angeordnet.

Der Oberkessel, welcher die Form eines gewöhnlichen Heizröhrenkessels besitzt, wurde früher mit dem Unterkessel zumeist durch zwei Stutzen verbunden, und war dann der Unterkessel vollständig, der Oberkessel aber in üblicher Weise zum Theil mit Wasser gefüllt. Da aber unter diesen Umständen der im Unterkessel erzeugte Dampf, um in den Dampfraum zu gelangen, einen sehr langen Weg im Wasser zurückzulegen hat und hierbei die Wassermasse des Kessels in sehr lebhafte Wallung versetzt, so wurde von ihm viel Wasser emporgerissen; hierzu trat als weiterer Mangel ein sehr kleiner Dampfraum. Der dem Kessel entnommene Dampf erwies sich daher als ein sehr nasser.

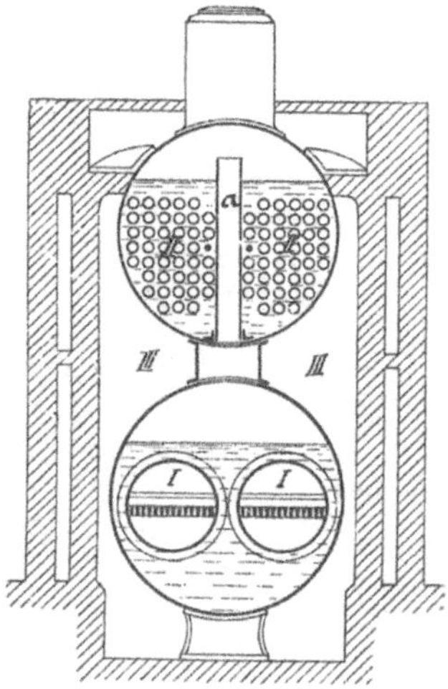

Fig. 44.

Man mildert diesen Uebelstand, wenn man nach dem Vorgang **Weinlig's** auch den Unterkessel mit einem Dampfraum versieht und den im Unterkessel erzeugten Dampf durch ein senkrechtes und genügend weites Rohr *a* nach dem Dampfraum des Oberkessels führt. Der Mantel des Oberkessels erhält daher nur eine Oeffnung, auf welche das Rohr *a* dicht aufgeschraubt wird.

Im Innern des Rohres *a* ist nun in der Höhe des tiefsten Wasserstandes des Oberkessels ein schwächeres Rohr *b* angebracht, welches bis in den Wasserraum des Unterkessels reicht. Das frische Wasser wird stets dem Oberkessel zugeführt, welcher aber nicht höher gefüllt werden kann, als bis zur Mündung des Rohres *b*; alles weiter zugeführte Wasser fließt durch das Rohr *b* nach dem, die größere Wassermenge verbrauchenden und den größeren Theil des Dampfes erzeugenden Unterkessel herab. Es ist daher im Allgemeinen nur die Beobachtung des Wasserstandes im letzteren nothwendig; der Oberkessel bleibt von selbst in richtigem Maße gefüllt.

An Stelle des zweiten Verbindungsstutzens wird ein aus starkem Blech hergestellter Fuß c angebracht.

Bezüglich der Größenverhältnisse der Tischbeinkessel kann auf die bei den Flammenrohr- und Heizröhrenkesseln gemachten Angaben verwiesen werden.

Die Feuerungsanlage des Tischbeinkessels ist meistens eine Planrost-Innenfeuerung; doch wird auch die Treppenrost-Vorfeuerung angewendet.

Die Flamme bestreicht zuerst die Flammenrohre (I). Aus den Flammenrohren steigen die Feuergase in einem gemauerten, oben abgedeckten Schacht nach oben, treten in die Heizröhren (II), durchziehen diese und wenden sich von der vorderen Stirnwand des Oberkessels nach unten, an die Mantelflächen des Ober- sowie Unterkessels noch weiter Wärme abgebend; sie werden endlich durch den Fuchs nach dem Schornstein geführt.

Der obere, innerlich vom Dampf berührte Theil des hinteren Bodens vom Unterkessel muß natürlich, damit er nicht durch die Flamme beschädigt wird, durch Mauerwerk geschützt werden; bei dem, den Dampfraum umschließenden Manteltheil des Unterkessels ist diese Maßnahme nicht mehr erforderlich, da die Feuergase, wenn sie hier an den Kessel treten, bereits so weit abgekühlt sind, daß eine Beschädigung des Kessels ausgeschlossen ist.

Die Tischbeinkessel ergeben Heizflächen bis zu 250 Quadratmetern.

Mit seinen Eigenschaften steht der Tischbeinkessel zwischen dem Flammenrohr- und dem Heizröhrenkessel; er erzeugt etwa 15 kg Dampf auf den Quadratmeter Heizfläche in der Stunde. Der Dampfdruck ist bei ungleichmäßigem Dampfverbrauch etwas schwankend und der erzeugte Dampf nicht ganz rein, da der Wasserinhalt, Dampfraum und Wasserspiegel im Verhältniß zur Heizfläche nicht sehr groß sind.

Bezüglich der Explosionsgefahr steht der Tischbeinkessel mit dem Flammenrohrkessel auf nahezu gleicher Stufe. Das Anheizen erfordert nicht mehr Zeit und Brennmaterial, als bei den beiden Kesselarten, aus welchen er entstanden ist.

Die Reinigung des Kessels ist allerdings keine leichte und bequeme Arbeit; im Röhrenkessel wird sie zum Theil zur Unmöglichkeit.

Das Gewicht des Kessels ist noch ziemlich beträchtlich, der Raumbedarf dagegen gering. Die Herstellung des Kessels bietet keine besonderen Schwierigkeiten, ist aber auch nicht billig.

6. Der Wasserröhrenkessel.

Je mehr erkannt wurde, daß ein hoher Dampfdruck die Grundbedingung eines sparsamen Dampfmaschinenbetriebes ist, um so mehr war man bemüht, Kesselarten zu erfinden, welche die Anwendung hohen Dampfdruckes zulassen und doch große Sicherheit gegen die Gefahren einer Explosion bieten. Hierzu sind aber die bisher erörterten Kesselarten nicht geeignet, sondern nur solche Kessel, welche vorwiegend aus engen Röhren bestehen.

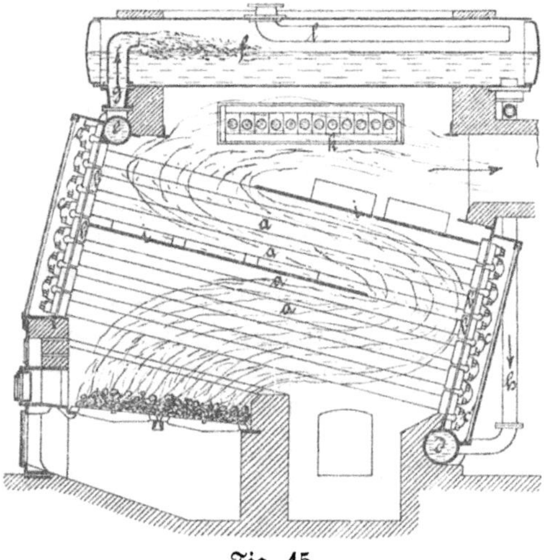

Fig. 45.

Die ersten Kessel dieser Art baute Dr. Alban in Plaue, also ein Deutscher, ohne indessen die gebührende Anerkennung zu finden und Erfolge zu erzielen. Mit mehr Glück nahmen später der Franzose Belleville (sprich Bellwill) und der Amerikaner Root (sprich Rut) den Bau solcher Kessel in die Hand und gelangten bald zu Bauarten, welche eine große Verbreitung fanden.

Der Belleville-Kessel besteht aus einer großen Anzahl schmiedeeiserner, etwas geneigt liegender Röhren, welche in senkrechten Reihen angeordnet sind; die Neigung der einzelnen Röhren wechselt, und bildet jede Reihe eine zickzackförmige Linie. Die Verbindung der Röhren untereinander ist in der Weise hergestellt, daß immer die Enden je zweier übereinander liegender Rohre in eine gußeiserne, geschlossene Kapsel münden. Die untersten Rohre aller Reihen sind mit dem einen Ende an ein wagerechtes Wassersammelrohr angeschlossen, die obersten Rohre an ein ebensolches Dampfsammelrohr.

Der Rost liegt unter den Röhren; die Feuergase steigen senkrecht empor, umspülen die bis zur halben Höhe der Reihen mit Wasser gefüllten Röhren und werden oben, seitlich abgeführt.

Bei dem Root-Kessel liegen ebenfalls alle Röhren schräg; sie sind aber gleich stark nach derselben Richtung geneigt. Auf die Rohrenden sind gußeiserne Kapseln geschraubt, welche durch je ein besonderes, gußeisernes Bogenrohr mit der Kapsel des darüber und der des darunter liegenden Rohres in Verbindung stehen. Die tiefer gelegenen Enden der untersten Rohrreihe sind durch Bogenstücke mit einem wagerechten Wassersammelrohr, die höher gelegenen Enden der obersten Rohrreihe mit einem wagerechten Dampfsammelrohr verbunden.

Fig. 46.

Die von dem Rost aufsteigenden Feuergase werden, nachdem sie ihre Wärme an die Röhren abgegeben haben, wieder oben, seitlich abgeleitet.

Während der Belleville-Kessel in Deutschland sich wenig Freunde erwarb, wurde der Root-Kessel um so beliebter, und bald befaßten sich namhafte Fabriken mit dessen Bau.

Beide Formen der Wasserröhrenkessel besitzen indessen den Fehler, daß in Folge des außerordentlich kleinen Wasser- und Dampfraumes der Druck stark schwankt, und der erzeugte Dampf viel Wasser enthält. Man suchte diesen Fehler dadurch zu beseitigen, daß man dem Kessel noch einen größeren Oberkessel hinzufügte, welcher zum Theil mit Wasser gefüllt wurde; der Wasser- und Dampfraum wurden hierdurch wesentlich vergrößert. Freilich büßte hierdurch der Kessel auch die werthvolle Eigenschaft ein, unter übersetzten und bewohnten Räumen aufgestellt werden zu dürfen (vergleiche § 14 Absatz 3

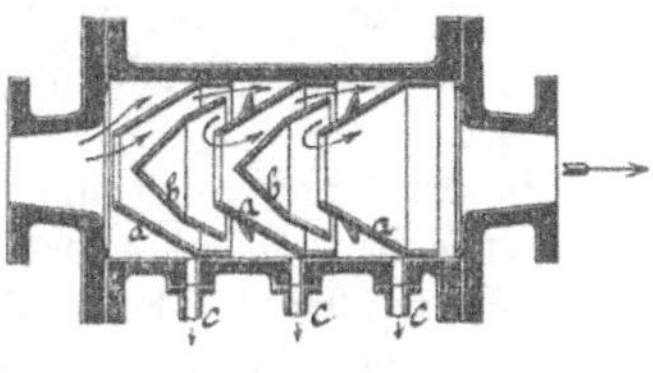

Fig. 47.

der Bestimmungen des Bundesrathes über die Anlegung von Dampfkesseln vom 5. August 1890 im letzten Abschnitt).

Die Firma Walther & Co. in Kalk bei Köln am Rhein erbaute bis vor Kurzem ihre Root-Kessel vorwiegend in der aus den Figuren 45 (Längenschnitt) und 46 (Stirnansicht) ersichtlichen Art.

Die Verbindung der Röhren *a* untereinander erfolgt nach Art des ursprünglichen Root-Kessels mittelst der auf die Rohrenden aufgeschraubten Kapseln *b* und Verbindungsbogenstücke *c*. Die wagerechten Rohrreihen sind gegeneinander derart verschoben, daß stets

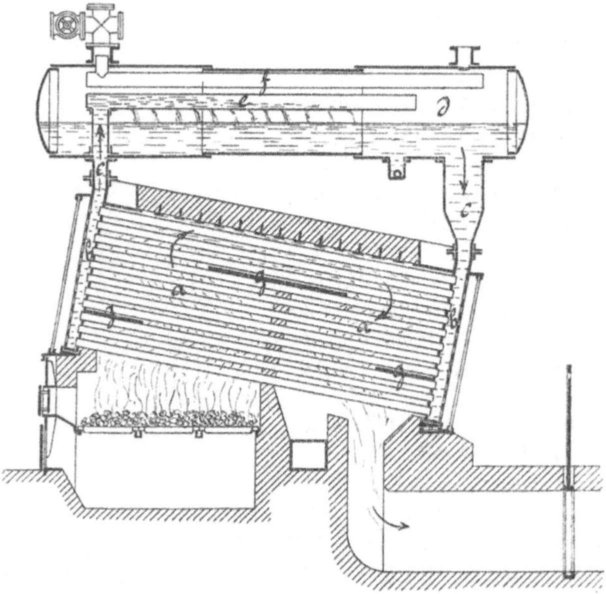

Fig. 48.

über einen Röhrenzwischenraum ein Rohr der höhergelegenen Reihe zu liegen kommt, wodurch die Feuergase gezwungen werden, auf dieses senkrecht zu stoßen. Weitere Bogenstücke *c'* stellen die Verbindung der Röhren mit dem Wassersammelrohr *d* und dem Dampfsammelrohr *e* her.

Um den Wasserraum und Dampfraum zu vergrößern, liegen über dem Kessel je nach der Größe desselben ein oder zwei zur Hälfte mit Wasser gefüllte, cylindrische Oberkessel *f*, welche vorn durch Rohrstutzen *g* mit dem Dampfsammelrohr, hinten aber durch ein oder zwei Rohre *h* mit dem Wassersammelrohr verbunden sind.

Durch diese Rohrverbindungen wird ein ziemlich lebhafter Umlauf des gesammten Kesselwassers erzielt; denn der aus einem Gemisch von Wasser und Dampf bestehende Inhalt der Röhren *a* strömt in Folge seines geringeren Gewichtes kräftig nach dem oberen Ende der Röhren und durch die Bogenstücke nach dem Oberkessel empor, während den unteren Rohrenden durch die Rohre *h*, das Wassersammelrohr und die hinteren Bogenstücke in gleichem Maße aus dem Oberkessel wieder Wasser zugeführt wird.

Die im Feuerraum gebildeten Heizgase werden durch die auf die Rohrreihen gelegten Platten *i* gezwungen, an den unteren Rohreihen entlang nach hinten zu ziehen, an den oberen Reihen aber wieder nach vorn zurückzukehren; sie treten hierauf, nachdem sie noch das durch die Röhren *k* geführte Speisewasser erwärmt haben, in den Fuchs und den Schornstein.

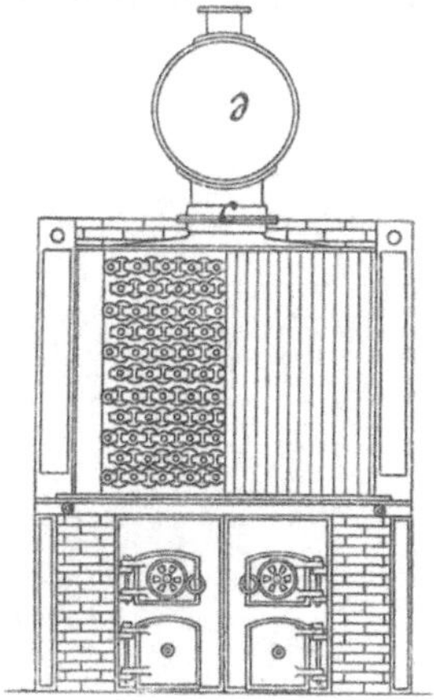

Fig. 49.

Um möglichst trockenen Dampf zu erhalten, wird derselbe dem Kessel mit Hilfe eines nach dem hintern Ende des Oberkessels geführten Rohres *l* über dem dort wesentlich ruhigeren Wasserspiegel entnommen und dann durch eine außerhalb des Kessels auf dem Oberkessel befindliche, in Figur 47 dargestellte Vorrichtung, einen sogenannten Wasserabscheider, geleitet.

Diese von Ehlers erfundene Vorrichtung (Patent) besteht aus einem weiten, gußeisernen Rohr, in welchem drei größere Trichter *a* mit abgeschnittener Spitze und zwei etwas kleinere, aber volle Trichter *b* befestigt sind. Die Wasserperlchen des in der Richtung der Pfeile durch den Wasserabscheider strömenden Dampfes werden nun auf die mit vorspringenden Rändern versehenen Wandflächen der abgeschnittenen Trichter geschleudert, rieseln an diesen Flächen nach unten und fließen schließlich durch die Rohre *c* in den Kessel zurück. Versuche haben ergeben, daß die Vorrichtung recht zufriedenstellend wirkt.

Sollen die Röhren gereinigt werden, so müssen natürlich sämmtliche Bogenstücke entfernt werden. Es ist hervorzuheben, daß Walther & Co. besonderen Werth darauf legen, einen in viele Theile zerlegbaren Kessel zu erzielen, damit ein schadhaft gewordenes Stück rasch durch ein bereit gehaltenes ersetzt werden kann.

Die Firma L. & C. Steinmüller in Gummersbach (Rheinprovinz) baut Root-Kessel der in Figur 48 (Längenschnitt) und Figur 49 (Stirnansicht) dargestellten Art.

Die Röhren *a* sind wieder, wie bei dem Kessel von Walther & Co., in senkrechten Reihen derart angeordnet, daß über den Zwischenraum zweier benachbarter Röhren stets ein drittes Rohr zu liegen kommt, und daher die Feuergase immer senkrecht auf die Röhren stoßen.

Die Verbindung der Röhren untereinander erfolgt nun nicht durch Kapseln und Bogenstücke, sondern durch flache, schmiedeeiserne Kammern *b*, in welche die Röhren münden. Die Kammerwand, in

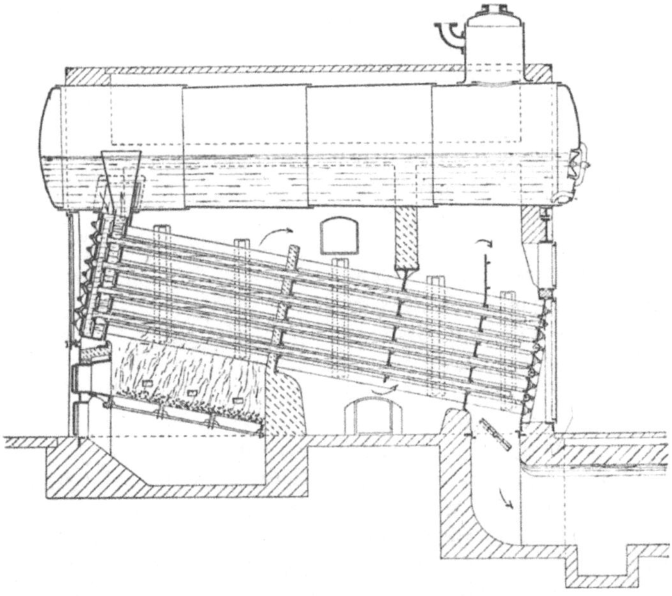

Fig. 50.

welcher die Röhren befestigt sind, und die gegenüberliegende Wand werden durch eine größere Anzahl Stehbolzen (vergleiche Figur 8 auf Seite 70) miteinander verbunden und hierdurch gegen Ausbauchungen geschützt. In der äußeren Kammerwand, den Röhren gegenüber, sind kreisrunde Oeffnungen angebracht, welche die innere Reinigung der Röhren ermöglichen und durch Deckel geschlossen werden.

Zwei Rohrstutzen *c* verbinden die Kammern mit dem Oberkessel *d*. Diese Stutzen müssen selbstverständlich eine der Heizfläche des Kessels entsprechende Weite erhalten, damit der erzeugte Dampf rasch entweichen kann, und frisches Wasser vom Oberkessel nachströmt.

Die Führung der Feuergase ist aus Figur 48 ersichtlich, und bedarf es nur des Hinweises, daß *g* wieder gußeiserne Platten sind, welche den Feuergasen ihren Weg vorschreiben, während zu dem gleichen Zwecke die Feuerbrücke bis zur mittelsten dieser Platten erhöht ist.

Um trockneren Dampf zu erzielen, ist hier in dem Oberkessel ein breiter Trog *e* angeordnet, in welchem sich das aus dem Kessel emporsteigende Dampf- und Wassergemisch ausbreitet; durch in dem Trog angebrachte Löcher fließt das Wasser wieder in den Oberkessel herab, während der Dampf die im Trog sich ausbreitende Wasserschicht ziemlich ruhig verläßt und nur wenig Wasser mit sich führt. Endlich holt auch das Dampfentnahmerohr *f*, welches bis zum hinteren Ende des Oberkessels reicht und dort offen ist, den Dampf wieder von dort herbei, wo er am trockensten ist, so daß schließlich der dem Kessel entnommene Dampf verhältnißmäßig wenig Wasser enthält.

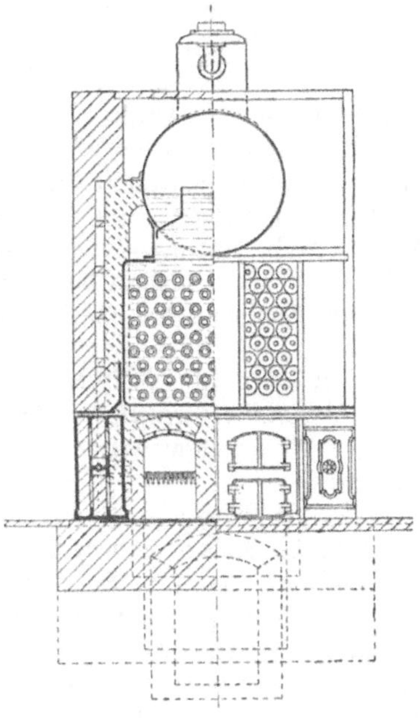

Fig. 51.

Es ist endlich hervorzuheben, daß die Steinmüller'sche Bauart das Ziel verfolgt, dem Wasser einen recht ungehinderten Umlauf zu verschaffen, was bei dem Walther-Kessel in Folge der zahlreichen Bogenstücke nicht in dem Maße erreicht wird.

Dem Steinmüller-Kessel ähnliche Wasserröhrenkessel bauen auch A. Büttner & Co. in Uerdingen am Rhein, die Sächsische Maschinenfabrik zu Chemnitz und Breda & Co. in Schkeuditz bei Leipzig. Der von der Sächsischen Maschinenfabrik gebaute Gehre-Kessel zeichnet sich durch die Eigenthümlichkeit aus, daß jede wagerechte Rohrreihe mit einem besonderen Dampfraum versehen ist, aus welchem der Dampf durch kurze Rohrstücke zur nächsten Rohrreihe geführt wird.

Bei den Wasserröhrenkesseln von Rost & Co. in Dresden und Dürr & Co. in Ratingen kommen ebenfalls geneigte Röhren, welche aber an dem tieferliegenden Ende geschlossen und nach Art der von dem Engländer Field erfundenen Sieberöhren (vergleiche auch Figur 53) mit je einem inneren, am unteren Ende offenen Wasserzuführungsrohre versehen sind, zur Verwendung. In dem inneren Rohre fließt das vom Oberkessel kommende Wasser nach unten; in dem ringförmigen Raum zwischen dem inneren und dem äußeren, von den Feuergasen berührten Rohr kehrt es wieder zurück, um als Dampf- und Wassergemisch nach dem Oberkessel empor zu steigen.

Während nun bei dem Rost'schen Kessel die oberen Rohrenden nach Art des Walther-Kessels durch gußeiserne Kappen unter sich und mit dem Oberkessel in Verbindung stehen, findet hierzu bei dem Dürr'schen Kessel, wie bei dem Steinmüller-Kessel, eine schmiedeeiserne, flache Wasserkammer Verwendung. Damit der Umlauf des Wassers in der angegebenen Weise erfolgt, sind bei dem Rost'schen Kessel alle Verbindungen in zwei Theile geschieden; bei dem Dürr-Kessel ist die Wasserkammer durch eine aus Stücken zusammengesetzte und der Reinigung des Kessels halber wegnehmbare Zwischenwand getheilt.

Der Dürr-Kessel ist in den Figuren 50 und 51 dargestellt.

Die Wasserröhrenkessel werden im Allgemeinen mit Heizflächen bis zu 300 Quadratmetern erbaut und besitzen folgende Eigenschaften:

Da die Feuergase wiederholt senkrecht auf die Röhren stoßen und durch die Röhren in viele schmale Ströme getheilt werden, und da ferner das Wasser in den Röhren in sehr raschem Umlauf und noch dazu im Gegenstrom sich befindet, so ist auch die Dampferzeugung eine reichliche; dieselbe beträgt 12 bis 18 kg stündlich für den Quadratmeter Heizfläche. Da aber der Wasserinhalt, der Dampfraum und der Wasserspiegel im Verhältniß zur Heizfläche sehr klein sind, so schwankt auch der Dampfdruck, selbst bei ziemlich gleichmäßigem Dampfverbrauch, noch stark, und ist von einem solchen Kessel, trotz aller besonderen Hülfsmittel, kein reiner, trockener Dampf zu erhalten. Die Kessel eignen sich daher nur für den Betrieb von Dampfmaschinen in Fabriken und sonstigen Anlagen, welche möglichst gleichmäßigen Kraftbedarf haben. Für den Heizer ist es aber dann noch schwierig, den Dampfdruck nur einigermaßen zu halten.

Die Folgen der Explosion eines solchen Kessels sind selbstverständlich keine so schweren, wie die anderer Kessel. Ihn als nicht explodirbar (inexplosibel) und daher gefahrlos zu bezeichnen, ist indessen nicht zulässig; denn das Aufplatzen eines einzigen Rohres genügt schon, die Einmauerung des Kessels zu zerstören und den Heizer unter Umständen tödtlich zu verletzen.

Zum Anheizen eines Wasserröhrenkessels bedarf es in Folge des kleinen Wasserinhaltes nur kurzer Zeit und wenig Brennmateriales.

Die Reinigung des Kessels wird in Folge der zahlreichen engen Röhren recht schwierig und wegen der vielen Verschraubungen und Dichtungen auch zeitraubend; für schlechtes Wasser sind diese Kessel überhaupt nicht geeignet, da alsdann die Röhren sich leicht verstopfen, durchbrennen und schließlich aufreißen.

Dagegen bieten diese Kessel den Vortheil, wenig Raum zu beanspruchen und sehr leicht zu sein; ihre Herstellung, welche viel Arbeit erfordert, ist allerdings nicht billig.

B. Die halbbeweglichen Kessel.

Den Uebergang zu den beweglichen Dampfkesseln bilden die sogenannten halbbeweglichen, nicht eingemauerten Kessel, zu deren Aufstellung es entweder so wenig Mauerwerkes bedarf, daß eine Veränderung des Aufstellungsortes nur wenig Zeit und Arbeit erfordert, oder welche, falls der Kessel gar kein Mauerwerk besitzt, durch Unterbau eines Wagens ohne viele Umstände in einen beweglichen verwandelt werden können. Es lassen sich bei diesen Kesseln, je nachdem dieselben mit Sieder öhren oder Heizröhren versehen werden, zwei Arten unterscheiden.

1. Der Feuerbüchsenkessel mit Sieder öhren.

Der in Figur 52 dargestellte Kessel kennzeichnet sich als ein stehender Feuerbüchsenkessel mit Sieder öhren.

Derselbe besteht aus dem Außenkessel a und der Feuerbüchse b. Die Decke des Außenkessels und der Feuerbüchse erhalten gewöhnlich eine gewölbte Form; beide Decken werden durch das Rauchrohr c verbunden. Damit letzteres nicht durch die Feuergase beschädigt wird, bringt man in demselben ein etwa 60 bis 80 mm engeres Schutzrohr d aus schwachem Blech an.

In der Feuerbüchse werden nun wagerechte oder schwach geneigt liegende Sieder öhren angeordnet. Der von H. Lachapelle (sprich Laschapell) erfundene Kessel dieser Art besitzt 3 bis 4 wagerechte, sich kreuzende Siederohre von etwa 200 bis 250 mm Durchmesser. Häufig wird auch an die Stelle jedes Siederohres ein Rohrbündel von 5 etwa 60 bis 70 mm weiten Röhren gesetzt, wodurch dann der Kessel die in Figur 52 dargestellte Gestalt erhält. Der Grundriß des Kessels läßt die gegenseitige Lage der Siederöhren *e* erkennen. Um die Röhren reinigen zu können, müssen im Mantel des Außenkessels, den Rohrbündeln gegenüber Reinigungsöffnungen *f* angebracht werden.

Die auf dem Planrost gebildeten Feuergase steigen senkrecht empor, umspülen die Siederohre und werden durch den Schornstein abgeführt. *g* ist die Feuerthür, *h* die Aschenfallklappe und *i* eine Rauchrohrklappe, mittelst welcher der Zug regulirt werden kann.

In der von Field herrührenden Form finden die Siederöhren bei dem Kessel, welcher in Figur 53 (nächste Seite) dargestellt ist, Anwendung.

Die Grundform des Kessels ist wieder die eines Feuerbüchsenkessels mit einem senkrechten Rauchrohr. Von der Decke der Feuerbüchse hängt eine große Anzahl etwa 60 bis 70 mm weiter, unten geschlossener Siederöhren *a* herab, welche am oberen Ende eine kegelförmige Verstärkung besitzen, von oben in die Decke der Feuerbüchse gesteckt und mit

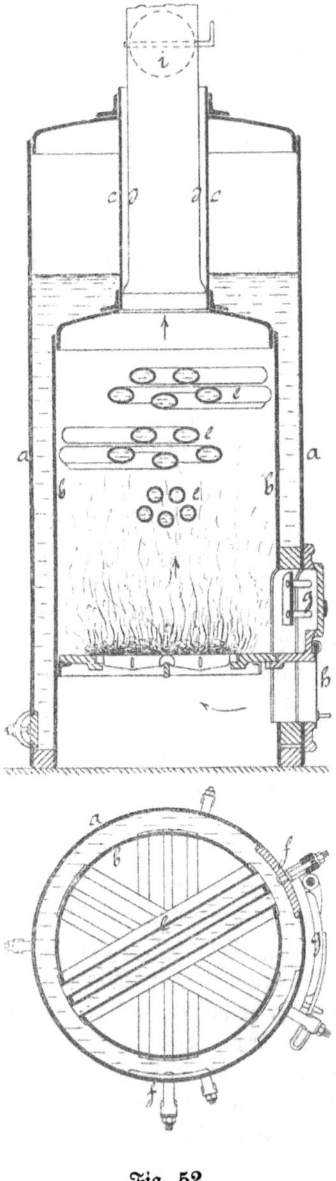

Fig. 52.

dem Hammer festgeschlagen werden; in diese Röhren werden engere, oben offene und unten mit seitlichen Oeffnungen versehene Rohre aus dünnem Blech geschoben.

In dem Zwischenraum der beiden Rohre findet nun infolge der Einwirkung der Flamme eine sehr lebhafte Verdampfung statt. Der erzeugte Dampf steigt rasch empor und reißt das ihn umgebende Wasser kräftig mit sich fort, welches nunmehr durch frisches, in dem inneren Rohr abwärts fließendes Wasser ersetzt wird. Es stellt sich daher in den Siederöhren ein sehr lebhafter Wasserumlauf ein, welcher nicht nur die Dampfbildung verstärkt, sondern auch das Ansetzen von Kesselstein in den Röhren bis zu einem gewissen Grade verhindert.

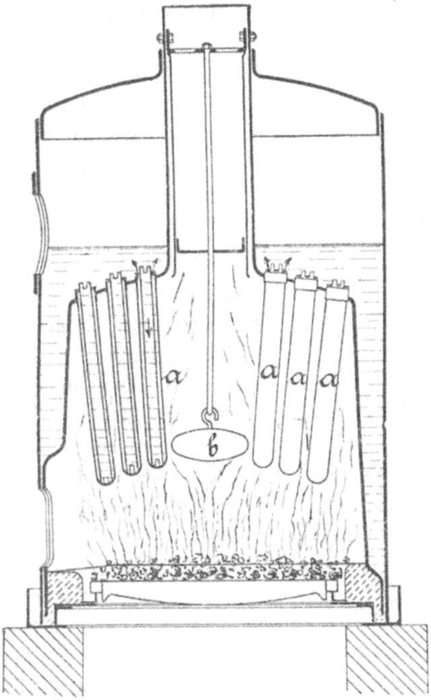

Fig. 53.

Ein zwischen den Siederöhren aufgehängter, gußeiserner Körper *b* zwingt die vom Rost aufsteigenden Feuergase an den Siederöhren entlang zu ziehen.

2. Der Feuerbüchsenkessel mit Heizröhren.

Der in Figur 54 dargestellte, sehr gebräuchliche Kessel ist als ein stehender Feuerbüchsenkessel mit Heizröhren zu bezeichnen.

Er besteht wieder aus einem cylindrischen Außenkessel *a*, einer verhältnißmäßig niedrigen Feuerbüchse *b* und einer größeren Anzahl von der Decke der Feuerbüchse zur Decke des Außenkessels führenden Heizröhren *c*.

Die Feuerungsanlage bildet meistens ein in die Feuerbüchse gelegter Planrost, welcher durch die Feuerthüre *d* bedient wird.

Die Feuergase steigen in der Feuerbüchse senkrecht empor, treten in die Heizröhren ein und durchziehen dieselben; sie werden hierauf in der trichterförmigen Rauchkammer *e* gesammelt und durch ein Rohr nach dem Schornstein geführt.

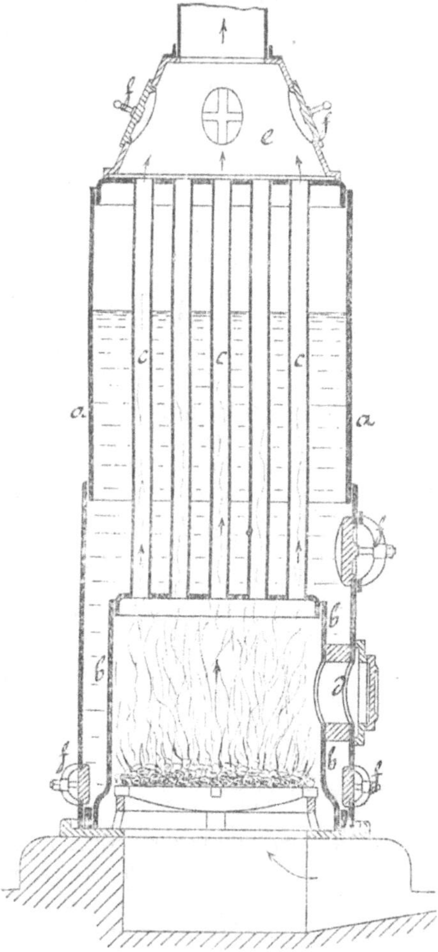

Fig. 54.

f sind durch Deckel verschließbare Reinigungsöffnungen.

Die Feuerbüchsenkessel mit Siederöhren oder Heizröhren werden nur mit kleineren Heizflächen, etwa bis zu 50 Quadratmeter, erbaut; sie finden sowohl als feststehende, wie als bewegliche Kessel (bei Dampfkrahnen, Feuerspritzen u. s. w.) gern Verwendung.

Mit ihren Eigenschaften stehen die Feuerbüchsenkessel dem Heizröhren- und Wasserröhrenkessel nahe. In Folge der wiederholt senkrecht aufstoßenden Bewegung der Heizgase bei den Lachapellekesseln und des guten Wasserumlaufes bei den Fieldkesseln tritt eine reichliche Dampferzeugung ein; bei natürlichem Luftzuge kann die letztere zu 15 kg auf den Quadratmeter Heizfläche stündlich angenommen werden, bei künstlichem Luftzug bis zu 20 kg. Da aber der Wasser- und Dampfraum, sowie Wasserspiegel im Verhältniß zur Heizfläche klein sind, so schwankt auch der Dampfdruck stark, und ist der erzeugte Dampf naß.

Trotz der Kleinheit der Kessel kann eine Explosion schon ziemlich schwere Folgen haben.

Das Anheizen des Kessels erfordert in Folge des verhältnißmäßig kleinen Wasserinhaltes wenig Zeit und Brennmaterial, auf welchen Umstand bei Kesselarten, wie denen der Dampffeuerspritzen, besonderer Werth zu legen ist.

Die Reinigung des Kessels bereitet einige Schwierigkeiten; bei den Fieldkesseln wird sie etwas erleichtert durch die Möglichkeit, die Röhren rasch herausschlagen und wieder einsetzen zu können.

Der Raumbedarf und das Gewicht der Kessel sind mäßig; die Herstellung erfordert der Feuerbüchse wegen einige Kunstfertigkeit und vertheuert sich dadurch etwas.

C. Die beweglichen Dampfkessel.

Die dritte und letzte Art der Dampfkessel ist die der beweglichen; bei denselben kommt es hauptsächlich darauf an, daß der Kessel möglichst leicht ist, wenig Raum einnimmt oder den zur Verfügung stehenden Raum gut ausnützt und auf diesem Raum möglichst viel Dampf erzeugt. Hieraus ergiebt sich, daß diese Kessel keinen großen Wasserinhalt besitzen dürfen und mit einer möglichst großen Anzahl von Siede- oder Heizröhren versehen werden müssen.

Aber auch die Feuerungsanlage muß besondere Bedingungen erfüllen; der Rost darf nicht groß sein, und ist nur ein möglichst leichter, niedriger Schornstein anwendbar. Die beweglichen Kessel werden daher meistens mit künstlichem Luftzug betrieben.

1. Der Lokomotivkessel.

Der Erfinder des in den Grundzügen noch unverändert im Gebrauch befindlichen Lokomotivkessels ist der Engländer George Stephenson (sprich Stiefenson), der zugleich als der Erbauer der ersten, wirklich brauchbaren Lokomotive gilt. Ihm gebührt vor allen Dingen das Verdienst, zuerst eine Feuerbüchse, enge Heizröhren und die Blasrohreinrichtung für den Lokomotivkessel in Anwendung gebracht zu haben; der Erfolg dieser Neuerungen war ein glänzender.

Die Bauart des Lokomotivkessels in seiner heutigen Gestalt ist aus den Figuren 55 (Längenschnitt) und 56 (Querschnitt) welche den Kessel einer älteren Personenzug-Lokomotive der sächsischen Staats-Eisenbahnen darstellen, ersichtlich.

Die den schrägliegenden Rost aufnehmende Feuerbüchse a wird von dem mit der Feuerthür versehenen Außenmantel b umgeben. An den letzteren schließt sich der cylindrische Langkessel c, welcher sich vorn zu der mit dem Schornstein versehenen Rauchkammer *d* erweitert. Von der vorderen Wand der Feuerbüchse bis zur hinteren Wand der Rauchkammer erstrecken sich die zahlreichen schmiedeeisernen Heizröhren *e* (im vorliegenden Fall 210 Stück mit 40 mm lichter Weite, $2^1/_2$ mm Wandstärke und 3,258 m Länge). *f* ist der aus zwei Theilen zusammengeschraubte Dampfdom.

Die Feuerbüchse wird der längeren Haltbarkeit halber aus Kupfer hergestellt.

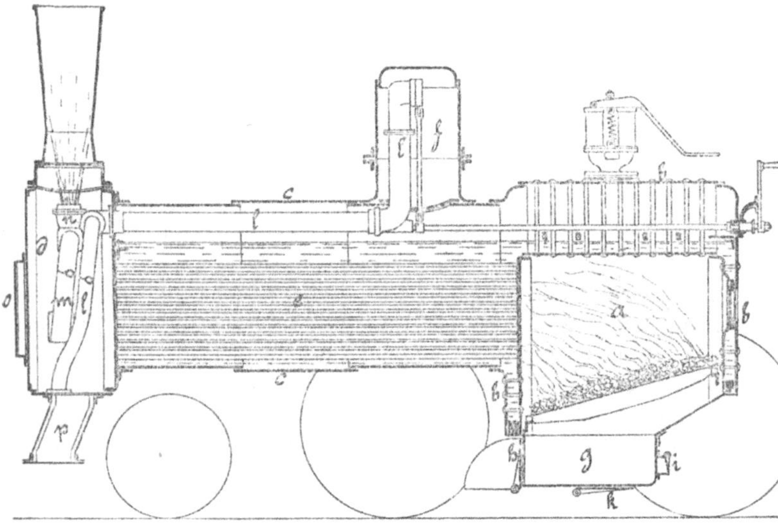

Fig. 55.

Damit die Feuerbüchse und der Außenmantel dem Dampfdruck den erforderlichen Widerstand zu leisten vermögen, sind sie durch zahlreiche Stehbolzen (vergleiche Figur 8 auf Seite 70), in gleicher Absicht auch die Seitenwände des Außenmantels durch vier starke, an aufgenietete Winkeleisen befestigte Schienenanker mit einander verbunden. Endlich ist die mit dem Feuerloch versehene Rückwand des Außenmantels in ihrem oberen Theile durch einen eingenieteten Blechstreifen versteift.

Die Versteifung der Feuerbüchsendecke kann übrigens auch durch Schienen (vergl. Figur 9 auf Seite 70) erfolgen.

Das bis in den oberen Theil des Dampfdomes geführte Rohr *l* ist an seinem Kopfe mit einem vom Führerstand aus bewegbaren Absperrschieber ausgerüstet; es nimmt den erzeugten Dampf auf und führt denselben, nachdem es sich in der Rauchkammer gegabelt hat, den beiden Cylindern der Maschine zu. Das doppelte Rohr *m* dient zur Ableitung des verbrauchten Dampfes; es bildet mit dem Mundstück *n* und dem Schornstein die bereits auf Seite 127 beschriebene Blasrohreinrichtung, welche den erforderlichen Zug erzeugt.

Der unter dem Rost gelegene Theil der Feuerbüchse ist durch den Aschenkasten *g*, welcher mit den Klappen *h* und *i* versehen ist, geschlossen; die Klappen werden je nach Bedarf bei der Vor- oder Rückwärtsfahrt geöffnet und lassen die zur Verbrennung erforderliche Luft ein. Mittelst der Klappe *k* kann die Asche aus dem Aschenkasten entfernt werden.

Die Rauchkammer, welche mit einer den Heizröhren gegenübergelegenen, verschließbaren Reinigungsthür *o* versehen ist, setzt sich nach unten in ein Sammelgefäß, den sogenannten Aschensack *p* fort; wird der an letzterem angebrachte Verschlußschieber geöffnet, so fällt die angesammelte Flugasche heraus und wird auf diese Weise rasch entfernt.

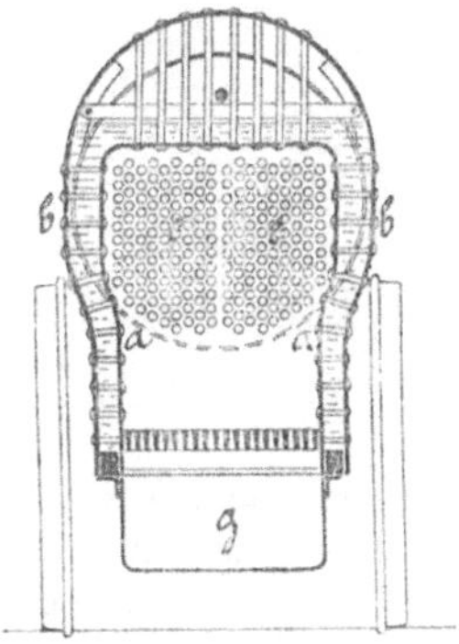

Fig. 56.

Die Heizfläche des beschriebenen Lokomotivkessels beträgt 92,85 Quadratmeter, sein Betriebsüberdruck $8^1/_2$ Atmosphären. Die Kessel der Güterzugslokomotiven besitzen noch längere Heizröhren und demzufolge auch größere Heizflächen.

Neuerdings werden Lokomotivkessel mit Heizflächen bis zu 150 Quadratmetern und einer Dampfspannung bis zu 15 Atmosphären Ueberdruck in Betrieb gesetzt.

Die Lokomotivkessel nutzen die Wärme des Brennmateriales in Folge der guten Verbrennung (scharfer Zug und hohe Brennmaterialschicht) und der raschen Wärmeabgabe seitens der Heizgase an den Kessel (Theilung der Feuergase durch die Heizröhren in viele dünne Strahlen) ganz vorzüglich aus. Der beschleunigten Verbrennung entsprechend ist auch die Dampferzeugung eine sehr reichliche; man kann sie zu stündlich 30 kg von jedem Quadratmeter der Heizfläche annehmen.

2. Der Lokomobilkessel.

Der Lokomobilkessel ist ein Dampferzeuger, der in der Regel seinen Aufstellungsort öfter ändern soll; er ruht deshalb auf Rädern oder kurzen Füßen. Seine Bauart entspricht meistens der des

Lokomotivkessels, von welchem er sich nur durch die geringere Größe und eine etwas einfachere Form unterscheidet; die Beschreibung eines derart gestalteten Lokomobilkessels kann unterbleiben. Doch kommen auch andere Bauarten vor, von welchen indessen nur eine mitgetheilt werden soll, es ist dies der von der Firma R. Wolf in Buckau-Magdeburg eingeführte, ausziehbare Lokomobilkessel, welcher die weiteste Verbreitung gefunden hat.

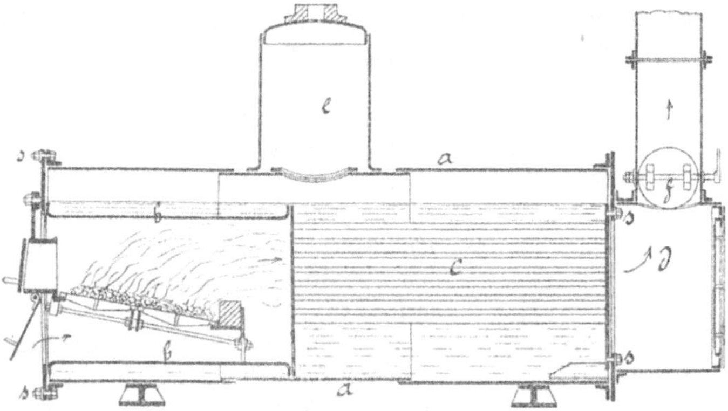

Fig. 57.

Der Wolf'sche Kessel, welchen Figur 57 im Längnschnitt und Figur 58 im Querschnitt darstellen, besteht aus einem cylindrischen Hauptkessel a mit ebenen Böden und einer cylindrischen oder ovalen, zumeist mit Innenfeuerung versehenen Feuerbüchse b, von deren Rückwand eine größere Anzahl Heizröhren c nach dem hinteren Kesselboden führen; an letzteren ist die mit dem Schornstein versehene Rauchkammer d befestigt.

Der Kessel besitzt nun die Eigenthümlichkeit, daß der vordere Kesselboden, an welchen die Feuerbüchse genietet ist, und der Theil des hinteren Kesselbodens, welcher die Heizröhren aufnimmt, mit dem Hauptkessel durch eine lösbare Verschraubung verbunden sind. Löst man alle die mit s bezeichneten Schrauben, so kann der innere Kessel, bestehend aus der Feuerbüchse und den Heizröhren nebst den anhängenden Kesselböden, herausgezogen werden. Das Auseinandernehmen des Kessels, die denkbar bequemste Reinigung der beiden Kesseltheile und das Wiederzusammenschrauben des Kessels lassen sich in kürzester Frist erledigen; zwei abgeschrägte, auf den inneren Kesselmantel genietete Blechstreifen, auf welchen der hintere Kesselboden gleitet, erleichtern das richtige Wiederheranschieben des inneren Kesseltheiles an die Rauchkammerwand.

Der Kessel wird durch einen Dampfdom *e* vervollständigt; der Schornstein ist mit einer Drosselklappe *f* ausgerüstet.

Die Lokomobilkessel werden mit Heizflächen bis zu 100 Quadratmetern erbaut. Da der Zug ein schwächerer ist, so müssen die Heizröhren weiter und kürzer sein, als bei dem Lokomotivkessel. Sowohl die Verbrennung als auch die Wärmeausnutzung werden ungünstiger; sie bleiben daher in ihrer Leistung hinter dem Lokomotivkessel zurück. Bei natürlichem Luftzug kann eine Verdampfung von 15 kg, bei künstlichem eine solche von 20 bis 25 kg vom Quadratmeter der Heizfläche stündlich erwartet werden.

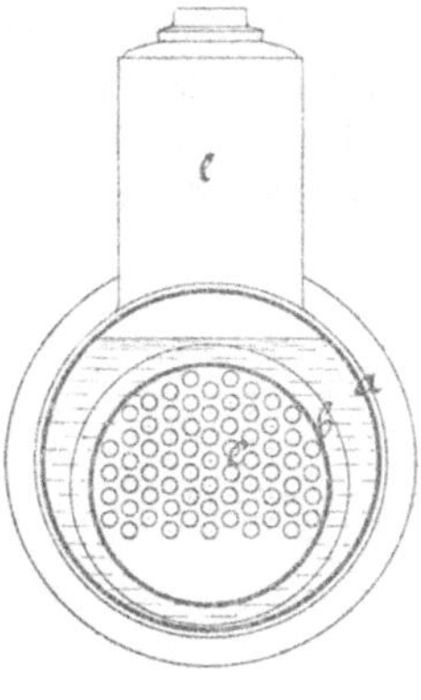

Fig. 58.

Der Schiffskessel.

Der Schiffskessel erhielt früher stets eine koffer- oder kastenförmige Gestalt, damit der für seine Aufstellung im Schiff verfügbare Raum gut ausgenützt wurde. Diese Form ist indessen nur bei niedrigem Dampfdruck anwendbar; seitdem aber auch bei den Schiffsdampfmaschinen, um eine größere Sparsamkeit im Brennmaterialverbrauch und kräftigere, dabei leichtere Maschinen zu erzielen, mehr und mehr hochgespannte Dämpfe zur Verwendung kommen, ist man dazu übergegangen, den zu ihrem Betrieb dienenden Kesseln eine cylindrische Form zu geben, bei welcher Form die Kesselwandungen wesentlich dünner hergestellt werden können, und die schweren Verankerungen der ebenen Wandungen größtentheils in Wegfall kommen.

In kleinen Dampfbooten werden meistens aufrechtstehende Feuerbüchsenkessel mit Siederöhren oder Heizröhren benutzt; bei größeren Dampfern finden aber Kessel Verwendung, welche eine ganz eigenartige, von den bisher besprochenen Kesselarten abweichende Form besitzen. In Figur 59 ist ein derartiger neuerer Schiffskessel, wie solche auf den die Elbe befahrenden Schleppdampfern im Betrieb sind, im Längenschnitt und in Figur 60 im Querschnitt dargestellt.

In dem cylindrischen Hauptkessel *a*, welcher mit ebenen Böden versehen ist, sind zwei gut versteifte Feuerrohre *b* angeordnet. An jedes Feuerrohr schließt sich eine flache Feuerkiste *c*. Von der einen Wand der Feuerkiste, der Rohrwand, bis zu dem vorderen

Kesselboden erstrecken sich nun eine größere Anzahl Heizöhren *d*. An den zuletzt genannten Kesselboden ist eine Rauchkammer *e* geschraubt, in welche die Heizröhren münden, und welche sich nach oben in den Schornstein *f* fortsetzt. *g* ist der Dampfdom.

Die ebenen Böden des Hauptkessels sind, außer durch die Heizröhren, durch 13 durchgehende Schraubenanker versteift; außerdem sind die Rückwände der Feuerkisten mit dem hinteren Kesselboden sowie die Mäntel der Feuerkisten unter sich und mit dem Mantel des Hauptkessels durch eine große Anzahl Stehbolzen verbunden. Die Decken der Feuerkisten, welche nach beiden Seiten dachförmig abfallen, damit auch bei einer seitlichen Neigung des Kessels die Feuerkiste mit Wasser bedeckt bleibt (vergl. § 2 Abs. 1 der Bestimmungen des Bundesrathes

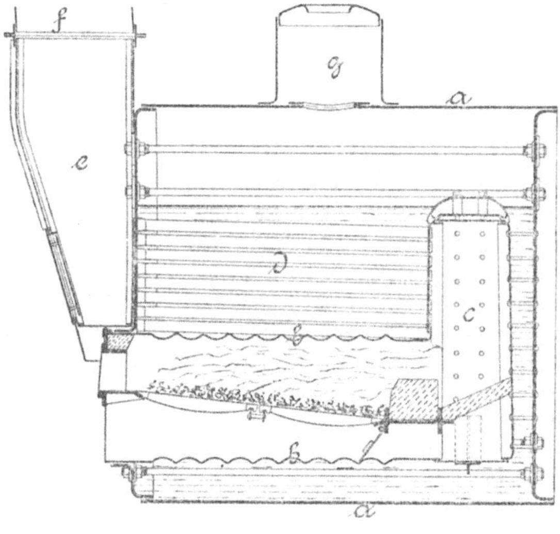

Fig. 59.

über die Anlegung von Dampfkesseln vom 5. August 1890 im letzten Abschnitt), werden durch Deckenschienen versteift. Endlich ist noch auf die unteren Mantelflächen der Feuerkisten je eine gebogene Winkelschiene genietet. Durch alle diese Hilfsmittel wird eine Ausbiegung der Kesselböden und eine Formveränderung der Feuerkiste durch den Dampfdruck unmöglich gemacht.

Die Roste sind in die Feuerrohre gelegt. Die in den Feuerrohren gebildeten Heizgase ziehen nach hinten in die Feuerkisten, und kehren durch die Heizröhren zurück; sie werden nun von der Rauchkammer aufgenommen und durch den Schornstein abgeführt.

Größere Schiffskessel erhalten drei und mehr Feuerrohre; auch werden oft zwei solcher Kessel zu einem Kessel vereinigt, indem man die Hinterböden fortfallen läßt und die beiden Feuerkisten entweder durch Stehbolzen verbindet oder dieselben zu einer Feuerkiste verschmilzt; solche Kessel werden dann von zwei Seiten geheizt.

Große Seedampfer sind oft mit vier und mehr solchen Doppelkesseln versehen. Die vier Rauchkammern von je zwei Kesseln vereinigen sich dann über den letzteren und münden in einen gemeinschaftlichen Schornstein; es besitzt mithin ein solcher Dampfer mehrere große Schornsteine.

Die Schiffskessel erhalten Durchmesser bis nahezu 4 m und Längen bis über 5 m; die Heizflächen dieser Kessel betragen bis zu 250 Quadratmetern. Ein Quadratmeter Heizfläche liefert stündlich bei natürlichem Luftzug 15 bis 20 kg Dampf, welche Leistung aber bei der mehr und mehr Eingang findenden und eine bessere Ausnützung des Brennmateriales ergebenden Anwendung künstlichen Luftzuges wesentlich erhöht werden kann.

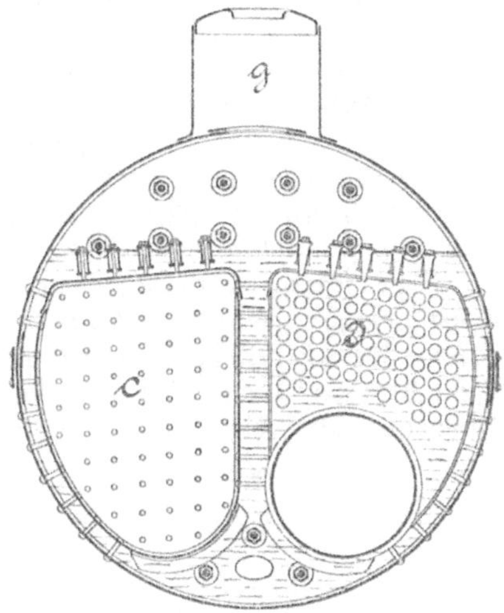

Fig. 60.

Die beweglichen Dampfkessel lassen in Folge ihrer sehr wirksamen, durch zahlreiche Heizröhren gebildeten Heizfläche, insbesondere bei der Anwendung künstlichen Zuges, eine sehr reichliche Verdampfung erzielen. Da indessen der Wasserinhalt, Dampfraum und Wasserspiegel im Verhältniß zur Heizfläche klein sind, und auch der Dampfverbrauch bei diesen Kesseln meistens recht ungleichmäßig ist, so schwankt der Dampfdruck stark, und es bedarf seitens des Heizers, namentlich bei den Lokomotivkesseln, einer ganz besonderen Geschicklichkeit, den Druck auf gleicher Höhe zu erhalten. Der erzeugte Dampf ist auch meistens etwas naß; bei den Schiffskesseln bekämpft man diesen Uebelstand häufig durch das Hülfsmittel, den Dampf nochmals zu erhitzen, ehe er in der Maschine zur Verwendung gelangt; man leitet den Dampf durch Röhren, welche in dem Schornstein liegen, wodurch das im Dampf enthaltene Wasser noch verdampft, der Dampf trocken gemacht und wohl auch schwach überhitzt wird.

Da die beweglichen Kessel mit größeren Theilen versehen sind, welche der Dampfdruck zusammen zu drücken sucht (Feuerbüchse, Feuerrohre, Feuerkiste), so ist auch die Gefahr einer Explosion bei Wassermangel sehr nahe gerückt, und bedarf die Bedienung eines solchen Kessels der größten Sorgfalt und Aufmerksamkeit des Heizers. Die Folgen einer eintretenden Explosion sind bei diesen Kesseln in Folge des hohen Dampfdruckes und des hocherhitzten Zustandes des Kesselwassers auch gewöhnlich ungemein verheerende.

Das Anheizen der beweglichen Kessel ist mit verhältnißmäßig wenig Brennmaterial nnd in kurzer Zeit zu bewerkstelligen.

Ein großer Fehler dieser Kessel besteht in der Unmöglichkeit, sie gründlich reinigen zu können, wovon nur die Wolf'schen Lokomobilkessel eine Ausnahme machen; es bleibt nichts weiter übrig, als zu diesem Zweck in gewissen Zeitabschnitten alle Heizröhren beziehungsweise auch die Feuerbüchse oder Feuerkiste heraus zu nehmen, vom Kesselstein zu befreien und hierauf den Kessel wieder zusammen zu setzen, was natürlich sehr viel Geld und Zeit kostet.

Daß diese Kessel, einem Haupterforderniß entsprechend, wenig Raum einnehmen und geringes Gewicht besitzen, bedarf keines Hinweises. Ihre Herstellung ist ziemlich schwierig und erfordert sehr geschickte Arbeiter; daher sind auch diese Kessel, insbesondere der Lokomotiv- und Schiffskessel, recht theuer.

Achter Abschnitt.

Die Ausrüstung der Dampfkessel.

Inhalt: Die an die Ausrüstung der Dampfkessel zu stellenden Anforderungen. — A. Die gesetzlich vorgeschriebenen Sicherheitsvorrichtungen: 1. Die Wasserstandszeiger: Die Probirhähne, das Wasserstandsglas (der Ochwadt'sche Wasserstandszeiger), der Schwimmerzeiger. 2. Die Druckmesser (Manometer): Das Quecksilbermanometer, das Federmanometer. 3. Die Sicherheitsventile; Das Ventil mit Gewichtsbelastung, das Ventil mit Federbelastung. 4. Die Speisevorrichtungen: Die Rücklaufvorrichtung, die Kolbenspeisepumpe, die Dampfstrahlpumpe (Injektor), die selbstthätigen Speisevorrichtungen; das Speiseventil. — B. Sonstige Vorrichtungen: 1. Sicherheitsvorrichtungen: Der Speiserufer, elektrische Lärmvorrichtungen. 2. Hülfsvorrichtungen: Das Absperrventil im Speiserohr, der Speisewasser-Vorwärmer, die Vorrichtungen zur Messung des Speisewassers, das Ablaßventil; das Dampfabsperrventil, die Dampfpfeifen; das Mannloch und die Reinigungsöffnungen; die Dichtungen.

Zur Erzielung eines möglichst sicheren und zweckmäßigen Dampfkesselbetriebes ist es erforderlich, daß jeder Dampfkessel mit einer Anzahl Vorrichtungen ausgerüstet wird, von welchen jede eine bestimmte Aufgabe zu erfüllen hat. Ein Theil dieser Vorrichtungen ist aus Sicherheitsgründen gesetzlich vorgeschrieben; die übrigen werden entweder angebracht, um die Sicherheit des Betriebes zu erhöhen, oder weil die betreffenden Vorrichtungen für den Betrieb unentbehrlich oder von großem Nutzen sind. Von allen diesen Vorrichtungen verlangt man aber ohne Unterschied, daß sie ihren Zweck in möglichst einfacher Weise erfüllen, stets zuverlässig wirken, leicht zu bedienen und endlich auch dauerhaft sind.

A. Die gesetzlich vorgeschriebenen Sicherheitsvorrichtungen.

Die gesetzlich vorgeschriebenen Sicherheitsvorrichtungen zerfallen in vier Gruppen: In solche zur Erkennung des Wasserstandes, zur Messung des Dampfdruckes, zur Verhütung eines zu hohen Dampfdruckes und zur Erhaltung des Wasserstandes.

1. Die Wasserstandszeiger.

Die Beobachtung des Wasserstandes eines Dampfkessels wird durch die Wasserstandszeiger ermöglicht.

Die Innehaltung eines bestimmten Wasserstandes im Dampfkessel ist aus mehreren Gründen geboten.

Einerseits ist es erforderlich, genügend viel Wasser im Kessel zu haben, damit nicht Kesselwandungen vom Wasser entblößt und der Einwirkung der Flamme ausgesetzt werden, wodurch leicht eine Beschädigung, ja sogar eine Explosion des Kessels herbeigeführt werden kann. Weiter soll viel Wasser im Kessel sein, damit selbst bei unregelmäßigem Dampfverbrauch der Dampfdruck thunlichst auf gleicher Höhe bleibt.

Andererseits darf der Kessel aber nicht zu viel Wasser enthalten, weil sonst der Dampfraum zu klein wird, und der erzeugte Dampf viel Wasser enthält.

Es muß daher für jeden Dampfkessel ein bestimmter Wasserstand festgesetzt werden, welcher beiden Bestrebungen in möglichst gleichem Maße gerecht wird. Unter diesen Wasserstand darf bei dem Betrieb niemals herabgegangen werden. Ueber die Festsetzung dieses zulässig tiefsten Wasserstandes wurden bereits Seite 119 und 133 die nöthigen Mittheilungen gemacht.

Es giebt nun drei Mittel, die Höhe des Wasserstandes im Kessel nach außen hin erkennbar zu machen; nämlich Probirhähne, Wasserstandsgläser und Schwimmerzeiger.

Damit der Wasserstand mit größerer Sicherheit erkannt, und, falls die eine Vorrichtung versagen sollte, der Betrieb des Kessels mit Hülfe der zweiten ohne Gefahr weiter geführt werden kann, fordern die gesetzlichen Bestimmungen, daß jeder Dampfkessel außer mit einem Wasserstandsglas noch mit einem zweiten Wasserstandszeiger versehen wird (vergleiche § 5 der allgemeinen polizeilichen Bestimmungen des Bundesrathes über die Anlegung von Dampfkesseln vom 5. August 1890). Für Schiffsdampfkessel sind sogar drei solche Vorrichtungen, von welchen zwei Wasserstandsgläser sein müssen, vorgeschrieben (vergleiche den zweiten Absatz des § 7 der genannten Bestimmungen).

Die Probirhähne: Die einfachste und billigste Vorrichtung zur Erkennung des Wasserstandes ist der Probirhahn, ein einfach mit dem Kesselinneren in Verbindung stehender Hahn; solcher Probirhähne werden immer zwei oder drei in verschiedenen Höhen am Kessel angebracht, damit auch festgestellt werden kann, wie hoch der Kessel gefüllt ist, und eine Ueberfüllung des Kessels vermieden wird.

Der Probirhahn (vergleiche Figur 61 und 62) besteht aus dem mit einer Längsbohrung versehenen Gehäuse h und dem sogenannten Küken i, einem konischen, dicht eingeschliffenen und ebenfalls mit einer Durchbohrung versehenen Körper, der in dem Gehäuse drehbar befestigt und mit einem Handgriff versehen ist. Die äußere Mündung des Hahnes wird gewöhnlich schräg nach unten gerichtet, damit der dem Hahn entströmende Dampf- oder Wasserstrahl Niemand verletzt.

§ 6 der Bestimmungen des Bundesrathes über die Anlegung von Dampfkesseln fordert, daß der unterste Probirhahn in der Ebene des festgesetzten niedrigsten Wasserstandes angebracht wird. In dieser Höhe muß also der Hahn in den Kessel geschraubt oder an dem-

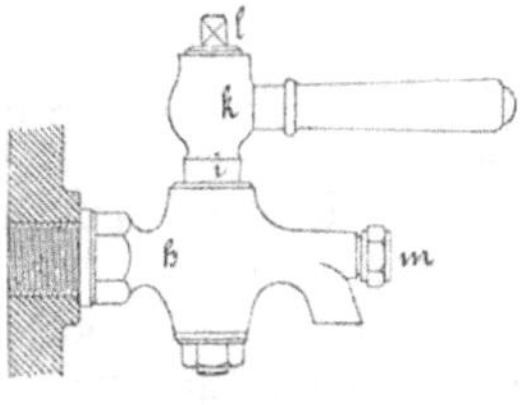

Fig. 61.

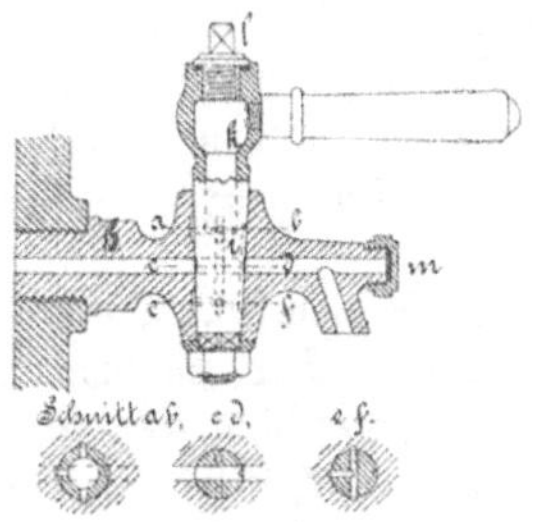

Fig. 62

selben befestigt werden; wird er aber mit dem Kessel durch ein längeres Rohr verbunden, so muß dieses Rohr in derselben Höhe in den Kessel münden und möglichst wagerecht liegen.

Es ist nun stets besser, die Probirhähne unmittelbar auf die Kesselwand zu schrauben, damit nicht durch Mauerwerk verdeckte Dichtungen, deren Ueberwachung und Instandhaltung erschwert werden, entstehen. Sollte dies aber nicht angängig sein, so muß das Verbindungsrohr in den Kesselboden geschraubt und darf nicht mit Flanschen befestigt werden. Eingemauerte Kessel werden oft mit einem Wasserstandstutzen (in Figur 37 mit a bezeichnet), der zur Befestigung der Wasserstandszeiger bestimmt ist, versehen.

Da es vorkommt, daß sich die Probirhähne mit Schlamm und Kesselstein verstopfen und dann den Dienst versagen, so muß es möglich sein, sie während des Betriebes zu reinigen und wieder dienstfähig zu machen; § 6 der erwähnten Bestimmungen verlangt daher, daß man den Hahn in gerader Richtung mit einem Draht durchstoßen kann. Zu diesem Zwecke wird daher entweder am vorderen Ende des Hahnes in der Bohrung desselben eine Reinigungsschraube angebracht, oder auch dieses Ende, wie bei dem in den Figuren 61 und 62 dargestellten Hahn, mit einer Ueberwurfmutter *m* versehen, nach deren Entfernung der Hahn gereinigt werden kann.

Soll nun der Wasserstand des Kessels mit Hülfe des Probirhahnes ermittelt werden, so braucht man nur den Probirhahn zu öffnen; je nachdem dem Hahn Wasser oder Dampf entströmt, befindet sich der Wasserspiegel noch über oder bereits unter dem Hahn.

Es springt nun gleich als ein Mangel der Probirhähne in die Augen, daß nicht ermittelt werden kann, in welcher Höhe der Wasserspiegel im Kessel sich eigentlich befindet; man erfährt eben nur, daß er zwischen zwei Probirhähnen liegt. Auch gehört schon eine gewisse Uebung dazu, zu unterscheiden, ob die dem Hahn entströmende Masse siedendes Wasser oder Dampf ist.

Ein weiterer Mangel ist die leicht eintretende Verstopfung des Hahnes. Durch täglich mehrmaliges Durchblasen des Hahnes kann derselben zwar vorgebeugt werden; sie bleibt aber trotzdem nicht aus.

Große Uebelstände der gewöhnlichen Probirhähne sind endlich das beständige Tropfen sowie die schwierige Instandhaltung derselben. Soll der Hahn dicht sein, so möchte er fest angezogen werden; dann aber dreht er sich schwer, reibt stark, bekommt Riefen und läßt schließlich das Wasser durch. Der leicht gangbare, lose Hahn tropft aber erst recht. Nur die öftere Schmierung der Hahnküken mit Talg und eine recht kräftige Bauart der Hähne machen den Zustand erträglich; dünne, schwächliche Hähne sind unbrauchbar.

Als sehr zweckmäßig haben sich Probirhähne, welche mit einer Schmiervorrichtung (Patent) versehen sind und von H. Reisert in Köln geliefert werden, erwiesen; die Figuren 61 und 62 stellen einen derartigen Hahn dar.

Der Kopf des Kükens bildet ein Schmiergefäß *k*, welches mit Talg oder einer von Reisert für diese Zwecke besonders angefertigten Hahnschmiere gefüllt und alsdann durch die Schraube *l* wieder geschlossen wird. Durch die aus der Figur 62, insbesondere aus den Querschnitten *a—b*, *c—d* und *e—f* ersichtlichen Bohrungen und Nuten im Küken und im Hahngehäuse wird der Hahn stets gut in Schmiere gehalten; er dreht sich demzufolge leicht und ist dabei doch dicht.

Anstatt der Probirhähne werden zuweilen auch Probirventile angewendet; für dieselben gelten bezüglich der Höhe, in welcher sie am Kessel anzubringen sind, und der Möglichkeit, sie während des Betriebes reinigen zu können, dieselben gesetzlichen Bestimmungen. Eine Besprechung dieser seltener zur Anwendung kommenden Einrichtungen kann unterbleiben.

Das Wasserstandsglas: Ein weit bequemerer, allerdings auch theuerer Wasserstandszeiger, als die Probirhähne, ist das von Watt eingeführte Wasserstandsglas, welches seinem Wesen nach in einem, mit dem Kessel in Verbindung gesetzten Glasrohr besteht und

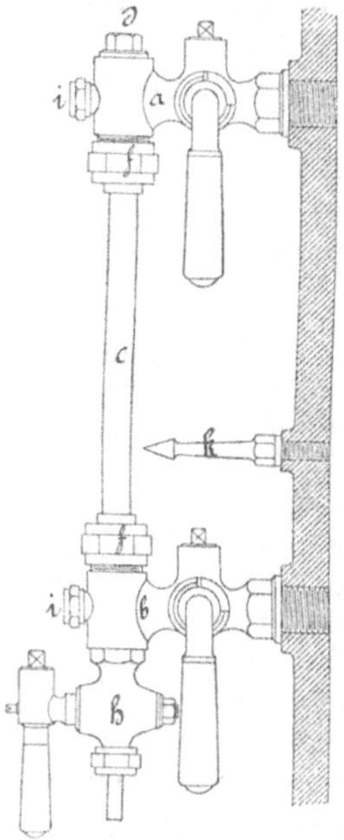

Fig. 63.

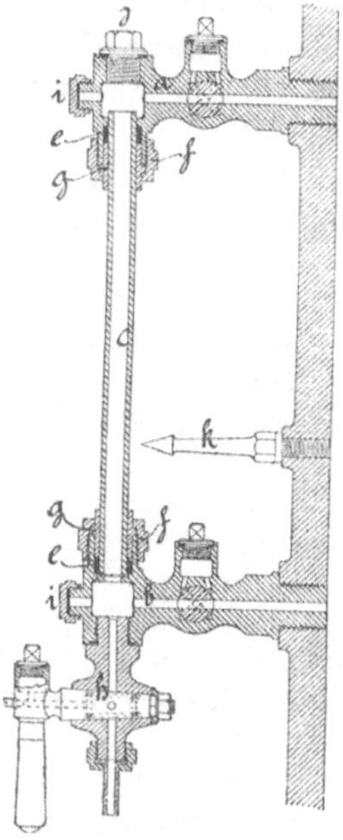

Fig. 64.

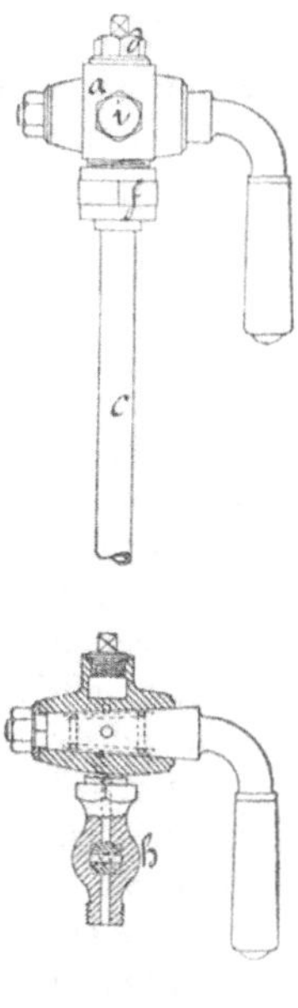

Fig. 65.

jederzeit den im Kessel vorhandenen Wasserstand sichtbar macht. Dieses Vortheiles wegen ist auch für jeden feststehenden Dampfkessel mindestens ein Wasserstandsglas, für Schiffsdampfkessel sind aber deren zwei vorgeschrieben (vergleiche § 5 und § 7 Absatz 2 der Bestimmungen des Bundesrathes über die Anlegung von Dampfkesseln). Häufig trifft man indessen auch bei den feststehenden und den übrigen beweglichen Kesseln zwei Wasserstandsgläser an.

Die Einrichtung eines Wasserstandsglases ist aus den Figuren 63 (äußere Ansicht), 64 (Längsschnitt) und 65 (Stirnansicht) ersichtlich.

Die beiden Wasserstandsköpfe *a* und *b* sind mit Abschlußhähnen und Gehäusen versehen, welche letzteren das Glasrohr aufnehmen.

Das Glasrohr *c* wird, nachdem die Verschlußmutter *d* entfernt worden ist, von oben hereingeschoben, sitzt auf dem Grunde des unteren Wasserstandskopfes auf und ragt in den Hohlraum des oberen etwas hinein. Den dampf- und wasserdichten Abschluß des Rohres besorgen die in einer kleinen Stopfbüchse liegenden Gummiringe *e*, welche durch die Ueberwurfmuttern *f* unter Beihülfe der Preßringe *g* zusammen- und an das Glasrohr gepreßt werden.

Der untere Wasserstandskopf *b* erhält stets einen kleineren Ablaßhahn *h*, welcher das Ablassen des Wassers und Schmutzes aus dem Glasrohr ermöglicht.

Damit die Verbindungen nach dem Kessel gereinigt werden können, sind die Wasserstandsköpfe mit den Reinigungsmuttern *i* versehen, nach deren Entfernung mit einem Draht nach dem Kessel gestoßen und der Kesselstein entfernt werden kann.

Durch einen Zeiger *k* oder durch eine sonstige Marke muß der festgesetzte tiefste Wasserstand des Kessels am Glase kenntlich gemacht werden (vergleiche § 7 Absatz 1 der erwähnten gesetzlichen Bestimmungen).

Die Wasserstandsköpfe werden entweder unmittelbar in die Kesselwandung geschraubt, wie die Figuren zeigen, oder, falls dies nicht möglich und ein Wasserstandstutzen nicht vorhanden ist, mit dem Kessel durch im Mauerwerk liegende Rohre verbunden, von deren Befestigung am Kessel das bei den Probirhähnen Gesagte zu wiederholen ist. In dem letzteren Falle müssen die beiden Wasserstandsköpfe, damit sie sich nicht gegeneinander verschieben können, und das Glasrohr vor Biegungen geschützt ist, durch eine zwischen die Flanschen geschraubte Eisenplatte mit einander in starre Verbindung gebracht werden.

Die etwa vorhandenen Verbindungsrohre der Wasserstandsköpfe mit dem Kessel müssen übrigens genügend weit sein, damit sie sich nicht so leicht verstopfen; ihre lichte Weite soll nie weniger, als 30 mm betragen.

Oft werden Probirhähne und Wasserstandsglas oder zwei Wasserstandsgläser gemeinschaftlich an einem senkrechten, rohrartigen Körper aus Gußeisen befestigt, welcher letztere durch je ein Rohr mit dem Dampfraum und dem Wasserraum des Kessels verbunden wird. Für jenen Körper und die Verbindungsrohre desselben mit dem Kessel ist durch § 5 der mehrfach erwähnten gesetzlichen Bestimmungen ein lichter Querschnitt von mindestens 60 Quadratcentimetern, d. h.

eine lichte Weite von mindestens 87,5 mm im Durchmesser vorgeschrieben.

In den Figuren sind sowohl die beiden Haupthähne, als auch der Ablaßhahn als Reisert'sche Hähne mit Schmiervorrichtungen dargestellt; auch hier ist diese Einrichtung aus denselben Gründen, wie bei den Probirhähnen, sehr zu empfehlen.

Irgend welcher Handgriffe, um den Wasserstand des Kessels in Erfahrung zu bringen, bedarf es natürlich bei dem Wasserstandsglas nicht, was ein großer Vortheil ist. Leider besitzt diese Vorrichtung aber auch eine Reihe von Mängeln und Schwächen, welche ihre Zuverlässigkeit und Brauchbarkeit beeinträchtigen.

Ein Hauptmangel des Wasserstandsglases besteht darin, daß es unter Umständen *falsche Angaben* macht.

Ist eine der Verbindungen des Glasrohres mit dem Kessel auch nur verengt, so zeigt das Wasserstandsglas falsch. Dieser Uebelstand tritt ein, wenn das Glasrohr zu kurz ist; es wird dann der Gummiring aus der Stopfbüchse über das Glasrohrende nach innen gepreßt und die Oeffnung des Glasrohres theilweise verschlossen. Ein gleich bedenklicher Zustand stellt sich ein, wenn sich in den Hohlräumen des Wasserstandskopfes und der Verbindungen mit dem Kessel in starkem Maße Schmutz und Kesselstein festsetzen.

Ist die Verbindung des Glasrohres mit dem Dampfraum des Kessels in erheblichem Maße verengt, so wird dem Dampf der Eintritt in das Glasrohr erschwert. Nun kondensirt sich aber in dem, durch die Luft abgekühlten Glasrohr beständig ein Theil des Dampfes; kann dann der Dampf aus dem Kessel nicht in genügender Menge nachströmen, so sinkt der Druck im Dampfraum des Glasrohres unter den Kesseldruck. Dem entstandenen Druckunterschied entsprechend erhebt sich aber nunmehr der Wasserspiegel im Glasrohr über den Wasserspiegel im Kessel, und das Wasserstandsglas zeigt mehr Wasser an, als im Kessel vorhanden ist. Hat sich der Druck im Wasserstandsglas z. B. nur um $1/_{100}$ Atmosphäre vermindert, was schon bei einer mäßigen Verengung eintreten kann, so beträgt diese Abweichung bereits 10 cm

Zum Glück verrathen sich solche gefährliche Zustände dem Heizer einerseits durch die Ruhe des Wasserspiegels im Glasrohr und andererseits dadurch, daß sich in dem abgesperrten und mit Hülfe des Ablaßhahnes entleerten Glas bei dem Wiederöffnen der Hähne der Wasserstand nur sehr langsam einstellt. In einem diensttüchtigen Wasserstandsglas schwankt dagegen der Wasserspiegel, den Wallungen des siedenden Wassers im Kessel entsprechend, beständig auf und ab, und stellt sich nach dem Oeffnen der geschlossenen Hähne der Wasserstand rasch wieder ein.

Auch Undichtheiten der Wasserstandsköpfe und der Verbindungsrohre, welche zu Druckverlusten Anlaß geben, führen falsches Anzeigen des Wasserstandsglases herbei. So hebt sich der Spiegel im Glas, wenn in der Verbindung mit dem Dampfraum sich eine undichte Stelle befindet; eine Undichtheit in der Verbindung mit dem Wasserraum veranlaßt dagegen eine Senkung des Spiegels im Glas.

Ist eine der Verbindungen des Glasrohres mit dem Kessel durch eine Verstopfung völlig unterbrochen, so versagt schließlich das Glas ganz.

Den Verstopfungen durch Schmutz und Kesselstein kann nun der Heizer dadurch vorbeugen, daß er täglich mehrere Male während des Betriebes die Verbindungen durchbläst und vom Schlamm befreit; zu diesem Zweck schließt er die Hähne, öffnet den Ablaßhahn und läßt hierauf unter Wiederöffnen des entsprechenden Hahnes einige Zeit hindurch den Dampf, beziehentlich das Wasser durchblasen.

Bei eingemauerten Kesseln, deren Wasserstandsglas mit dem Kessel durch im Mauerwerk liegende Rohre verbunden ist, stellt sich zuweilen ein neuer Uebelstand ein; das Wasser im Glas wird unruhig und fängt an, auf- und abzuschießen, so daß ein Urtheil über den Wasserstand des Kessels unmöglich wird. Es hat dies in der Regel in dem schadhaften Zustand der Züge seine Ursache. Ist durch das Herabfallen von Ziegeln das nach dem Wasserraum führende Rohr entblößt worden und der Einwirkung der Feuergase ausgesetzt, so kommt das in dem Rohr befindliche Wasser zum Sieden, und es bilden sich größere Dampfblasen, welche heftige Schwankungen des Wasserspiegels im Glasrohre hervorrufen und wohl auch in dem letzteren emporsteigen. Das Mauerwerk muß dann sofort reparirt und das Rohr wieder gut verkleidet werden. Rathsam ist es, das letztere von Haus aus mit einem weiteren, eisernen Schutzrohr zu umgeben.

Ein großer Mangel der Wasserstandsgläser liegt ferner in dem ab und zu eintretenden Bruch des Glasrohres, wobei häufig genug der Heizer durch Glassplitter und siedendes Wasser verletzt wird.

Um ein Springen des Glasrohres zu verhüten, muß dasselbe an den Enden gut verschmolzen und frei von Rissen sein.

Weiter springen die Gläser leicht, wenn dieselben schlecht gekühlt sind; man kann diesen Fehler beseitigen, wenn man die Gläser einige Stunden in Oel siedet und sie hierauf mit diesem langsam erkalten läßt.

Auch erfordert das Anstellen des Glases eine gewisse Vorsicht, damit das Glasrohr nicht springt. Stets ist bei geöffnetem Ablaßhahn zuerst dem Dampf der Zutritt zu geben und hierdurch das Glasrohr anzuwärmen; erst nachdem dies ausreichend geschehen ist, darf der Ablaßhahn geschlossen und nunmehr auch der Wasserhahn geöffnet werden.

Der Bruch des Glasrohres liegt endlich nahe, wenn die Achsen der beiden Wasserstandsköpfe nicht genau in eine Linie fallen, was sich an der schiefen Stellung des Glasrohres in dem Preßring der Stopfbüchse bemerkbar macht; der letztere drückt dann auf das Glasrohr, sucht dasselbe zu biegen und veranlaßt hierdurch den Bruch desselben. Dieser Uebelstand kann meistens schon durch eine entsprechende Drehung des betreffenden Wasserstandskopfes beseitigt werden; nöthigenfalls ist eine Blechscheibe zwischen die Flansche des zu kurzen Wasserstandskopfes und den Kessel zu legen. Soll das Glasrohr haltbar sein, so darf es nur von den Gummiringen der Stopfbüchsen berührt werden.

Um den Heizer vor Verletzungen bei dem Springen der Gläser zu bewahren, müssen die letzteren mit einer Schutzhülse aus Metall, in welcher Schlitze zur Beobachtung des Wasserstandes anzubringen sind, oder mit einem Drahtkorb oder einem starken Glascylinder umgeben werden. Sehr dauerhaft und widerstandsfähig haben sich Glascylinder mit einem eingeschmolzenen Drahtgitter erwiesen.

Man hat in gleicher Absicht auch in den Wasserstandsköpfen kleine Ventilchen angeordnet, welche im Falle eines Bruches des Glases dem Dampf und Wasser den Zutritt zu dem Glasrohr versperren. Diese Einrichtungen haben sich ebenfalls gut bewährt.

Es hat nun nicht an Versuchen gefehlt, dem Wasserstandsglas eine Form zu geben, bei welcher die Mängel dieser beliebten Vorrichtung beseitigt sind, und die Vortheile derselben ungeschmälert zur Geltung kommen. Sehr gut löst diese Aufgabe der nach seinem Erfinder benannte Ochwadt'sche Wasserstandszeiger (Patent), welcher in den Figuren 66 (Ansicht), 67 (Längenschnitt) und 68 (Querschnitt) dargestellt ist; das Ausführungsrecht desselben hat die Firma R. Schwartzkopff in Berlin erworben.

Der Ochwadt'sche Wasserstandszeiger besteht in der Hauptsache aus einem gußeisernen, rechteckigen Hohlkörper a, welcher auf den Kesselboden geschraubt oder mit dem Kessel durch ein gleichgeformtes Rohr verbunden ist. In dem Hohlkörper befindet sich ein mit einem langen Durchgangsschlitz versehener Hahn b; an seinem vorderen

Ende ist der Körper durch eine starke Glasplatte *c* verschlossen, an welcher sich der Wasserspiegel zeigt.

Damit die Befestigung der Glasplatte noch eine gewisse Nachgiebigkeit besitzt, und die Glasplatte vor dem Zerbrechen geschützt ist, wird nun nicht nur zwischen die Glasplatte und den Körper eine Gummiplatte gelegt, welche allerdings ohnehin der Dichtung wegen

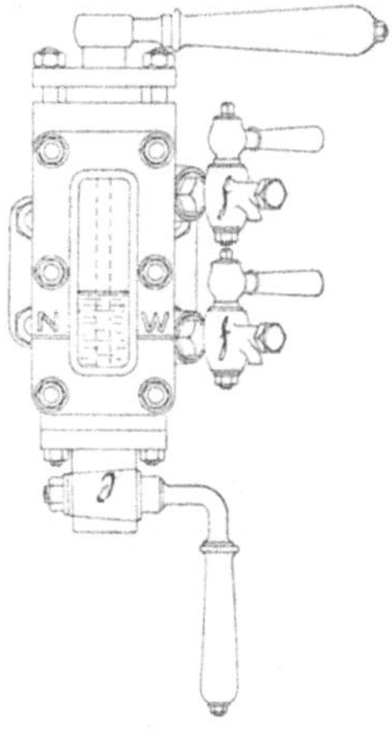

Fig. 66.

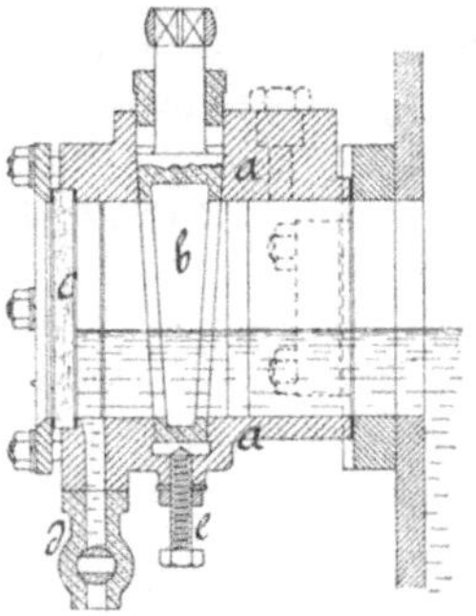

Fig. 67.

nothwendig wäre, sondern auch zwischen die Glasplatte und den, die letztere haltenden Rahmen; überdies erhalten die Befestigungsmuttern federnde Unterlegscheiben von Stahl.

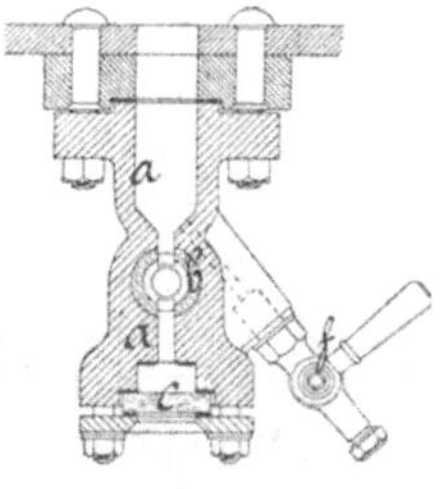

Fig. 68.

Weiter ist die Vorrichtung mit einem Ablaßhahn *d* versehen; schließt man den Hahn *b*, so kann auch während des Betriebes die Glasplatte mittelst einer durch den Ablaßhahn eingeführten Bürste gereinigt werden.

Sollte ferner der Hahn *b* einmal festgebrannt und unbeweglich sein, so ermöglicht es die Schraube *e*, denselben zu lockern.

f sind gewöhnliche Probirhähne.

Der Ochwadt'sche Wasserstandszeiger ist dem Wasserstandsglas in Bezug auf Einfachheit der Bauart überlegen; er gestattet eine gleich bequeme Beobachtung des Wasserstandes, wozu sich eine sehr einfache Bedienung gesellt; die letztere beschränkt sich darauf, daß der Heizer von Zeit zu Zeit mit Hilfe des Ablaßhahnes den Schmutz ausbläst und die Glasplatte einmal reinigt.

Ein weiterer großer Vortheil besteht darin, daß Irrthümer über den Wasserstand nicht vorkommen können, da Verstopfungen der weiten Hohlräume der Vorrichtung nahezu unmöglich und überdies sofort von außen zu bemerken sind.

Die Vorrichtung erweist sich auch dauerhaft; ein Springen der starken, gut gekühlten Glasplatte ist fast ausgeschlossen. Der Verfasser kann bezeugen, daß selbst ein auf die Glasplatte eines im Betriebe befindlichen Kessels gerichteter Strahl kalten Wassers die Platte nicht zu beschädigen vermochte.

Der Ochwadt'sche Wasserstandszeiger ist allerdings ziemlich theuer; auch wird die Glasscheibe allmählich blind und undurchsichtig.

Weite Verbreitung haben die Klinger'schen Wasserstandszeiger gefunden, bei welchen das Glasrohr des gewöhnlichen Wasserstandsglases durch einen metallenen Körper ersetzt ist. Letzterer besitzt in seinem mittleren Theil eine flache Gestalt und ist wieder mit einer Glasplatte versehen, während die beiden Enden röhrenförmig sind und von den Wasserstandköpfen aufgenommen werden. Mit dem Vortheil des haltbareren Glaskörpers wird hier der Nachtheil der geringeren Zuverlässigkeit des gewöhnlichen Wasserstandsglases in den Kauf genommen.

Der Schwimmerzeiger: Als dritte Einrichtung, den Wasserstand eines Dampfkessels erkennbar zu machen, wurde der Schwimmerzeiger genannt.

Der Hauptbestandtheil eines Schwimmerzeigers ist immer ein auf dem Wasserspiegel des Kessels schwimmender Körper, dessen Höhenlage außerhalb des Kessels sichtbar wird.

Der Schwimmer wurde früher zumeist aus Sandstein hergestellt. Damit nun ein Körper, welcher schwerer als Wasser ist, schwimmt, muß der größere Theil seines Gewichtes aufgehoben werden. Der Schwimmer hängt daher an einem starken, durch eine Stopfbüchse nach außen geführten Draht, welcher mittelst eines Kettchens mit dem einen Arm eines Wagebalkens verbunden ist; der andere Arm des Wagebalkens trägt an einem zweiten Kettchen ein Gegengewicht. Die Stellung des Wagebalkens und des Gegengewichtes läßt die Höhe des Wasserstandes im Kessel erkennen.

Durch die Reibung des Drahtes in der Stopfbüchse verringert

sich die Beweglichkeit der Vorrichtung ganz wesentlich; dieser Uebelstand wird um so fühlbarer, je höher der Dampfdruck des Kessels ist, weil dann die Stopfbüchse des Dichthaltens wegen schärfer angezogen werden muß. Eine derartige Einrichtung kann daher nur bei Kesseln mit niedrigem Dampfdruck angewendet werden.

Die neueren Schwimmerzeiger benutzen einen hohlen Körper aus Metall als Schwimmer.

In diesen zumeist aus Kupferblech hergestellten Schwimmer wird, ehe man ihn verschließt, eine kleine Menge Wasser gebracht. Das Letztere nimmt im Betrieb die Temperatur des Kesselwassers an und verwandelt sich zum Theil in Dampf, der dann denselben Druck, wie der im Kessel befindliche, besitzt, auf welche Weise aber für den Schwimmer die Gefahr des Zusammengedrücktwerdens beseitigt wird.

Der Schwimmer wird nun gewöhnlich an einem Arm befestigt, der auf eine wagerechte Welle gesteckt ist; die durch eine Stopfbüchse nach außen geführte Welle trägt einen Zeiger, welcher den Wasserstand des Kessels angiebt.

Auch diese Bauart des Schwimmerzeigers ist nur bei niedrigem Dampfdruck anwendbar und leidet an ungenügender Beweglichkeit.

Für Kessel mit höherem Druck findet häufig der Amphlett'sche Schwimmerzeiger (Patent) Verwendung, welcher in den Figuren 69 (äußere Ansicht) und 70 (Längenschnitt) dargestellt ist und von der Maschinen- und Armaturenfabrik vorm. C. Louis Strube in Buckau-Magdeburg hergestellt wird.

Der Schwimmer a, ein hohler, linsenförmiger Körper aus Kupferblech, trägt eine senkrechte Stange b, welche an ihrem oberen Ende mit einer Zahnstange c versehen ist; die letztere greift in einen Zahnbogen d ein, der mit dem, vor einem großen, weithin sichtbaren Zifferblatt sich bewegenden Zeiger e auf der gleichen Achse sitzt.

Eine Stopfbüchse wird dadurch umgangen, daß die Schwimmerstange und der Zahnbogen in ein rohrartiges, auf dem Kessel befestigtes Gehäuse eingeschlossen sind, und die Zeigerachse da, wo sie durch das Gehäuse geht, spitz zuläuft und dampfdicht eingeschliffen ist. Der Dampfdruck preßt nun die Achse in ihr Lager und besorgt hierdurch die Dichtung derselben.

Mit dem Schwimmer wird stets eine Signalvorrichtung verbunden; wenn die auf der Schwimmerstange befestigten Knaggen f an die Winkelhebel g stoßen, werden die Ventilchen h geöffnet, worauf die Signalpfeifen i ertönen. Die untere, größere Pfeife mit tiefem

Ton macht den Heizer auf einen zu tiefen, die obere, kleinere Pfeife mit hellem Ton auf einen zu hohen Wasserstand aufmerksam.

Die Rohrhülse *k* verhindert ein zu tiefes Herabsinken, der Stellring *l* ein zu hohes Emporsteigen der Schwimmerstange.

Die Uebermittelung der Schwimmerbewegung nach außen kann nun auch in der Weise erfolgen, daß man das obere Ende der

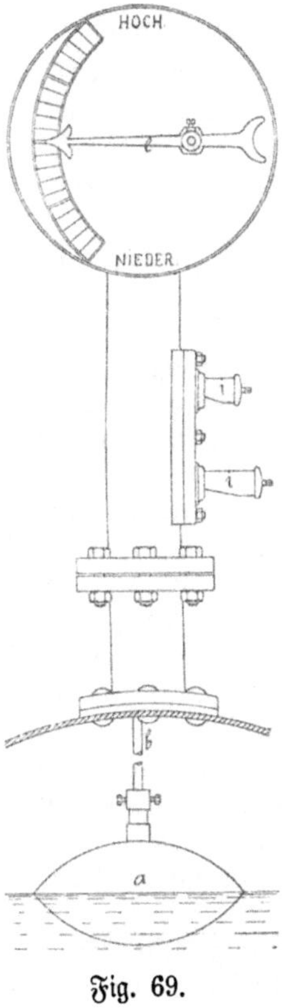

Fig. 69.

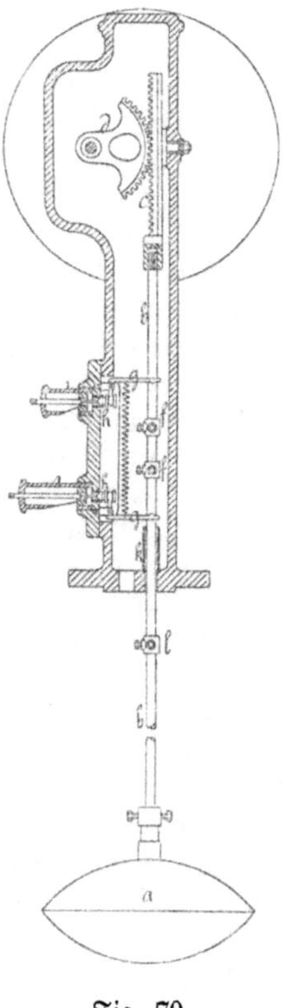

Fig. 70.

Schwimmerstange mit einem Magneten versieht und diesen hinter einer dünnen, die eine Seite des Schwimmergehäuses abschließenden Messingplatte sich bewegen läßt. Ein außen auf die Messingplatte gelegtes Röllchen von Eisen folgt dann beständig den Bewegungen des Magneten und macht den Wasserstand des Kessels nach außen hin sichtbar.

Auch derartige Vorrichtungen, welche man magnetische Schwimmerzeiger nennt, sind benutzt worden.

Die Schwimmerzeiger sind nun ebenfalls recht einfache Vorrichtungen, welche fast keiner Bedienung bedürfen. Ihr wunder Punkt ist aber der dünnwandige Schwimmer; bei der geringsten Undichtheit füllt sich derselbe mit Wasser an, und die Vorrichtung versagt dann den Dienst.

2. Die Druckmesser (Manometer).

Die Sicherheit und, wie früher gezeigt wurde, auch die Sparsamkeit des Betriebes erfordern, daß jeder Dampfkessel mit einer Vorrichtung versehen wird, welche die Höhe des im Kessel herrschenden Dampfdruckes jederzeit erkennen läßt; diesem Zwecke dienen die Druckmesser oder Manometer.

Nach den bestehenden gesetzlichen Bestimmungen sind im Allgemeinen alle Kessel mit mindestens einem, Schiffskessel dagegen mit zwei Manometern auszurüsten. An der Theilung oder dem Zifferblatt des Manometers ist der für den Kessel festgesetzte höchste Dampfdruck durch eine in die Augen fallende Marke kenntlich zu machen (vergleiche § 9 der allgemeinen polizeilichen Bestimmungen über die Anlegung von Dampfkesseln).

Im Dampfkesselbetrieb finden nun zwei Arten von Manometern Verwendung; bei der einen wird der Druck des Dampfes durch die Höhe einer Quecksilbersäule gemessen, welche mit dem Dampfdruck im Gleichgewicht steht, bei der anderen durch die Formveränderung, welche eine Metallfeder unter der Einwirkung des Druckes erleidet. Man nennt die Manometer der ersten Art Quecksilbermanometer, die der zweiten Art Federmanometer.

Das Quecksilbermanometer: Das Quecksilbermanometer wird in zwei verschiedenen Formen benutzt, entweder als Gefäßmanometer oder als Hebermanometer.

Ein Gefäßmanometer der einfachsten Art ist in den Figuren 71 und 72 dargestellt.

In ein gußeisernes, mit Quecksilber gefülltes und geschlossenes Gefäß a taucht ein senkrechtes Glasrohr b ein. Eine dichte Verbindung des Glasrohres mit dem Gefäß vermittelt die kleine Stopfbüchse c, in welche ein Gummiring oder etwas Hanf gelegt wird.

Durch das seitliche Rohr d steht das Gefäß mit dem Dampfkessel in Verbindung. Unter der Einwirkung des sich auf den Quecksilberspiegel im Gefäß fortpflanzenden Dampfdruckes erhebt sich nun in dem Glasrohr eine Quecksilbersäule, deren Höhe für jede Atmosphäre Ueberdruck nach den auf Seite 11 gegebenen Erläuterungen 735 mm beträgt. Nach diesem Maßstab ist auch die hinter dem Glasrohr auf einem Brett angebrachte Theilung hergestellt.

Eine Glasflasche *e*, welche mit einem seitlichen Loche versehen und mit ihrem Halse unter Zuhilfenahme eines Gummiringes auf das Glasrohr gesteckt ist, dient dazu, das bei außergewöhnlich hohem Dampfdruck etwa aus dem Glasrohre tretende Quecksilber aufzufangen.

Anstatt des zerbrechlichen Glasrohres werden nun auch schmiedeeiserne Rohre benutzt; Figur 73 stellt ein derartigs Manometer der Firma Schäffer & Budenberg in Buckau-Magdeburg dar.

Da der im Rohr aufsteigende Quecksilberspiegel nicht mehr sichtbar ist, so muß seine jeweilige Lage nach außen hin auf besondere Weise erkennbar gemacht werden. Es wird zu diesem Zweck ein kleiner, cylindrischer Körper aus Schmiedeeisen in das Manometerrohr gebracht. Schmiedeeisen ist leichter, als Quecksilber; der Körper schwimmt daher auf dem letzteren. Ein an dem Schwimmer befestigter Faden läuft oben über eine Rolle und trägt am andern Ende einen Metallzeiger *a*, der sich vor einer Theilung bewegt und an dieser den Druck des Kessels anzeigt. Der Theilung ist natürlich der nämliche Maßstab, wie der eines mit einem Glasrohr versehenen Manometers zu Grunde zu legen.

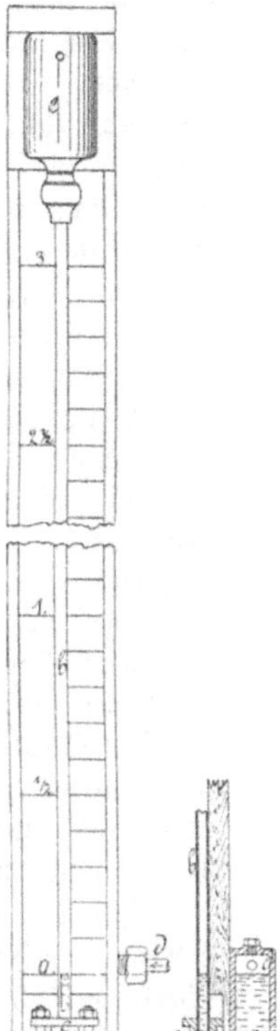

Fig. 71 u. 72.

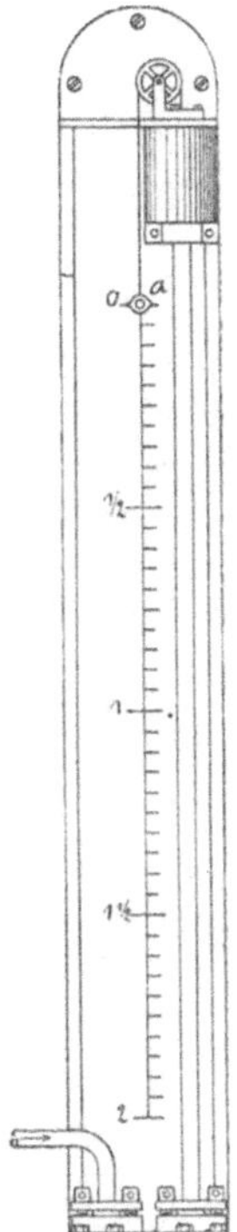

Fig. 73.

Die Gefäßmanometer können ihrer beträchtlichen Höhe wegen nur bei Kesseln mit mäßigem Druck verwendet werden; ein Manometer dieser Art erhält bei 5 Atmosphären Ueberdruck schon über $3^1/_2$ m Höhe, was die Beobachtung sehr erschwert. Man benutzt die Gefäßmanometer aber stets zum Vergleichen und Prüfen der anderen, noch zu beschreibenden Manometer.

Wesentlich geringere Höhen sind für die Hebermanometer erforderlich, welche in der Hauptsache aus einem U-förmig gebogenen, mit Quecksilber gefüllten Rohr bestehen. Der kürzere Schenkel dieses Rohres ist mit dem Kessel verbunden, der längere Schenkel oben offen. Der auf den Quecksilberspiegel im ersteren Schenkel wirkende Druck des Dampfes bringt diesen Spiegel zum Sinken, während sich der Spiegel im anderen Schenkel um ein entsprechendes Stück hebt. Hierbei können die beiden Schenkel entweder gleiche oder auch verschiedene Weite besitzen.

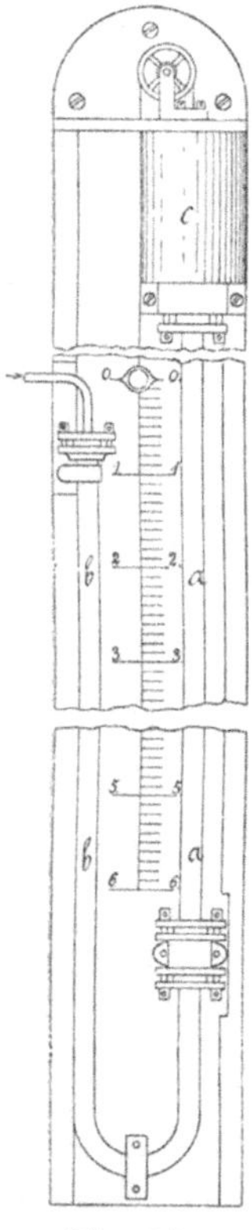

Fig. 74.

Bei gleichem Querschnitt der Rohre ist natürlich die Senkung des einen Spiegels genau so groß, wie die Erhebung des anderen. Ein Manometer dieser Art von C. W. Julius Blancke & Co. in Merseburg, ist in Figur 74 dargestellt.

Das Rohr der Hebermanometer wird in der Regel aus Schmiedeeisen hergestellt und die Lage der Quecksilberspiegel wieder mittelst eines, in den offenen Rohrschenkel gebrachten Schwimmers und eines mit demselben verbundenen Zeigers nach außen hin sichtbar gemacht.

Für eine Atmosphäre Ueberdruck beträgt auch hier der Höhenunterschied der beiden Quecksilberspiegel 735 mm; da sich indessen ein solcher bereits einstellt, wenn sich der mit dem Schwimmer versehene Spiegel um die Hälfte dieses Maßes erhebt, so wird die Theilung eines derartigen Manometers nur halb so weit, wie die eines Gefäßmanometers, und ist demzufolge besser zu übersehen.

Es darf nun bei der Herstellung der Theilung ein Umstand nicht unbeachtet bleiben. Der mit dem Kessel verbundene Rohrschenkel *b* füllt sich im Betrieb, da der eintretende Dampf infolge seiner Abkühlung sich verdichtet, vollständig mit Wasser an. Der Druck des Dampfes auf den Quecksilberspiegel des kurzen Rohrschenkels vermehrt sich daher um den Druck der in diesem Rohr befindlichen Wassersäule, und die

Quecksilbersäule des anderen Schenkels steigt um ein entsprechendes Stück höher. Die Theilung für die Atmosphäre vergrößert sich demzufolge von $\frac{735}{2} = 368$ mm, auf 382 mm.

Es ist hinzuzufügen, daß auch hier das offene Schenkelrohr des Manometers mit einer Fangflasche *c*, in welcher sich das etwa aus dem Rohr gedrückte Quecksilber ansammeln kann, versehen wird, und daß ferner der kurze Schenkel genügend lang sein muß, damit der Kessel, in welchem nach Einstellung des Betriebes infolge Abkühlung und Verdichtung des Dampfes Luftleere eintritt, nicht einen Theil des Quecksilbers einsaugt.

Sind die Schenkel eines Hebermanometers verschieden weit, so verkleinert sich die Bewegung des Spiegels im weiten Rohrschenkel gegenüber der im engeren Schenkel stattfindenden im umgekehrten Verhältniß der Rohrquerschnitte.

Es werden auch Manometer dieser Art benutzt; der weite Rohrschenkel besteht dann aus einem schmiedeeisernen Rohr, neben welchem zur Beobachtung des Quecksilberspiegels ein engeres, einem Wasserstandsglas ähnliches Glasrohr angebracht ist; hinter letzterem befindet sich die Theilung. Die Theilung erhält eine nur mäßige Höhe, was die Beobachtung sehr erleichtert.

Man bezeichnet solche Hebermanometer als Manometer mit verkürzter Theilung oder Skala, während die Hebermanometer der zuerst beschriebenen Art Manometer mit unverkürzter Theilung genant werden.

Die Manometer mit verkürzter Theilung stehen denjenigen mit unverkürzter Theilung in Bezug auf Einfachheit nach. Im Dampfkesselbetrieb werden gewöhnlich nur Hebermanometer der letzteren Art benutzt.

Die Quecksilbermanometer sind, wie die Schwimmerzeiger, ebenfalls recht einfache Vorrichtungen, welche fast gar keiner Wartung bedürfen; an denselben ist nur täglich einmal durch Ziehen an der Schwimmerschnur zu prüfen, ob der Schwimmer seine Beweglichkeit noch besitzt. Ein weiterer großer Vortheil liegt in der Unveränderlichkeit der Vorrichtung, welche immer richtig zeigt.

Als ein Mangel wird denselben vorgeworfen, daß das Quecksilber sich an der Luft verändert, die Glasröhre blind macht und zuweilen herausgeworfen wird. Dem Blindwerden des Glasrohres kann indessen dadurch begegnet werden, daß in die offene Röhre des Manometers eine kleine Menge Glycerin gebracht wird, welche das Quecksilber von der Luft abschließt; dem anderen Vorwurf ist entgegenzuhalten, daß der Heizer das Herausschleudern des Quecksilbers aus dem Manometer durch langsames Oeffnen des Hahnes, welcher in das Verbindungsrohr zwischen Manometer und Kessel eingeschaltet ist, leicht vermeiden kann.

Das Federmanometer: Für bewegliche Dampfkessel und solche mit hohem Druck können Quecksilbermanometer nicht verwendet werden; man bedient sich dann der Federmanometer, die ebenfalls in zwei verschiedenen Formen hergestellt werden.

Die von dem Franzosen Bourdon (sprich Burdong) eingeführte Form dieser Instrumente bezeichnet man als Röhrenfedermanometer; ein solches Manometer, von O. Hempel in Berlin angefertigt, stellt Figur 75 dar.

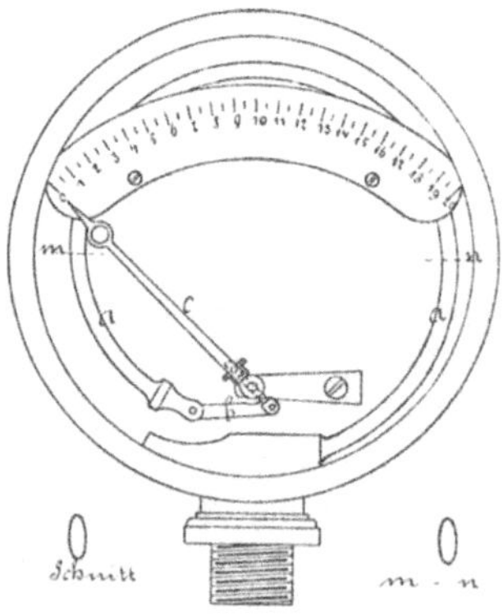

Fig. 75.

Die der Einwirkung des Dampfdruckes ausgesetzte, elastische Feder a, deren Formveränderung zur Messung des Druckes benutzt wird, hat die Form einer flachgedrückten, spiralförmig gebogenen Röhre, welche an dem einen Ende befestigt ist und von dort aus mit dem Kessel in Verbindung steht. Das andere Ende der Feder ist geschlossen und durch die kleine Zugstange b mit dem Zeiger c verbunden. Die Röhrenfeder wird bei besseren Manometern aus Neusilber, bei gewöhnlicheren aus Messing hergestellt.

Ein auf die inneren Wandungen der Röhrenfeder wirkender Druck wird nun bestrebt sein, die flache Form der Röhre in die kreisförmige überzuführen und zugleich die Feder zu verlängern. Die Folge ist, daß die spiralförmig gebogene Feder sich um ein Stück aufwickelt oder streckt und hierbei den Zeiger bewegt, dessen Ausschlag die Größe des in der Feder wirksamen Druckes anzeigt.

Das von Schäffer erfundene und durch die Firma Schäffer & Budenberg in Buckau-Magdeburg eingeführte Manometer wird als Plattenfedermanometer bezeichnet; ein Manometer dieser Art ist in Figur 76 (nächste Seite) dargestellt.

Bei demselben wirkt der Dampfdruck auf eine kreisrunde, aus dünnem Stahlblech hergestellte und der größeren Elastizität wegen mit ringförmigen Wellen versehene Feder a, welche zwischen die beiden Flanschen des Manometergehäuses eingespannt ist. Um die Plattenfeder vor dem Rosten zu schützen, erhält die vom Dampf berührte Seite derselben gewöhnlich einen dünnen Ueberzug von Silber.

Die Durchbiegung der Feder überträgt sich nun mit Hilfe des auf die Federplatte gelötheten Säulchens *b* auf das Schubstängelchen *c*, welches mit seinem unteren, kugelförmigen Ende in einer kleinen Pfanne des Säulchens *b* ruht, deren oberer Rand etwas über die Kugel gedrückt ist, wodurch die Kugel eine sichere, aber drehbare Lagerung erhält. Das obere Ende des Stängelchens ist mit dem um den Zapfen *d* drehbaren Körper *e* verbunden, die Verbindung der Stange *c* mit dem Körper *e* aber verstellbar gemacht; es dürfte dies aus der kleinen Nebenfigur deutlich werden. An den Körper *e* ist ein Zahnbogen *f* gelöthet, welcher in ein, mit dem Zeiger *g* auf derselben Achse befindliches Getriebe greift. Die Stahlspirale *h* dient dazu, den Zeiger stets straff zu halten, damit sich der todte Gang des Zeigerwerkes nicht bemerkbar macht.

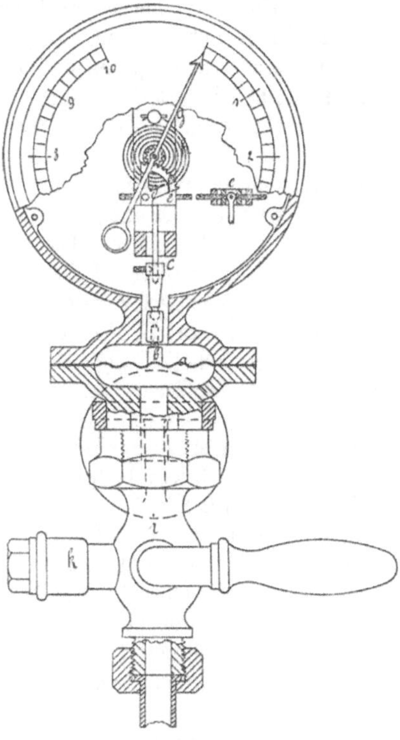

Fig. 76.

Es dürfte ohne Weiteres einleuchten, daß eine Durchbiegung der Plattenfeder eine Vorwärtsbewegung des Zeigers hervorruft, die nunmehr zum Messen des auf die Feder wirkenden Druckes benutzt wird.

Die Theilung der Federmanometer wird durch Vergleichung mit einem Quecksilbermanometer gewonnen.

An jedem Federmanometer ist endlich ein Hahn, am besten ein Dreiweghahn anzubringen, der die Auswechselung eines unbrauchbar gewordenen Manometers während des Betriebes ermöglicht. Mittelst eines solchen Hahnes, in Figur 76 mit *i* bezeichnet, kann auch das Manometerrohr von Zeit zu Zeit ausgeblasen und von Schmutz befreit werden.

Ein zweiter, unmittelbar am Kessel anzubringender Hahn gewährt den Vortheil, daß auch Verstopfungen des Manometerrohres während des Betriebes beseitigt werden können.

Beide Arten der Federmanometer haben sich im Dampfkesselbetrieb wohl bewährt, und verdient die eine kaum den Vorzug vor der anderen. Den Quecksilbermanometern gegenüber besitzen sie den Vortheil großer Billigkeit, daneben aber auch den Nachtheil, mit der Zeit ihre Richtigkeit infolge Erlahmens oder auch Rostens der Feder einzubüßen. Die Erschlaffung der Feder und demnach falsches Zeigen des Manometers macht sich übrigens dem Heizer dadurch bemerkbar, daß nach dem Schließen des Dreiweghahnes *i* und dem Ablassen des Druckes aus dem Manometer der Zeiger nicht mehr auf 0 zurückgeht.

Die Federn der Manometer werden um so rascher schlaff und die Manometer selbst unbrauchbar, je stärker sie der Hitze ausgesetzt sind; es muß daher verhütet werden, daß der Dampf die Feder berührt. Dies wird aber sehr leicht dadurch erreicht, daß das vom Kessel zum Manometer führende Rohr unterhalb des Manometers entweder auf einen vollen Kreis spiralförmig oder einmal U-förmig nach unten gebogen wird In der Spirale oder dem U-Rohr sammelt sich dann Wasser an, welches kühl bleibt und dem Dampf den Zutritt zur Feder des Manometers verwehrt.

Ist es angängig, so weist man dem Manometer auch einen vom Kessel genügend entfernten Ort an; in Kesselhäusern befestigt man dasselbe gern an einem gut erleuchteten Platz der Wand.

An dem Dreiweghahn wird nun auch in der Regel die für Federmanometer vorgeschriebene Einrichtung angebracht, welche dem Aufsichtsbeamten ermöglicht, das amtliche Kontrolmanometer mit dem Kessel in Verbindung zu setzen und das Betriebsmanometer auf seine Richtigkeit zu prüfen (vergleiche § 13 Absatz 2 der allgemeinen polizeilichen Bestimmungen über die Anlegung von Dampfkesseln).

In Preußen besteht diese Einrichtung in einem Flansch, an welchem das amtliche Manometer mittelst zweier Schrauben befestigt wird; in Bayern und Sachsen in einem Stutzen mit Muttergewinde. In Figur 76 ist die letztere Einrichtung dargestellt; nach Herausnahme der in der Figur ersichtlichen Schraube kann das mit Schraubengewinde versehene Kontrolmanometer in den Stutzen *k* geschraubt werden.

Es ist endlich darauf aufmerksam zu machen, daß das vom Kessel zum Manometer führende Rohr nur wenig Fall erhalten darf; ein Meter Höhenunterschied zwischen Manometer und Anschluß am Kessel hat bereits zur Folge, daß das Manometer unter der Einwirkung des im Manometerrohr sich ansammelnden Wassers $^1/_{10}$ Atmosphäre zu viel zeigt.

3. Die Sicherheitsventile.

Das Sicherheitsventil stellt sich im Wesentlichen als ein mit dem Dampfraum des Kessels in Verbindung stehendes Rohr dar, dessen Mündung durch einen belasteten Ventilteller geschlossen gehalten wird. Ist der höchste, für den Kessel zulässige Dampfdruck erreicht, so überwältigt derselbe die Belastung des Ventiltellers; der letztere hebt sich und gewährt dem Dampf den Austritt.

§ 8 der allgemeinenen polizeilichen Bestimmungen über die Anlegung von Dampfkesseln fordert, daß jeder Dampfkessel mit wenigstens einem zuverlässigen Sicherheitsventil versehen sein muß. Dampfschiffs-, Lokomobil- und Lokomotivkessel müssen immer mindestens zwei Sicherheitsventile haben. Die Sicherheitsventile müssen jederzeit gelüftet werden können. Sie sind höchstens so zu belasten, daß sie bei Eintritt der für den Kessel festgesetzten höchsten Dampfspannung den Dampf entweichen lassen.

Soll ein Sicherheitsventil zuverlässig sein, so muß es jedenfalls eine genügende Weite besitzen. Die Weite eines Sicherheitsventiles hat sich nun nach der Heizfläche und dem festgesetzten höchsten Druck des Dampfkessels, zu welchem es gehört, zu richten. Je größer einerseits die Heizfläche eines Kessels ist, um so mehr Dampf hat das Sicherheitsventil abzuleiten, und um so größer muß der Durchmesser desselben sein. Andererseits läßt ein Sicherheitsventil um so mehr Dampf entweichen, einen je höheren Druck derselbe besitzt. Bei gleicher Heizfläche darf daher der Kessel, welcher mit hohem Druck arbeitet, ein kleineres Ventil erhalten, als der Kessel mit geringem Druck.

Es bestanden früher gesetzliche Vorschriften über den erforderlichen Durchmesser der Sicherheitsventile, welche Vorschriften indessen später aufgehoben worden sind. Doch bedient man sich heutigen Tages ähnlicher Regeln, auf welche allerdings hier nicht näher eingegangen werden kann.

Wird für einen Kessel ein allzugroßes Sicherheitsventil erforderlich, so bringt man, anstatt des einen, zwei kleinere mit dem halben Querschnitt an.

Je nachdem die Belastung des Ventiltellers durch Gewichte oder Federn erfolgt, unterscheidet man nun Sicherheitsventile mit Gewichtsbelastung und solche mit Federbelastung. Je nachdem das belastende Gewicht oder die Kraft der Feder unmittelbar auf den Ventilteller wirkt oder hierzu die Beihilfe eines Hebels benutzt wird, bezeichnet man weiter die Sicherheitsventile als solche mit direkter oder mit indirekter beziehungsweise Hebel-Belastung.

Das Sicherheitsventil mit Gewichtsbelastung: Die direkte Belastung eines Sicherheitsventiles durch Gewichte findet selten Anwendung, weil hierzu meistens sehr große Gewichte erforderlich werden, die das Lüften des Ventiles außerordentlich erschweren, wenn nicht unmöglich machen; fast ohne Ausnahme erfolgt die Belastung des Ventiltellers unter Zuhilfenahme eines Hebels, an dessem Ende das Gewicht angebracht wird. Die Figuren 77 und 78 stellen ein solches Ventil der Firma C. W. Julius Blancke & Co. in Merseburg dar.

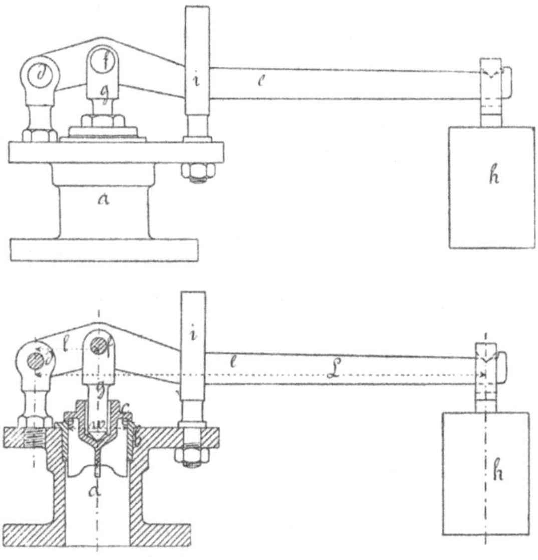

Fig. 77 und 78.

In das mit dem Kessel in Verbindung stehende gußeiserne Ventilgehäuse *a* ist ein Ventilsitz *b*, welcher den mit drei oder vier Führungsflügeln in den Sitz hinabreichenden Ventilteller *c* aufnimmt, eingesetzt. Die schmale Verschlußfläche, in welcher sich Sitz und Ventilteller berühren, wird am besten eben gemacht; konische Flächen halten nicht so gut dicht. Auch werden Sitz und Teller aus Rothguß hergestellt, damit ein Zusammenrosten derselben vermieden wird.

An dem um den Bolzen *d* drehbaren Hebel *e* ist nun mittelst des Bolzens *f* der zugespitzte Druckbolzen *g*, welcher den Druck des am Ende des Hebels wirkenden Gewichtes *h* auf den Ventilteller überträgt, drehbar befestigt. Das Gewicht selbst ist entweder auf den Hebel gesteckt und mittelst einer in das Gewicht gebohrten Kopfschraube am Hebel festgeklemmt. Oder es besitzt eine Oese und ist mit dieser am Hebel aufgehangen (vergleiche die Figur); das Gewicht ruht dann mit einer Schneide auf dem Hebel, welcher an seinem äußeren Ende mit einer Nase versehen wird, damit das Gewicht vor dem Herabgleiten vom Hebel gesichert ist.

Der Hebel bewegt sich in der Gabel *i*, welche oben geschlossen ist, damit der Hebel nicht zu hoch gehoben werden kann; sollte einmal der Ventilteller festsitzen, so könnte derselbe ja auch bei zu hoch gehobenem Hebel, falls er sich plötzlich löste, herausgeschleudert werden.

Anstatt der Bolzen *d* und *f* werden zuweilen auch Schneiden, welche in Pfannen ruhen und dem Hebel und Druckbolzen als Stützpunkte dienen, angewendet.

Das beschriebene Ventil, bei welchem der Ventilteller offen da liegt, nennt man ein offenliegendes.

Oft befindet sich auf dem Ventil ein, den Raum über dem Ventilteller umschließendes Gehäuse; der Druckbolzen ist durch den Deckel dieses Gehäuses geführt, das Gehäuse aber mit einem seitlich sich abzweigenden, senkrechten Rohr versehen. Diese Anordnung verfolgt den Zweck, den Dampf, welcher dem Ventil entströmt, in eine größere Höhe zu führen, damit derselbe niemand belästigt und namentlich auf Schiffen das Personal nicht am freien Ausblick verhindert. Man nennt solche Ventile verdecktliegende.

Für feststehende Dampfkessel ist der besseren Zugänglichkeit wegen dem offenliegenden Ventil der Vorzug zu geben.

Finden Sicherheitsventile mit einer am Hebel wirkenden Gewichtsbelastung für bewegte Kessel Verwendung, so muß das Gewicht, damit die unvermeidlichen Erschütterungen nicht ein beständiges Abblasen des Ventiles während der Fahrt herbeiführen, elastisch aufgehangen werden. Das Gewicht erhält dann eine Durchbohrung, durch welche ein langer Bolzen, der an seinem untern Ende einen Bund besitzt, an seinem oberen Ende aber die Oese des Gewichts trägt, gesteckt wird. Zwischen Gewicht und Bolzen legt man eine Spiralfeder, welche die Stöße aufnimmt und unschädlich macht.

Zugleich muß das Pendeln des Gewichtes verhindert werden; dies wird einfach dadurch erreicht, daß man jenen Bolzen bis über das Gewicht hinaus nach unten verlängert und dort durch eine starke Oese, welche am Kessel oder in sonst geeigneter Weise befestigt ist, führt.

Die Länge des Hebels und die Schwere des Gewichtes eines gegebenen Sicherheitsventiles müssen natürlich dem für den Kessel festgesetzten höchsten Dampfdruck genau entsprechen.

Die Prüfung des Sicherheitsventiles auf richtige Belastung erfolgt entweder unter Zuhilfenahme eines zuverlässigen Manometers mittelst Wasser- oder Dampfdruckes, oder durch Nachmessung und Berechnung. Das letztere Verfahren ist das bequemere.

Die Bestimmung der erforderlichen Schwere eines Belastungsgewichtes durch Rechnung dürfte aus dem folgenden Beispiel klar werden:

Der Durchmesser der vom Dampf berührten Fläche des Ventiltellers, welcher bei dem in Figur 77 und 78 dargestellten Ventil gleich der lichten Weite des Ventilsitzes w ist, betrage 90 mm und der höchste zulässige Dampfdruck des Kessels 6 Atmosphären Ueberdruck. Aus dem Durchmesser ergiebt sich dann für den Ventilteller eine Druckfläche von 63,6 Quadratcentimetern, auf welche durch den Dampf bei 6 Atmosphären Ueberdruck, nach Abzug des von außen auf den Teller wirkenden Luftdruckes, ein Druck von $63{,}6 \times 6 = 381{,}6$ kg ausgeübt wird.

Weiter betrage der Abstand zweier durch die Mitte der beiden Bolzen d und f gelegten senkrechten Linien oder, wie man sagt, die kleinere Hebellänge l 100 mm; der Abstand zweier durch die Mitte des Bolzens d und des Gewichtes h gelegten senkrechten Linien oder die ganze Hebellänge L aber 700 mm.

Die Wirkung des Gewichtes hat der Wirkung des Dampfdruckes das Gleichgewicht zu halten; dann müssen sich aber nach dem Hebelgesetz die beiden auf den Hebel wirkenden Kräfte, die Schwere des Gewichtes und die Größe des Dampfdruckes, zu einander umgekehrt verhalten, wie ihre Hebelarme L und l.

Das am Hebel anzuhängende Gewicht hat daher, da die Hebellänge, an welchem es wirkt, 7mal so groß ist, als die Hebellänge, an welcher der Dampfdruck angreift, $^1/_7$ des Dampfdruckes zu betragen, d. h. es muß $\frac{381{,}6}{7} = 54{,}5$ kg schwer sein.

Das Sicherheitsventil mit Federbelastung: Ein Sicherheitsventil mit Federbelastung ist gegen Erschütterungen weit unempfindlicher, als ein Ventil mit Gewichtsbelastung; dieser Eigenschaft wegen werden diese Ventile gern bei allen beweglichen Kesseln, den Lokomotiv-, Lokomobilkesseln u. a. verwendet.

Bei den Sicherheitsventilen mit Federbelastung finden nun beide Arten der Uebertragung des Federdruckes auf den Ventilteller Anwendung, sowohl die direkte, als auch die indirekte unter Vermittelung eines Hebels.

Einzelne Ventile mit direkter Federbelastung, bei welchen dann gewöhnlich die aus starkem Stahldraht oder flachem Stahl hergestellte Spiralfeder in eine über das Ventil geschraubte, mit Oeffnungen versehene Büchse eingeschlossen wird, sind nicht zu empfehlen; solche Ventile lassen sich schon bei mäßiger Größe nicht mehr gut lüften. Sie werden zuweilen an Lokomobilkesseln angebracht, sind aber dort auch regelmäßig festgebrannt und ungangbar anzutreffen.

Bei Lokomotivkesseln finden sehr häufig doppelte, mit direkter Federbelastung versehene Ventile der aus den Figuren 79 und 80

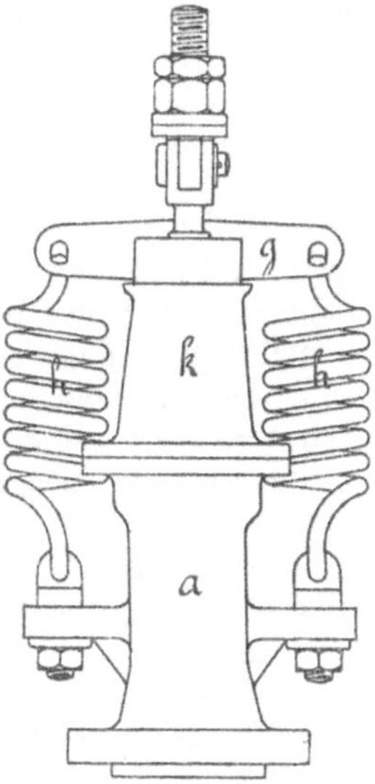

Fig. 79.

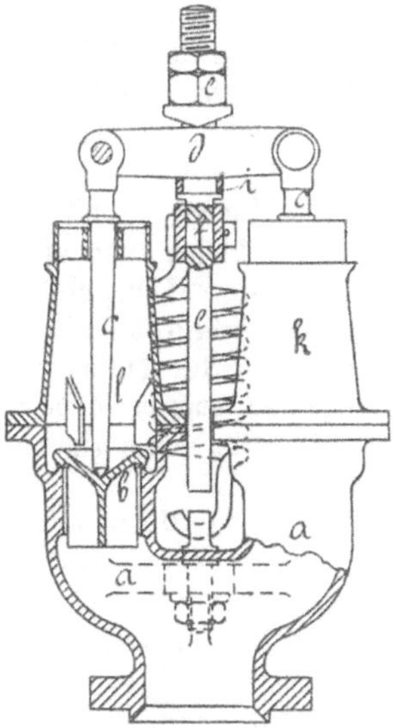

Fig. 80.

ersichtlichen, von dem Engländer Ramsbottom herrührenden Form Verwendung.

Das mit dem Kessel in Verbindung stehende, aus Rothguß hergestellte Ventilgehäuse *a* enthält zwei Ventilsitze, die je einen mit Führungsflügeln versehenen Ventilteller *b* aufnehmen. Die den Dampfdruck übertragenden Druckbolzen *c* sind mit der Schwinge oder dem Balancier *d* durch je einen Bolzen drehbar verbunden.

Die in der Mitte mit einem Auge versehene Schwinge *d* ist nun über die Schraubenspindel *e* gesteckt, welche unterhalb der Schwinge durchbohrt ist und mittelst des Bolzens *f* eine zweite Schwinge *g* trägt, an deren Enden die beiden, unten am Ventilgehäuse befestigten Federn *h* eingehängt sind. In ihrem oberen Theile ist die Spindel *e* mit Gewinde, Muttern und einer mit einer Schneide ausgerüsteten Unterlegscheibe versehen, welche den Zug der Federn auf die Schwinge *d* und die Ventile übertragen. Der zwischen die Schwinge *d* und einen an der Spindel *e* befindlichen Bund gelegte Ring *i* verhindert, daß die Federn schärfer angespannt und die Ventile mehr belastet werden, als der höchste zulässige Dampfdruck verlangt.

Auf die Ventile sind endlich rohrartige Aufsätze *k* geschraubt, welche zur Abführung des Dampfes dienen und zugleich den Druckbolzen *c* eine Führung geben. An ihrem unteren Ende sind diese Aufsätze mit drei in das Ventilgehäuse ragenden Flügeln *l* versehen; brechen die Federn, so werden die Ventilteller von den Flügeln gehalten und können nicht durch den Dampf aus dem Sitz geschleudert werden.

Die Schwinge *d* wird oft nach der einen Seite hin verlängert und zu einem langen, nach unten gezogenen Hebel ausgebildet (vergl. Figur 55); der Lokomotivführer kann dann durch Auf- und Niederdrücken des Hebels die Ventile lüften. Um eine einseitige Belastung der Ventile durch den Hebel zu vermeiden, muß nun die Schwinge auch nach der anderen Seite hin verlängert und das Gewicht des Hebels durch ein aufgestecktes Gegengewicht ausgeglichen werden.

Erfolgt die Uebertragung des Federdruckes auf das Ventil durch einen Hebel, so wird entweder die an ihrem unteren Ende befestigte Feder mit dem oberen Ende unmittelbar am Hebel aufgehangen, doch so, daß man die Spannung der Feder durch eine mit Muttern versehene Schraube in ähnlicher Weise, wie bei dem Ramsbottom-Ventil, regeln kann; oder die Feder erhält die Form einer Federwaage. Eine häufig für Lokomobilen benutzte Federwaage ist in den Figuren 81 und 82 dargestellt.

Zwei Spiralfedern sind in eine messingene Federbüchse *a* eingeschlossen. Diese Federn stützen sich oben gegen den Rand einer durch den Boden der Federbüchse geführten Hängestange *b*, welche mit ihrem unteren Ende auf einen am Kessel befestigten Bolzen gesteckt ist; unten legen sich die Federn gegen den Boden der Federbüchse.

Die Federbüchse ist nun an ihrem oberen Ende mit der Schraubenspindel *c* versehen, welche den Druck der zusammengepreßten Federn mit Hilfe der Mutter *d* und der mit zwei Schneiden versehenen Büchse *e* auf den Hebel *f* des Sicherheitsventiles überträgt.

Auf dem unteren, flachen Theil der Hängestange wird gewöhnlich eine Theilung angebracht, welche die Spannung der Feder nach Kilogrammen oder die Belastung des Ventiles nach Atmosphären angiebt.

Die zwischen den Hebel und die Federbüchse über die Spindel geschobene Hülse *g* verhindert den Heizer, die Federn stärker anzuspannen, als der höchste zulässige Dampfdruck erfordert.

Die mit Federbelastung versehenen Sicherheitsventile werden entweder unter Wasserdruck oder Dampfdruck nach einem genau zeigenden Manometer eingestellt; oder man berechnet die erforderliche Belastung der Federn, hängt das berechnete Gewicht an die letzteren und ermittelt aus der Dehnung oder Zusammendrückung der Federn unter Berücksichtigung aller Nebenmaße die Höhe der über die Schraubenspindel zu schiebenden Sicherheitshülse.

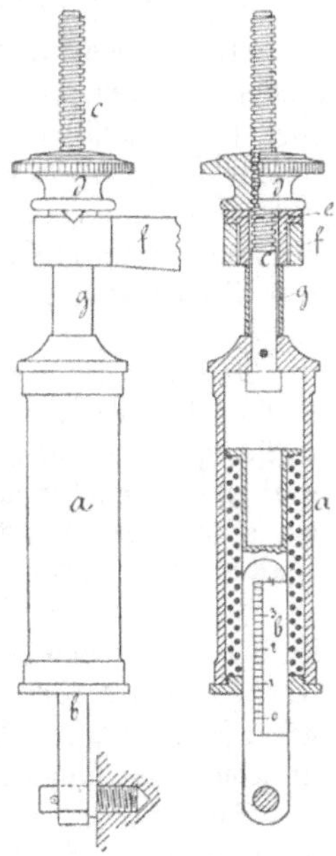

Fig. 81. Fig. 82.

Die Belastung der Sicherheitsventile wird vom Aufsichtsbeamten festgesetzt; an derselben darf eigenmächtig nichts geändert werden.

Von den Sicherheitsventilen muß nun eigentlich verlangt werden, daß sie eine Steigerung des Dampfdruckes über den zulässig höchsten unmöglich machen. Keines der besprochenen Sicherheitsventile erfüllt diese Aufgabe; bei allen hebt sich der Ventilteller, selbst während des stärksten Abblasens, nur um einige Millimeter. Das Sicherheitsventil mit Federbelastung steht in dieser Beziehung dem mit Gewichtsbelastung noch nach, weil die Belastung mit der Hebung des Ventiltellers zunimmt.

Es hat daher nicht an Versuchen gefehlt, Sicherheitsventile herzustellen, welche sich so weit öffnen, daß aller mehr erzeugte Dampf entweicht. Einestheils die größere Umständlichkeit solcher Vorrichtungen, anderntheils auch die eintretenden Dampfverluste sind die Ursachen gewesen, daß keine dieser Erfindungen größere Verbreitung gefunden hat. Man begnügt sich zumeist mit den gewöhnlichen Ventilen, welche immerhin eine starke Zunahme des Druckes verhindern und auch durch das unangenehme Geräusch des ausströmenden

Dampfes den Heizer an seine Pflicht, die Dampferzeugung zu mäßigen, recht eindringlich erinnern.

Die regelrechte Wirksamkeit eines Sicherheitsventiles kann nun durch mancherlei Umstände beeinträchtigt oder verhindert werden:

1. Oft stellt sich ein zu frühes Abblasen des Ventiles ein; die Ursachen dieser Erscheinung sind sehr mannigfaltiger Art:

Liegt die Verschlußfläche eines mit Gewichtsbelastung versehenen Sicherheitsventiles nicht wagerecht, so kommt die Belastung des Gewichtes nicht voll zur Wirkung, und bläst das Ventil zu früh ab; die Lage des Ventiles ist dann zu berichtigen.

Besitzt die Verschlußfläche eine zu große Breite, so ist das Ventil ebenfalls nicht dicht zu halten; der zwischen die Sitzflächen dringende Dampf hebt den Ventilteller aus, und das Ventil bläst vor Erreichung des zulässigen höchsten Dampfdruckes ab. Die Breite der Verschlußfläche soll daher bei Ventilen bis zu 50 mm Durchmesser höchstens $1^1/_2$ mm, bei Ventilen bis 100 mm Durchmesser höchstens $2^1/_2$ mm und bei größeren Ventilen höchstens 3 mm betragen. Zu breite Verschlußflächen sind durch Nachdrehen auf der Drehbank zu beseitigen.

Auch zwischen die Verschlußflächen gerathener Schmutz führt zu frühes Abblasen herbei; ist derselbe nicht durch Lüften des Ventiles zu beseitigen, so hilft gewöhnlich ein damit verbundenes Drehen des Ventiltellers, welcher zu diesem Zweck in der Regel mit einem vier- oder sechskantigen, das Ansetzen eines Mutterschlüssels ermöglichenden Ansatz versehen wird (vergleiche Figur 77).

Ist aber die Verschlußfläche schartig geworden, so bläst das Ventil beständig und muß gelegentlich der Reinigung des Kessels mit Oel und feinem Schmirgel nachgeschliffen werden; dichte Ventilflächen sehen nach dem Schleifen derselben gleichmäßig mattgrau aus und zeigen keine blanken Stellen.

Steht weiter der Druckbolzen nicht genau auf der Mitte des Ventiltellers, so erfolgt auf der Seite, wo sich der größere Theil der Druckfläche befindet, ein einseitiges, zu frühes Abblasen; der Stützpunkt des Ventiltellers muß dann mit Hülfe der Drehbank genau nach der Mitte gebracht werden.

Auch tritt ein Kippen des Ventiltellers und zu frühes Abblasen ein, wenn der Druckbolzen schief steht; es bedarf dann die Lagerung des Ventilhebels der Nachhülfe.

Bei manchen Ventilen liegt der Stützpunkt des Druckbolzens am Ventilteller über der Verschlußfläche; dann hat der Ventilteller ebenfalls Neigung zum Kippen, und das Ventil bläst zu früh ab. Ein längerer Druckbolzen und die Verkürzung des Ventiltellers heben das Uebel. Der Stützpunkt soll mit der Verschlußfläche in gleicher Höhe, besser noch, wie in Figur 78, unterhalb dieser Fläche liegen.

Hat sich ferner der Hebel durchgebogen oder durch vieles Nachschleifen des Ventiles so tief gesenkt, daß er in der Gabel aufsitzt, so kann das Gewicht oder die Feder nicht den vollen Druck auf den Ventilteller ausüben, welcher infolgedessen Dampf entweichen läßt. Durch Ausrichten des Hebels und Nachhilfe in der Gabel kommt das Ventil wieder in Ordnung.

Bei Ventilen mit Federbelastung kann endlich Schlaffwerden der Feder zu frühes Abblasen herbeiführen; es ist dann die amtliche Nachrevision des Ventiles zu beantragen.

2. Zuweilen stellt sich ein zu spätes Abblasen des Sicherheitsventiles, welches auch von einem nicht rechtzeitigen Wiederschließen nach dem Abblasen begleitet ist, ein.

Das Ventil bläst zu spät ab, wenn sich zwischen die Führungsflügel des Ventiltellers und den Sitz Schmutz gesetzt hat, oder dort zu wenig Spielraum vorhanden ist, so daß der in der Wärme sich ausdehnende Teller an der Wand des Sitzes stark reibt und klemmt. Der Schmutz kann gewöhnlich durch Lüften des Ventiles und Drehen des Ventiltellers entfernt werden. An zu straff eingepaßten Ventiltellern ist bei Stillstand des Kessels mit der Schlichtfeile nachzuhelfen; die Führungsflügel sollen im Sitz etwa $^1/_2$ mm Spielraum haben.

Reibt ferner bei verdeckt liegenden Ventilen der Druckbolzen am Deckel des Ventilgehäuses, oder klemmt der Hebel des Ventiles in der Gabel, so wird das Abblasen ebenfalls verzögert, und muß dann für entsprechende Abhilfe gesorgt werden.

Um Klemmungen zu vermeiden, müssen endlich alle Drehbolzen sowie auch die Federn der Federwaagen leicht beweglich sein und etwas geölt werden.

3. Das Sicherheitsventil kommt gar nicht zum Abblasen.

Dieser Zustand tritt ein, wenn die unter 2 erörterten Störungen so starke werden, daß sie die Hebung des Ventiles völlig verhindern, oder wenn der Teller des Ventiles auf dem Sitz festgebrannt ist.

Das erstere wird bei einem neuen, von einer guten Fabrik gelieferten Ventil und einem im regelmäßigen Gebrauch befindlichen gar nicht, also höchstens einmal bei einem schlecht gebauten Ventil vorkommen; das letztere tritt ein, wenn der Heizer thörichter Weise die Verschlußflächen geölt oder eingetalgt und das Ventil längere Zeit nicht gelüftet hat. Der Kessel ist dann entweder sofort oder spätestens nach Feierabend abzublasen und das Ventil einer gründlichen Instandsetzung zu unterwerfen.

Sind die Sicherheitsventile so vielfachen Störungen unterworfen, so ist es auch strenge Pflicht des Heizers, sich täglich mehrere Male durch Lüften des Ventiles von der Diensttüchtigkeit desselben zu überzeugen. Ein gut in Ordnung befindliches Ventil hebt sich in der Nähe des höchsten Dampfdruckes, für welchen es bestimmt ist, durch den leisesten Druck der Hand und schließt sich auch von selbst wieder.

4. Die Speisevorrichtungen.

Die Innehaltung eines bestimmten Wasserstandes, deren Nothwendigkeit auf Seite 174 erläutert wurde, erfordert, daß das in einem Dampfkessel verdampfte Wasser von Zeit zu Zeit oder ununterbrochen durch frisches ersetzt wird; hierzu dienen die Speisevorrichtungen.

Es finden vier Arten von Speisevorrichtungen im Dampfkesselbetrieb Verwendung; nämlich Rücklaufvorrichtungen, Kolbenspeisepumpen, Dampfstrahlpumpen (Injektoren) und selbstthätige Speisevorrichtungen.

Nach § 4 der allgemeinen polizeilichen Bestimmungen über die Anlegung von Dampfkesseln muß jede Dampfkesselanlage mit zwei zuverlässigen Vorrichtungen zur Speisung versehen sein, welche nicht von derselben Betriebsvorrichtung abhängig sind, und von denen jede für sich im Stande ist, dem Kessel oder den Kesseln das zur Speisung erforderliche Wasser zuzuführen.

Hiernach sind zwei Speisepumpen, welche von demselben Motor bewegt werden, unzulässig; wohl aber würden zwei Dampfstrahlpumpen, die aus demselben Kessel ihren Betriebsdampf beziehen, den gesetzlichen Bestimmungen genügen.

Damit die Speisevorrichtungen selbst bei weniger gutem Zustand und auch in Zeiten stärkeren Dampfverbrauches im Stande sind, die Kessel mit dem nöthigen Wasser zu versorgen, werden sie so groß angelegt, daß sie das Doppelte bis Dreifache der von den Kesseln durchschnittlich verbrauchten Wassermenge liefern können.

Die Rücklaufvorrichtung: Die an und für sich einfachste, jedoch nicht die billigste Speisevorrichtung ist die Rücklaufvorrichtung, die auch den französischen Namen retour d'eau (sprich retur doh) führt und in Figur 83 dargestellt ist.

Sie besteht in der Hauptsache aus einem schmiedeeisernen, über dem Kessel aufgestellten, geschlossenen Gefäß a, welches durch das mit einem Ventil versehene Rohr b mit Wasser gefüllt wird. Damit dies geschehen kann, ist aber erforderlich, daß die in dem Gefäß enthaltene Luft entweicht; diese Luft wird mit Hülfe des Hahnes *c*, der die Luft ausläßt und nach der Füllung des Gefäßes wieder geschlossen wird, entfernt.

Um nun das Wasser in den Kessel hinab zu befördern, muß zunächst im Gefäß *a* der Kesseldruck hergestellt werden; dies geschieht mit Hilfe des Ventiles *d*, welches frischen Dampf aus dem Kessel zuführt. Hat der Druck im Gefäß die Höhe des Kesseldruckes erreicht, und wird nunmehr das Ventil des nach dem Kessel führenden Rohres *e* geöffnet, so fließt der Wasserinhalt nach dem Kessel herab, und das Gefäß füllt sich mit Dampf an.

Ist alles Wasser in den Kessel gelangt, so werden die Ventile *d* und *e* wieder geschlossen. Entfernt man jetzt den im Gefäß befindlichen Dampf durch den Hahn *c*, oder wartet man einige Zeit, bis sich dieser Dampf durch Abkühlung verdichtet hat, so kann das Gefäß von Neuem mit Wasser gefüllt werden.

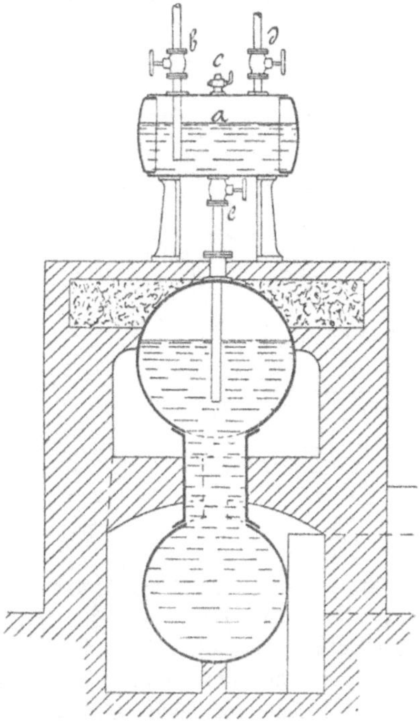

Fig. 83.

Es ist übrigens nicht erforderlich, daß der Rücklaufvorrichtung das frische Wasser aus einem höher gelegenen Behälter oder unter Druck zugeführt wird; läßt man den Dampf sich verdichten, so geht der Druck im Gefäß auf ein so geringes Maß herab, daß die Vorrichtung schließlich aus einem tiefergelegenen Behälter oder einem Brunnen Wasser herauf saugt.

Die Saughöhe hängt indessen von der im Gefäß noch herrschenden Temperatur ab; hätte sich dieselbe z. B. bis auf 45,6° C erniedrigt, so beträgt der Druck in demselben nach der Tabelle auf Seite 12 nur noch 0,1 Atmosphären, also 0,9 Atmosphären weniger, als der auf dem Wasserspiegel des Behälters oder Brunnens lastende

Luftdruck, und der letztere könnte das Wasser 9 m hoch drücken. Auf 5 bis 6 m Höhe wird die Vorrichtung stets sicher und ohne großen Zeitverlust zu saugen vermögen.

Die Rücklaufvorrichtung ermöglicht die Speisung des Kessels in der denkbar einfachsten und zuverlässigsten Weise; ein Versagen der Vorrichtung kann kaum eintreten, besonders wenn ihr das Wasser zufließt. Die Bedienung wird nur durch die erhöhte Aufstellung des Gefäßes etwas erschwert.

Das Gewicht und der Preis der Vorrichtung sind aber ziemlich beträchtlich. Auch treten nicht unbedeutende Wärmeverluste ein, wenn

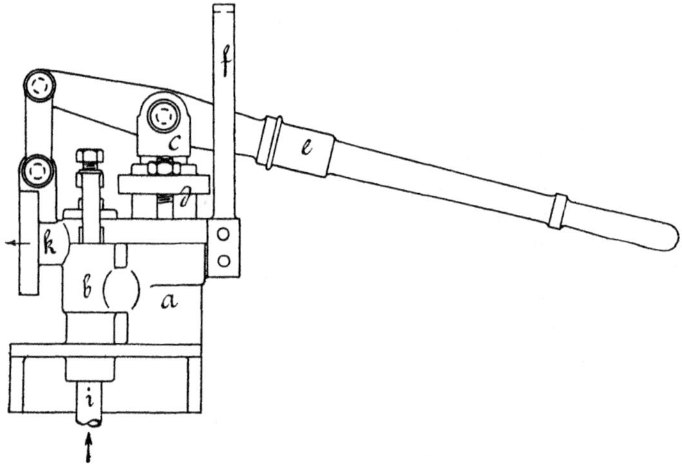

Fig. 84.

die Vorrichtung nicht gegen Wärmeausstrahlung geschützt wird und vor jeder Füllung von Dampf entleert werden muß; das letztere ist aber nothwendig, wenn sie rasch wieder gefüllt werden soll.

Die Rücklaufvorrichtung findet daher in neuerer Zeit nur noch selten Anwendung. Für Dampfheizungsanlagen, bei welchen der Dampfkessel tief liegt, aller Dampf nach seiner Verwendung in den höher gelegenen Stockwerken der Vorrichtung in Gestalt von heißem Wasser wieder zufließt, und das Gefäß auch mit Wärmeschutzmasse umhüllt werden darf, ist sie indessen noch heutigen Tages am Platze.

Die Kolbenspeisepumpe: Eine weit gebräuchlichere Speisevorrichtung, als die Rücklaufvorrichtung, ist die Speisepumpe, die man zum Unterschied von der Dampfstrahlpumpe auch Kolbenpumpe nennt. Die Figuren 84 (äußere Ansicht) und 85 (Schnitt) stellen eine von der Firma Schäffer & Budenberg in Buckau-Magdeburg ausgeführte Kolbenspeisepumpe dar.

Das gußeiserne Pumpengehäuse besteht aus zwei, durch ein Rohr mit einander verbundenen Haupttheilen, dem Stiefel *a* und dem Ventilgehäuse *b*.

In den ersteren taucht der massive Kolben *c* ein. Die Stopfbüchse *d* schließt den Raum des Stiefels nach außen hin luftdicht ab, ohne die Beweglichkeit des Kolbens zu beeinträchtigen; der dichte Abschluß des Kolbens wird durch geflochtene, mit Talg getränkte Hanfzöpfe, die in diese Büchse gelegt und mittelst zweier Schrauben und der sogenannten Stopfbüchsenbrille zusammen- und an den Kolben gepreßt werden erzielt.

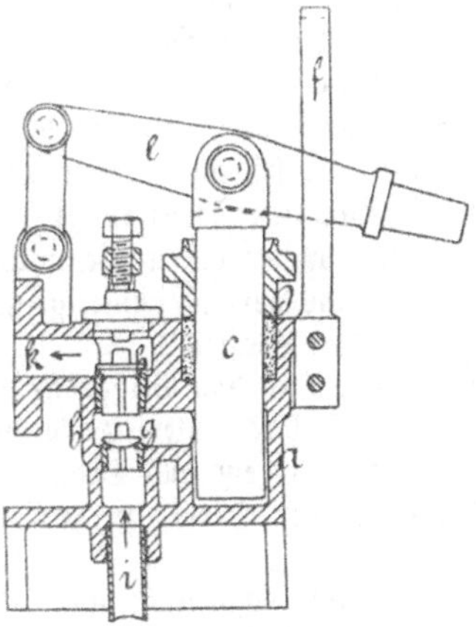

Fig. 85.

Der Kolben ist mittelst eines Bolzens an den um seinen Endpunkt schwingenden Hebel *e* angeschlossen, und wird mittelst des letzteren in eine auf- und abwärts gerichtete Bewegung versetzt. Die oben geschlossene Gabel *f* verhindert, daß der Kolben zu hoch gehoben wird.

In dem Ventilgehäuse *b* befinden sich nun zwei aus Rothguß hergestellte Ventile *g* und *h*, die beide wieder aus einem dicht in das Gehäuse eingesetzten Ventilsitz und einem mit Führungsflügeln versehenen Ventilteller bestehen; *g* ist das Saugventil, *h* das Druckventil.

Das Ventilgehäuse ist weiter mit einem Deckel versehen; durch einen übergeschobenen Bügel und eine Druckschraube wird dieser Deckel in der aus der Zeichnung ersichtlichen Weise auf das Gehäuse gepreßt und dasselbe dicht abgeschlossen. Dieser leicht lösbare Verschluß ermöglicht es, den Deckel rasch zu entfernen und die Ventile einer Untersuchung zu unterziehen.

An das Ventilgehäuse schließt sich unten das nach einem Wassergefäß oder dem Brunnen führende Saugrohr *i* und seitlich das nach dem Kessel führende Druckrohr *k*.

Die Wirkungsweise der Pumpe ist leicht verständlich: Bei dem Aufwärtsgang des Kolbens wird die anfangs im Ventilgehäuse eingeschlossene Luft oder das später daselbst befindliche Wasser in den

Stiefel gezogen; das Saugventil hebt sich infolge dessen, und es strömt aus dem Saugrohr Luft, beziehungsweise Wasser in das Ventilgehäuse. Bei dem Abwärtsgang des Kolbens schließt sich das Saugventil; die Luft oder das Wasser wird aus dem Stiefel wieder herübergepreßt und nach Ueberwindung des auf dem Druckventil lastenden Druckes in das Druckrohr, beziehungsweise in den Kessel gedrückt.

Um prüfen zu können, ob die Pumpe ansaugt, und zu verhindern, daß die von der Pumpe angesaugte Luft in die Rohrleitung gelangt, bringt man oft am Ventilgehäuse zwischen Saug- und Druckventil ein kleines Entluftungshähnchen an, welches abwechselnd während des Saugens geschlossen und während des Drückens zum Auslassen der angesaugten Luft geöffnet wird. Sowie dem Hähnchen nicht mehr Luft, sondern Wasser entströmt, arbeitet die Pumpe regelrecht.

Hat eine Pumpe hoch zu saugen, so muß das Saugrohr, damit das Ansaugen sicherer und rascher erfolgt, an seinem unteren Ende mit einem zweiten Saugventil, einem sogenannten Fußventil versehen werden. Man füllt das Saugrohr vor der ersten Benutzung der Pumpe mit Wasser an, und bleibt dasselbe hiernach immer gefüllt stehen; die Pumpe liefert dann jederzeit sofort Wasser.

Steht zu erwarten, daß Unreinigkeiten in das Saugrohr gelangen, was vermieden werden muß, so ist das untere Ende des Saugrohres auch mit einem Saugkorb, d. h. einem aus Draht geflochtenen Korb, welcher das Eindringen jener Körper verhindert, auszurüsten.

Bei raschem Gang der Pumpen und langen Saug- und Druckrohren stellt sich zuweilen ein heftiges Schlagen des Wassers ein. Die in den Rohren eingeschlossenen, unelastischen Wassersäulen müssen sich, der Bewegung des Kolbens entsprechend, mit wechselnder Geschwindigkeit bewegen und in dem Augenblick, wo die Bewegungsrichtung des Kolbens wechselt, plötzlich zur Ruhe kommen; sie geben aber ihre Geschwindigkeit nur unter heftigen, den Druck in den Röhren steigernden und dieselben gefährdenden Stößen auf. Um diesen Uebelstand zu beseitigen, werden die Rohrleitungen mit sogenannten Windkesseln versehen; es sind dies birnenförmige, auf die Rohrleitungen gesetzte, geschlossene Hohlkörper, deren elastischer Luftinhalt die Stöße des Wassers aufnimmt. Im Windkessel des Saugrohres, welcher in der Nähe der Einmündung des letzteren in die Pumpe angebracht wird, befindet sich natürlich die Luft in verdünntem Zustand, in dem auf dem Ventilgehäuse oder dem Druckrohr angebrachten Druckwindkessel dagegen in gepreßtem Zustand.

Nach den auf Seite 9 und 10 gegebenen Erläuterungen könnte es möglich erscheinen, mit der Saughöhe der Pumpen bis zu 10 m zu gehen. Da indessen die Pumpe und das Saugrohr nie vollkommen dicht zu halten sind, die geringste Undichtheit aber Luft einläßt, welche ein sofortiges Herabsinken der Wassersäule im Saugrohr zur Folge hat, so wird selten eine größere Saughöhe, als 7 m angewendet.

Die Saughöhe muß aber noch entsprechend vermindert werden, wenn das zu hebende Wasser heiß ist, wie schon bei der Rücklaufvorrichtung angedeutet wurde. Wasser von 100 °C kann gar nicht gehoben werden, da es sich bei der geringsten Verminderung des auf ihm lastenden Druckes in Dampf verwandelt. Für 80,9 ° C warmes Wasser, welches bei einem Druck von 0,5 Atmosphären siedet (vergl. die Tabelle auf Seite 12), darf die Saugröhre auch höchstens 5 m betragen, da der Druck im Saugrohr nicht unter $^1/_2$ Atmosphäre herabzubringen ist.

Bei kleineren Kesseln genügt es, die Pumpe durch den Heizer mit der Hand bewegen zu lasseu. Da Handpumpen aber trotz aller Anstrengung des Heizers nur eine mäßige Menge Wasser zu liefern vermögen, so können große Kessel durch Handpumpen nicht mehr gespeist werden. Die entsprechend größer gebauten Pumpen werden dann mittelst eines Excenters oder einer Kurbel und einer an den Kolben angeschlossenen Stange von der Maschine oder von der Transmission in Bewegung gesetzt; man nennt solche Pumpen Maschinen- oder Transmissionspumpen. Größere Speisepumpen werden schließlich mit einer kleinen, eigens für diesen Zweck bestimmten Dampfmaschine ausgerüstet und zu einer sogenannten Dampfpumpe umgestaltet.

Auf die Maschinen- und Transmissionspumpen braucht nicht weiter eingegangen zu werden, da sie wesentlich Neues nicht bieten.

Bei den Dampfpumpen sind zweierlei Bauarten üblich; man verbindet entweder die Kolbenstange der Dampfmaschine mit dem Kolben der Pumpe ohne jedes weitere Hilfsmittel, oder man schaltet zwischen beide noch ein die Gleichmäßigkeit der Bewegung regelndes Schwungrad ein. Nachdem es gelungen ist, auch bei den Dampfpumpen ohne Schwungrad einen ruhigen, gleichmäßigen Gang zu erzielen, sind die Schwungradpumpen mehr und mehr verdrängt worden.

Die weiteste Verbreitung dürfte die von der Worthington-Pumpen-Compagnie eingeführte, in Figur 86 im Längenschnitt dargestellte Dampfpumpe gefunden haben.

Auf der linken Seite der Pumpe befindet sich der mit einer einfachen Schiebersteuerung versehene Dampfcylinder *a*, dessen Dampfeinlaß- und Dampfauslaßkanäle getrennt sind, um ein früheres Abschließen des Dampfaustrittes, hierdurch aber eine stärkere Kompression des im Cylinder verbliebenen Abdampfes und einen ruhigeren Gang zu erzielen.

Die Kolbenstange des Dampfcylinders und die des auf der rechten Seite ersichtlichen Pumpencylinders *b* bilden ein Stück.

Die Pumpe stellt sich als eine sogenannte doppeltwirkende dar. *c* sind die beiden Saugventile, *d* die beiden Druckventile; *e* ist der Druckwindkessel.

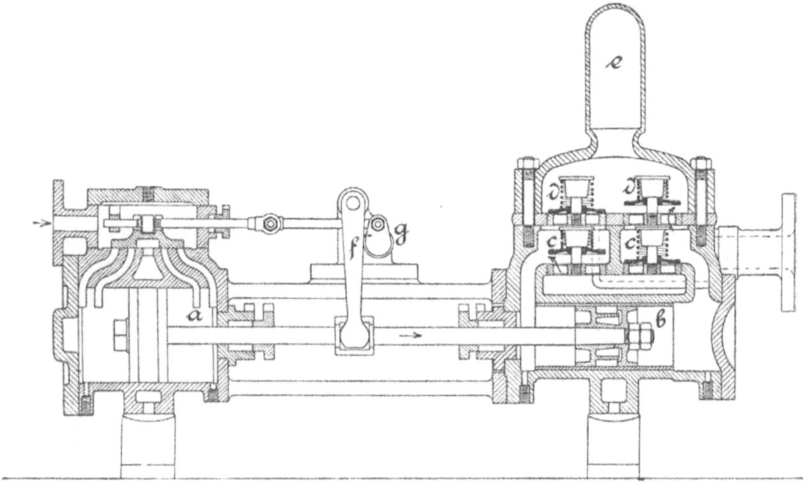

Fig. 86.

Die Worthington-Pumpe wird stets doppelt hergestellt, d. h. sie erhält zwei nebeneinander liegende Dampfcylinder und zwei ebensolche Pumpencylinder; sie besitzt weiter die Eigenthümlichkeit, daß eine Maschine die andere steuert. Der von der Kolbenstange der vorderen, gezeichneten Maschine bewegte Hebel *f* verschiebt den Schieber der hinteren Maschine, während der Schieber der vorderen Maschine von einem Hebel *g* bewegt wird, der von der Kolbenstange der hinteren Maschine in eine schwingende Bewegung versetzt wird. Hierdurch stellt sich ein gleichmäßiger Wechsel des Spiels der beiden Maschinen ein, welcher die Ruhe des Ganges erhöht.

Die Kolbenspeisepumpen sind nun ebenfalls Vorrichtungen, deren Bedienung an den Heizer nur geringe Anforderungen stellt; doch kann auch leicht ein Unbrauchbarwerden dieser Vorrichtungen eintreten.

Die Pumpen versagen, wenn der Kolben, die Ventile und die

Saugrohre undicht werden, welche Uebelstände nicht immer sofort zu beseitigen sind.

Die Pumpe hört ferner auf zu wirken, wenn sich zwischen Ventilteller und Sitz ein durch das Saugrohr eingedrungener Gegenstand geklemmt hat; sie kann aber rasch wieder gangfähig gemacht werden, wenn der störende Gegenstand nach Oeffnung des Ventilgehäuses entfernt wird.

Endlich kommt die in Figur 84 und 85 dargestellte Pumpe außer Wirksamkeit, wenn eines der Ventile hängen bleibt, was eintritt, wenn das Ventil bei seinem Schluß schief fällt, und sich hierbei die Führungsflügel im Sitz spreizen; durch eine ausreichende Höhe des Sitzes und Länge der Flügel kann diesem Uebelstand vorgebeugt werden.

Die Dampfstrahlpumpe oder der Injektor: Die saugende und fördernde Wirkung eines Dampfstrahles war schon von Stephenson für den Dampfkesselbetrieb in der Blasrohreinrichtung der Lokomotiven mit Erfolg nutzbar gemacht worden. In weiterer Folge hatte der Marquis Mannonry d'Ectot darauf aufmerksam gemacht, daß dieses Hilfsmittel auch zum Ansaugen und Befördern des Wassers verwendet werden könnte. Aber erst nach längeren Bemühungen, im Jahre 1858, gelang es dem Franzosen Giffard (sprich Schiffar), eine brauchbare Dampfstrahlpumpe zur Speisung der Dampfkessel herzustellen. Die Bequemlichkeit und der Vortheil, die Speisung des Kessels auch während des Stillstandes der Maschine vornehmen zu können, waren die Ursachen, daß bei der Lokomotive die bis dahin gebräuchliche Maschinenpumpe bald verschwand und der Dampfstrahlpumpe Platz machte.

Man unterscheidet saugende und nichtsaugende Injektoren; die letzteren, welchen das Wasser zugeführt werden muß, sind Vereinfachungen der ersteren. Ein saugender Injektor arbeitet natürlich auch mit zufließendem Wasser.

In den Figuren 87 (äußere Ansicht) und 88 (Schnitt) ist ein saugender, verbesserter Giffard'scher Injektor der Firma C. W. Julius Blancke & Co. in Merseburg dargestellt.

In einem Gehäuse befinden sich drei verschiedene, zugespitzte Mundstücke, die man Düsen nennt. Die Düse a heißt die Dampfdüse, die Düse b die Mischdüse und die Düse c die Fang- oder Ueberdruckdüse. Der Dampfdüse, deren Mündung vermittelst der mit Gewinde versehenen und an ihrem unteren Ende zugespitzten Spindel f beliebig verengt oder auch ganz geschlossen werden kann, wird durch das Rohr d frischer Kesseldampf zugeführt, dem

Raum zwischen Dampf- und Mischdüse durch das Rohr *e* aber das in den Kessel zu befördernde Wasser.

Bei der Ingangsetzung und während des Betriebes geht nun im Injektor folgendes vor sich: Nachdem dem Dampf durch Oeffnen des Dampfventiles der Zutritt zur Dampfdüse gewährt worden ist, wird die letztere durch Zurückschrauben der Spindel langsam geöffnet. Der aus der Düse dringende Dampfstrahl reißt zunächst an seinem Umfange die Luft mit sich fort. Der Druck in dem Raum zwischen Dampf- und Mischdüse sinkt infolgedessen, und es wird durch das Rohr *e* Wasser angesaugt. Das letztere tritt schließlich an den

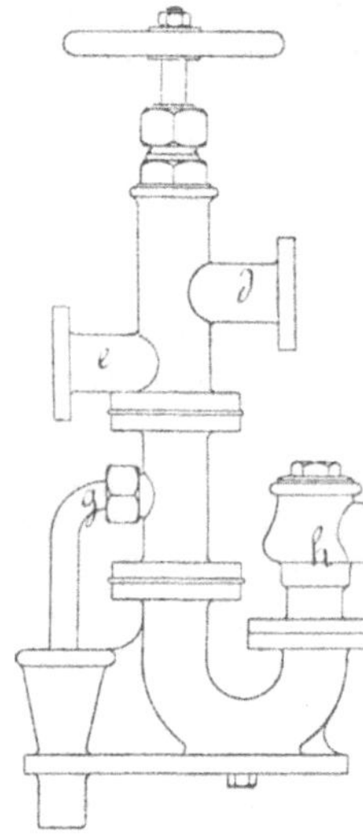

Fig. 87.

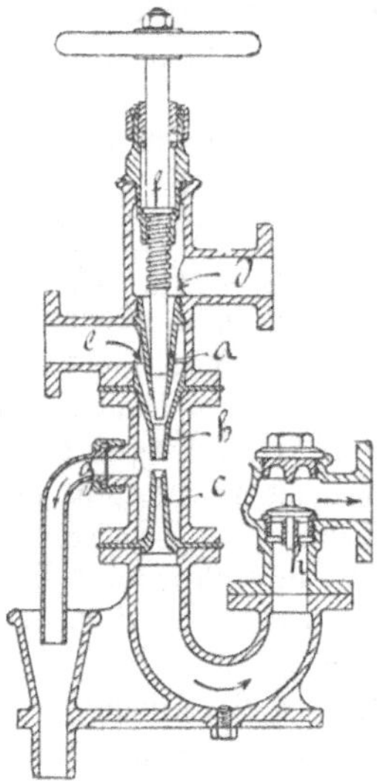

Fig. 88.

Dampfstrahl heran und wird nun von demselben ebenfalls mit fortgerissen. Dampf und Wasser vermischen sich, wobei der Dampf verdichtet wird und zugleich seine Wärme an das Wasser abgiebt. Der Mischdüse entströmt daher mit großer Geschwindigkeit ein Strahl heißen Wassers, der anfangs zersplittert und durch das Ueberlaufrohr *g* wieder entweicht, sehr bald aber in die Fangdüse dringt, infolge der allmählichen Erweiterung derselben in dieser seine Geschwindigkeit in Druck umsetzt, den auf dem Ventil *h* lastenden Druck des Kessels überwindend endlich dieses Ventil aushebt und nunmehr in das Druckrohr beziehungsweise in den Kessel tritt. Der Ueberlauf vermindert sich; er kann schließlich durch eine Vermehrung des Dampfzuflusses ganz aufgehoben werden. Dem Kessel wird von jetzt ab ununterbrochen Wasser zugeführt. Soll die Speisung unterbrochen werden, so wird einfach der Dampf abgesperrt.

Außer von dem Druck des verwendeten Dampfes und der Temperatur des zu verspeisenden Wassers hängen nun die Wirksamkeit des Injektors und die Liefermenge desselben im Wesentlichen von der Weite, der Form und der gegenseitigen Entfernung der drei Düsen ab.

Der besprochene Injektor vermag das Wasser 2 m hoch anzusaugen; er nimmt dasselbe noch mit 40° C an und führt es dem Kessel mit 80 bis 90° C zu.

Wesentlich größere Saughöhe und höhere Temperatur des anzusaugenden Wassers verträgt der vorzügliche Patent-Universal-Injektor der Gebrüder Körting in Hannover, welcher allerdings auch etwas complicirter und theurer ist. Die Figuren 89 (äußere Ansicht) 90 und 91 (zwei rechtwinklig zu einander stehende Längenschnitte) stellen diesen Injektor dar.

Der Körting'sche Injektor bildet die Vereinigung zweier vereinfachten Injektoren, bei welchen die Fangdüsen in Wegfall gekommen sind; a_1 und a_2 sind die beiden Dampfdüsen, b_1 und b_2 die zugehörigen Mischdüsen. Dem ersten Injektor fällt die Aufgabe zu, das zu verspeisende Wasser anzusaugen; der zweite Injektor, welchem das angesaugte Wasser unter einem gewissen Druck zu fließt, vollbringt den zweiten Theil der Arbeit und schafft es in den Kessel.

Höchst geistreich ist nun die Art und Weise, in welcher bei dem Ingangsetzen ein zielbewußtes Zusammenwirken der beiden Injektoren erreicht wird, wozu nur die langsame Bewegung des auf den Hahn c gesteckten Hebels d erforderlich ist.

Wird der Hebel in der Richtung des Pfeiles bewegt, so schiebt sich die Stange e, deren unteres Ende mittelst eines Zapfens und Klötzchens in einer spiralförmigen Nute der mit dem Hebel verbundenen Scheibe f gleitet, nach oben. Mit der Stange e wird aber zugleich die mit ihr verbundene Stange g gehoben, welche mittelst einer Stopfbüchse in den oberen Theil des Injektorgehäuses geführt ist und dort zwei um einen Bolzen frei bewegliche Schwingen h trägt. Die Enden dieser Schwingen sind mit Schlitzen versehen und erfassen zwei durch die beiden Dampfventile i_1 und i_2 gesteckte, bewegliche Bolzen. Das eine der Ventile i_2 besitzt einen zugespitzten Ansatz, welcher nach Art der Giffard'schen Injektorspindel die Oeffnung der Düse regulirt.

Die Ventile sind nun nicht gleich groß; sie werden infolgedessen durch den Druck des Dampfes, welcher dem Injektor durch das Rohr *k* zuströmt, ungleich belastet. Die Hebung der Stange *g* bewirkt daher, daß sich zunächst das kleinere, weniger belastete Ventil i_1 des ersten Injektors öffnet, und derselbe mit dem Ansaugen des durch das Rohr *l* eintretenden Wassers beginnt. Erst wenn sich dieses Ventil ganz geöffnet hat, und sein Stiel oben im Gehäuse zum Anstoß gekommen ist, hebt sich auch das Ventil des zweiten Injektors und tritt dieser in Wirksamkeit.

Im unteren Theil des Injektors haben sich aber gleichzeitig folgende Vorgänge abgespielt: Zu Beginn nahm der Hahn *c* eine solche Stellung ein, daß der erste Injektor nach dem an den Hahn sich anschließenden Ueberlauf hin offen stand. Das von diesem Injektor angesaugte Wasser konnte daher zunächst durch den Hahn wieder ablaufen. Mit dem Ingangsetzen des zweiten Injektors schließt sich aber der nach dem Hahn *c* führende Kanal des ersten Injektors; das von dem letzteren gelieferte Wasser tritt nunmehr durch die im unteren Theile der Düse befindlichen Schlitzlöcher nach außen und dringt unter einem gewissen Druck zur Mischdüse des zweiten Injektors vor. Der inzwischen geöffnete, nach dem Ueberlauf führende Kanal dieses Injektors schließt sich mit dem Ingangkommen des letzteren ebenfalls allmählich; das Wasser dringt endlich durch die Schlitze der Düse nach außen und tritt, nachdem es das Druckventil des nach dem Kessel führenden Rohres *m* gehoben hat, in die Druckleitung und den Kessel ein.

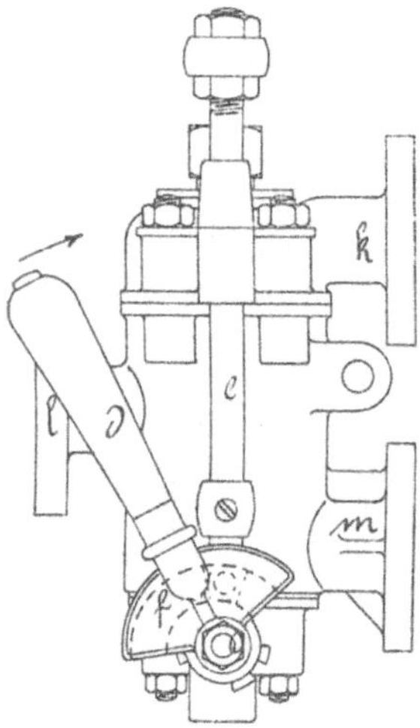

Fig. 89.

Es ist hinzuzufügen, daß bei den neuesten Universal-Injektoren zur Bewegung der Stange *e* an Stelle der Nutenscheibe *f* ein mit dem Hebel verbundenes Excenter und eine Excenterstange benutzt werden.

Die Körting'schen Universal-Injektoren, welche sowohl stehend, als auch liegend verwendet werden können, wirken äußerst zuverlässig; ein Versagen derselben kommt bei langsamer Bewegung des Hebels kaum vor. Sie saugen kaltes Wasser bis 6 ½ m hoch an; fließt ihnen dasselbe zu, so vermögen sie es noch mit 65 ° C zu verarbeiten und führen es dann, weit über 100 ° C erhitzt, dem Kessel zu.

Ein Gegenstück zu dem Körtingschen Universal-Injektor bildet der ebenso vorzügliche, sogenannte Restarting-Injektor der Firma Schäffer & Budenberg in Buckau-Magdeburg, der seinen englischen, mit „Wiederanspringen“ zu übersetzenden Namen einer Eigenthümlichkeit verdankt, die noch weiter unten zu erläutern sein wird.

Auch hier genügt die einfache Bewegung eines Hebels, um den Injektor in Gang zu setzen; doch ist der Injektor nicht ein doppelter, wie der Körting'sche. Figur 92 (äußere Ansicht) 93 und 94 (zwei rechtwinklig zu einander gelegte Schnitte) stellen diesen Injektor dar.

a ist die Dampfdüse, die in ihrem oberen Theil einen Ventilsitz bildet, *b* die Mischdüse und *c* die Fangdüse. Durch das Rohr *d*

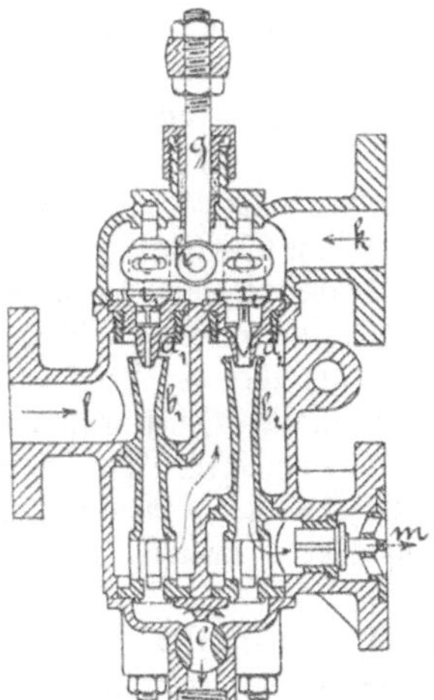

Fig. 90.

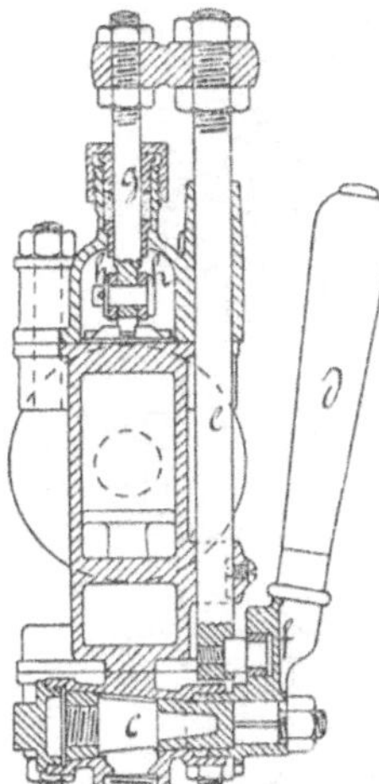

Fig. 91.

wird der Dampf, durch das Rohr *e* das Wasser zugeleitet.

Der bereits erwähnte Hebel *f* steckt auf einer Welle, die mittelst einer Stopfbüchse in das Innere des Injektorgehäuses geführt und dort mit einem excentrischen, in einen Schlitz des Ventilkörpers *g* greifenden Zapfen versehen ist. Eine Drehung des Hebels in der Richtung des Pfeiles bewirkt daher eine Hebung des Ventilkörpers; der letztere wird hierbei durch eine Büchse und durch Flügel, welche theils an das Gehäuse angegossen, theils am Ventilkörper angebracht sind, senkrecht geführt.

Der Ventilkörper besitzt nun wieder eine Verlängerung, deren Form der Giffard'schen Düsenspindel ähnelt. Wird das Ventil erst wenig geöffnet, so giebt auch die Dampfdüse nur einen dünnen Dampfstrahl, der das Ansaugen bewirkt. Luft und Wasser entweichen zunächst durch das mit einer Feder schwach belastete Ventil h des Ueberlaufes nach außen. Bald wird aber der Strahl von der Fangdüse aufgenommen und das Druckventil i zurückgepreßt; das Wasser dringt durch das Rohr k in den Kessel, und der Injektor beginnt zu speisen. Das Ventil h schließt sich jetzt, und wird hierdurch das Ansaugen von Luft, welches ein ziemlich lästiges Geräusch verursacht, verhindert.

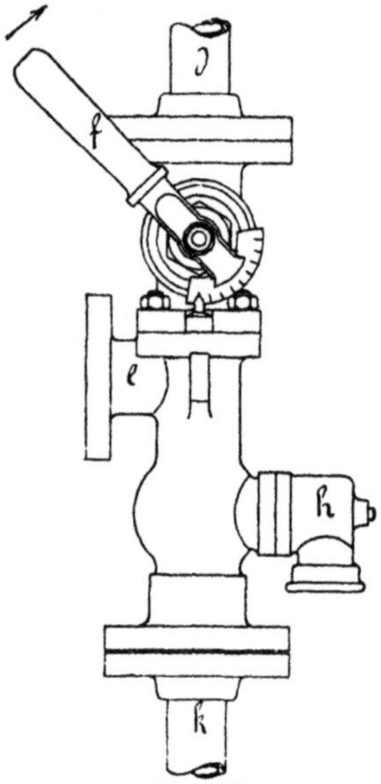

Fig. 92.

Der Restarting-Injektor besitzt nun weiter die Eigenthümlichkeit, daß er, wenn etwa Luft in das Saugrohr dringt, oder Stöße im Druckrohr eintreten, und der Injektor infolgedessen abschnappt, von selbst wieder anspringt. Zu diesem Zweck ist die Mischdüse mit einer Klappe l, die sich öffnet und dem überschüssigen, durch h entweichenden Dampf freien Austritt verschafft, versehen; hierdurch vermindert sich aber der Druck in der Mischdüse, und der Injektor ist wieder im Stande, zu saugen. Der sich von neuem bildende Strahl saugt nun auch die Klappe wieder an und schließt die Düse.

Auch dieser Injektor saugt kaltes Wasser bis auf $6^1/_2$ m Höhe und verarbeitet zufließendes Wasser noch mit einer Temperatur von 60^0 C.

Die saugenden Injektoren bedürfen, falls nicht die gesammte Arbeit des Saugens und Drückens, wie bei den Körting'schen Injektoren, auf zwei sich in die Hände arbeitende Injektoren vertheilt ist, einer stellbaren Dampfdüse, die während des Ansaugens und Ingangsetzens verengt werden muß. Fließt dagegen dem Injektor das Wasser zu, und fällt die Arbeit des Ansaugens fort, so wird die Stellvorrichtung der Dampfdüse überflüssig; ein Injektor ohne diese Stellvorrichtung kann allerdings heißes Wasser nicht verarbeiten.

Nichtsaugende Injektoren mit festen Düsen werden gewöhnlich bei den Lokomotiven benutzt; es sind drei verschiedene Arten solcher Injektoren im Gebrauch.

Der *Kraus*'sche Injektor ist der älteste; er besitzt drei getrennte, feste Düsen.

Bei dem *Schau*'schen Injektor sind zwei der Düsen, die Misch- und die Fangdüse, zu einer vereinigt, welche die Form eines sich nach beiden Enden hin erweiternden Rohres besitzt. In der Mitte ist dieses Rohr in ähnlicher Weise, wie die Mischdüse des Körting'schen Injektors, mit Schlitzen versehen, durch welches zunächst das Ueber-

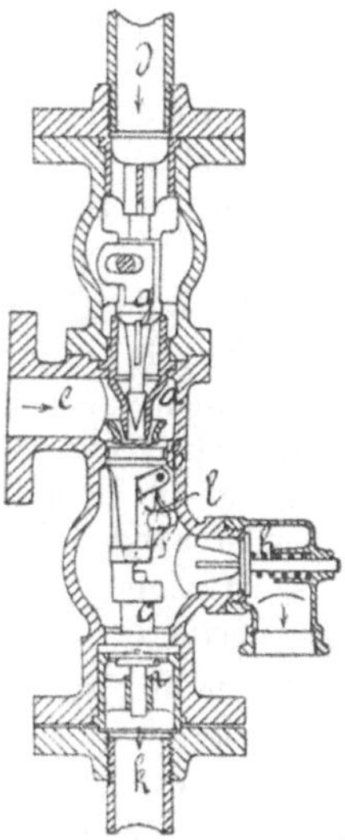

Fig. 93.

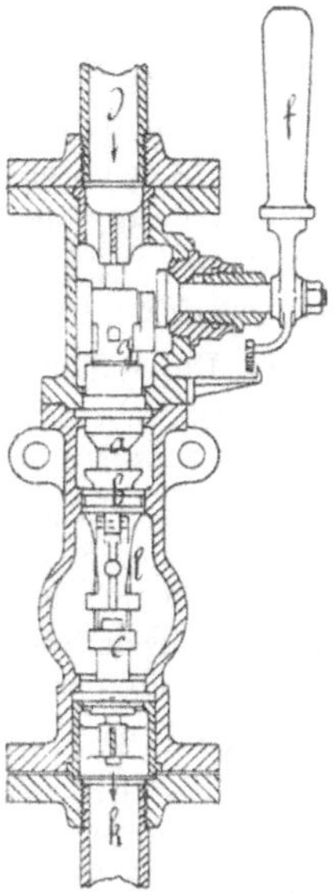

Fig. 94.

laufwasser entweichen kann, später aber noch etwas Wasser angesogen wird.

Bei dem *Friedmann*'schen *Injektor* ist endlich zwischen die Dampfdüse und die Mischdüse noch eine kurze, konische Zwischendüse eingeschaltet. Diese Düse spaltet das zuströmende Wasser in zwei Theile, die nacheinander in dünnerer Schicht an den Dampfstrahl herantreten; hierdurch wird aber die Verdichtung des Dampfes erleichtert und dem Injektor die Verarbeitung wärmeren Wassers ermöglicht.

Die Bedienung der nichtsaugenden Injektoren ändert sich übrigens dahin ab, daß bei dem Anstellen des Injektors der Wasser- und Dampfzufluß gleichzeitig langsam geöffnet werden; nach dem

Ingangkommen des Injektors wird der Wasserzufluß wieder so weit vermindert, daß kein Wasser mehr entweicht.

In neuerer Zeit ist es auch gelungen, den verbrauchten Dampf der Dampfmaschinen, ohne hierdurch die Wirkung der letzteren zu beeinträchtigen, durch besonders geformte Injektoren zum Speisen der Kessel nutzbar zu machen; merkwürdigerweise finden diese sparsamen Abdampf-Injektoren, welche von Schäffer & Budenberg und Gebrüder Körting geliefert werden, verhältnißmäßig wenig Beachtung.

Die Injektoren sind im Allgemeinen recht einfache und dabei bequeme Speisevorrichtungen; werden sie aus guten Fabriken bezogen, und sorgt man dafür, daß ihnen aller Schmutz fern bleibt, so lassen sie auch an Zuverlässigkeit nichts zu wünschen übrig. Da sie keine oder nur wenig bewegte Theile besitzen, so erweisen sie sich außerdem ziemlich dauerhaft.

Der Injektor versagt bei ungenügendem Dampfdruck, oder wenn der Dampfstrahl nicht genügend verdichtet wird; das letztere tritt aber ein, wenn entweder der Dampf bei dem Ansaugen oder während des Arbeitens in zu großen Mengen zugeführt wird, oder wenn das zu speisende Wasser zu heiß ist. Der Injektor ist dann entweder gar nicht in Gang zu bringen, oder er schnappt plötzlich ab. Das Ingangsetzen des Injektors muß daher langsam erfolgen; auch darf der Dampfzufluß nie das erforderliche Maß überschreiten.

Der Injektor wird ferner unbrauchbar, wenn sich die Düsen mit Schmutz oder Kesselstein verstopfen, oder wenn die an älteren Injektoren etwa vorhandene Düsenspindel verbogen ist; er muß dann einer zuverlässigen Fabrik zur Reinigung und Instandsetzung übergeben werden.

Die selbstthätigen Speisevorrichtungen: Die große Gefahr, welche ein zu tief gesunkener Wasserstand für den Kessel herbeizuführen vermag, legt den Wunsch nahe, die Ueberwachung und Innehaltung des Wasserstandes nicht einzig und allein dem Heizer anzuvertrauen, der sich irren kann, und dessen Gewissenhaftigkeit oft zu wünschen übrig läßt; man erfand daher bald selbstthätige Speisevorrichtungen, welche in den verschiedensten Formen ausgeführt wurden.

Ein Theil dieser Vorrichtungen benutzt den Rücklaufapparat in veränderter Gestalt, dessen Ventile aber zu selbstthätigen gemacht werden.

Ein anderer Theil verwendet eine Transmissions- oder Dampfspeisepumpe oder einen Injektor, die je nach dem Wasserbedarf des

Kessels durch einen Schwimmer oder auf andere geeignete Weise in oder außer Thätigkeit gesetzt werden.

Eine dritte Gruppe endlich nimmt senkrechte, langsam sich drehende Hähne, welche sich mit Wasser füllen und nach Bedarf in den Kessel entleeren, zu Hilfe.

Bei der einen Bauart sind in dem Hahne Kammern, welche durch eine wagerechte Scheidewand in zwei Gruppen getrennt werden, angeordnet. Es wird nun abwechselnd die obere Gruppe mit dem hochgelegenen Speisewasserbehälter, hierauf die obere mit der unteren Gruppe und schließlich die letztere mit dem Kesselinnern in Verbindung gesetzt. Der Hahn liegt in der Höhe des Wasserspiegels des Kessels; bei genügend hohem Wasserstand bleiben die unteren Kammern mit Kesselwasser gefüllt, und es kann daher auch aus den oberen Kammern kein frisches Wasser in dieselben treten. Erst wenn der Wasserstand weit genug gesunken ist, werden die unteren Kammern leer, und können sich nunmehr auch die oberen Kammern in die unteren und von da in den Kessel entleeren.

Bei einer anderen Bauart ist der Hahn nur mit einer durchgehenden Kammer versehen. Der obere Theil dieser Kammer tritt abwechselnd mit dem Speisewasserbehälter und einem Rohr in Verbindung, welches bis zum Wasserspiegel des Kessels hinabreicht. Das untere Ende des Hahnes liegt etwas unter diesem Wasserspiegel und tritt dort zu gleicher Zeit, wie das obere Hahnende mit dem Rohr, mit dem Wasser des Kessels in Verbindung. Ist nun der Wasserspiegel so weit gesunken, daß das Ende jenes Rohres frei wird, so dringt Dampf in den oberen Theil des Hahnes, und der letztere kann sich in den Kessel entleeren.

Fast alle diese Vorrichtungen kamen zu oft in Unordnung und waren nicht zuverlässig genug. Am brauchbarsten erwies sich die von dem Ingenieur Cohnfeld zu Dresden im Jahre 1876 erfundene, selbstthätige Speisevorrichtung (Patent), welche Figur 95 (äußere Ansicht), 96 und 97 (zwei Schnitte nebst Grundriß) darstellen; dieselbe ist bereits in mehr als 1500 Exemplaren mit bestem Erfolg in Betrieb gesetzt worden und wird jetzt von der Roßweiner Maschinenbauanstalt Hamel & Müller in Roßwein ausgeführt.

Die Cohnfeld'sche Speisevorrichtung gehört zu der oben zuerst genannten Gruppe der selbstthätigen und ist ihrem Wesen nach eine Rücklaufvorrichtung; sie muß daher auf den Kessel gestellt werden. Die Ventile der Vorrichtung sind selbstthätige; sie vermag zwar das Wasser bis auf 5 m anzusaugen, gewöhnlich wird ihr dasselbe aber aus einem höher gelegenen Behälter zugeführt.

Der Haupttheil der Vorrichtung ist ein aus zwei Theilen *a*

und *b* bestehendes Gefäß aus Kupferblech, welches das dem Kessel zuzuführende Wasser zunächst aufnimmt; zwischen die beiden Gefäßtheile ist eine die Wärme schlecht leitende Lage von Holz, welche eine unnöthige Abkühlung und Verdichtung des zum Betrieb erforderlichen Dampfes verhindern soll, eingeschoben.

Die beiden Gefäßtheile sind nun durch zwei U-förmige Rohre *c* und *d* in der aus der Zeichnung ersichtlichen Weise verbunden; vom Boden des Gefäßtheiles *b* ist aber ein Rohr *e* abgezweigt, welches in den Kessel herabführt und, wie die zum Kessel führenden Druckrohre der Injektoren, mit einem Druckventil *f* versehen ist. Außerdem steht das Rohr *e* mit dem U-Rohr *c* durch das Zweigrohr *g* in Verbindung.

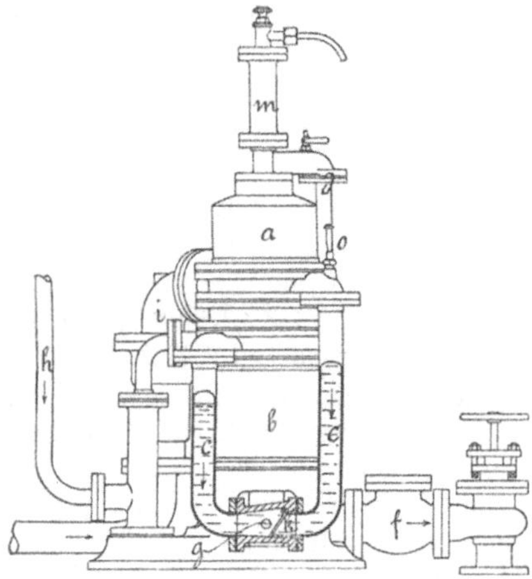

Fig. 95.

Ferner ist die Vorrichtung mit einem bis in das Wasser des Kessels hinabreichenden Rohr *h* versehen, welches an seinem unteren Ende mit einer die Wallungen des Wassers mildernden, gußeisernen Schutzhülse umgeben ist und mit dem anderen Ende in das Gefäß *b* mündet. In diesem Rohr befindet sich in der Regel ein zweites engeres, bis über den tiefsten zulässigen Wasserstand hinabreichendes Rohr, welches an seinem oberen Ende mit einem der auf Seite 225 näher beschriebenen, hier aber nicht eingezeichneten Black'schen Speiserufer ausgerüstet wird.

So lange nun das Rohr *h* noch in das Wasser taucht, bleiben auch dieses Rohr und die Gefäße *a* und *b* mit Wasser gefüllt. So wie aber die untere Oeffnung des Rohres *h* bei tiefer gesunkenem Wasserspiegel aus dem letzteren taucht, fällt das in dem senkrechten Theil dieses Rohres enthaltene Wasser herab. Der Höhenunterschied des Wasserspiegels in dem oberen, nach dem Gefäß *b* führenden Theil des Rohres *h* mit dem Wasserspiegel des Kessels genügt, das Druckventil *f* zu heben. Der untere Theil der Vorrichtung läßt daher das in ihr enthaltene Wasser nach dem Kessel herabfließen und entleert sich, indem zugleich durch das Rohr *h* Dampf in den oberen Theil des Gefäßes *b* dringt.

In demselben Maße, wie in *b*, sinken nun auch die Wasserspiegel im linken Schenkel der U-Rohre *c* und *d*, was übrigens nur durch das Zweigrohr *g*, welches das aus den Rohren tretende Wasser dem Rohre *e* zuführt ermöglicht wird. Der rechte, nach

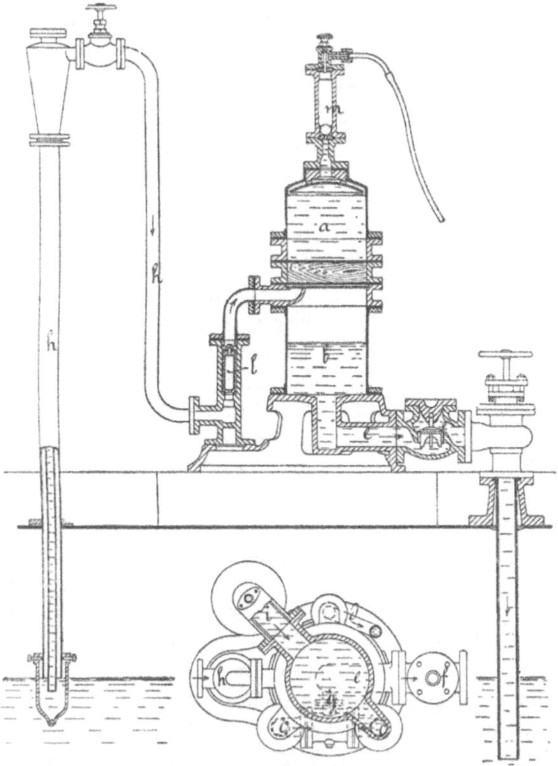

Fig. 96.

dem Gefäßtheil *a* führende Schenkel der U-Rohre und demzufolge auch der Gefäßtheil *a* können sich aber zunächst noch nicht entleeren, weil dies der auf den Wasserspiegeln der anderen Rohrschenkel lastende Dampfdruck verhindert. Erst wenn der gemeinschaftliche Wasserspiegel bis zum tiefsten Punkt des U-Rohres *d* gesunken ist, steigt der Dampf durch dieses Rohr in den oberen Theil des Gefäßes *a*, welches nunmehr seinen Wasserinhalt durch das Rohr *c* dem Gefäß *b* zuführt.

Der Anschluß des Rohres *c* an das Gefäß *b* ist genau so hergestellt, wie der des Rohres *h* (vergleiche Figur 96); das herabfließende Wasser breitet sich über eine durchlöcherte Blechplatte aus und ergießt sich in Form eines Regens in das Gefäß *b*. Der in demselben befindliche Dampf wird durch dieses Wasser sofort verdichtet, und der Druck in den Gefäßen sinkt plötzlich; das Druckventil schließt sich daher unter dem Druck des Kesselwassers, und die Speisung hört auf. Das Gefäß *b* füllt sich jetzt rasch mit Wasser an.

Aber auch in *a* ist der Druck gesunken; es wird infolgedessen sowohl durch das Saugrohr *i*, welches des sicheren Wirkens wegen mit zwei Saugventilen versehen ist, als auch durch das U-Rohr *d* Wasser in dieses Gefäß gesogen, wohingegen die in dem U-Rohr *c* angebrachte Klappe *k* verhindert, daß auch durch *c* Wasser heraufsteigt; dieses Rohr führt dagegen dem Gefäß *b* stets wieder Wasser zu. Das auf dem zweiten Wege in *a* eindringende Wasser nimmt durch die an der Decke des Gefäßes befestigte Siebplatte ebenfalls die Form eines Regens an und beschleunigt hierdurch die Verdichtung des Dampfes. Sehr bald ist daher die ganze Vorrichtung wieder vollständig mit Wasser angefüllt.

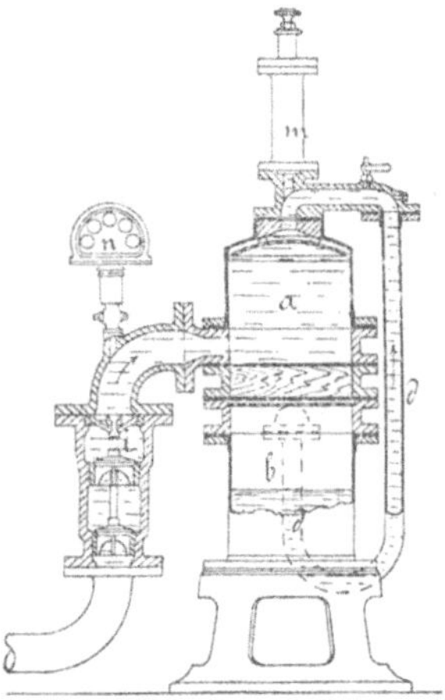

Fig. 97.

Alle diese Vorgänge vollziehen sich aber so rasch, daß der durch das Rohr *h* nachströmende Dampf, dem der Zutritt durch eine Verengung dieses Rohres absichtlich erschwert wird, die starke Abnahme des Druckes und die Füllung der Gefäße nicht zu verhindern vermochte und erst, nachdem dies bereits geschehen ist, den Druck in den Gefäßen mit dem des Kessels wieder ausgleicht, worauf die Speisung von Neuem beginnt und sich so lange fortsetzt, bis das Rohr *h* wieder in das Wasser taucht und dem Dampf der Zutritt abgeschnitten wird.

Cohnfeld benutzt nun zur Verengung des Rohres *h* einen besonderen Körper, den er Beschleunigungskolonne nennt, und der gleichzeitig dazu dient, die Wiederfüllung und das Spiel der Vorrichtung zu beschleunigen.

Die Beschleunigungskolonne *l* ist ein hohler, cylindrischer Körper aus Metall, der sich in einem ausgebohrten Theil des Rohres *h* befindet. An seinem oberen Ende ist er mit einer Stahlscheibe versehen, die sich, wenn der Körper gehoben wird, an einen Ventilsitz legt und das Rohr *h* abschließt; an seinem unteren Ende sind Füße angebracht und an seinem Umfang Längsrippen, welche dem Dampf gestatten, über den Körper hinwegzuströmen, wenn sich derselbe in seiner tiefsten Lage befindet und unten aufsitzt.

Sowie der Druck im Gefäß *b* sinkt, wird die Kolonne durch den nachdrängenden Dampf gehoben, an den Sitz gepreßt und der Dampfzufluß mithin ganz abgesperrt. Die Verdichtung des Dampfes geht infolge dessen viel rascher vor sich, und die Gefäße füllen sich viel schneller.

Der Ventilsitz ist aber an einer oder zwei Stellen mit einer kleinen, vermittelst einer Dreikantfeile hergestellten und von innen nach außen laufenden Anfeilung versehen; durch diese absichtlich herbeigeführte Undichtheit gleicht sich, nachdem sich die Gefäße wieder mit Wasser gefüllt haben, der Druck im Kessel mit dem in dem Gefäß herrschenden allmählich aus, und sowie dies geschehen ist, fällt auch die Beschlenigungskolonne herab und giebt dem Dampf oder dem Wasser den Durchgang frei.

Es ist noch hinzuzufügen, daß die in der Vorrichtung befindliche und aus dem Wasser sich ausscheidende Luft entfernt werden muß, weil sie die gehörige Füllung der Gefäße verhindert und die Saugwirkung beeinträchtigt. Das Gefäß *a* ist daher an seinem höchsten Punkt mit einem selbstthätigen Entluftungsventil *m* ausgerüstet. Dieses Ventil besteht aus einem Rohr, welches oben und unten mit einem Ventilsitz versehen, und in welches eine Kugel von Gummi eingeschlossen ist. Die Luft kann durch ein oben, seitlich sich abzweigendes Röhrchen entweichen. Die Schraubenspindel dient dazu, die etwa am oberen Ventilsitz einmal festhaftende und der Luft den Austritt verwehrende Ventilkugel durch Niederschrauben abzudrücken.

Die auf dem Wasserspiegel schwimmende Kugel schließt nun, wenn alle Luft entwichen ist, das Ventil ab, indem sie sich gegen dessen oberen Sitz legt, und verhindert, daß der Vorrichtung, wenn sie unter Druck steht, Wasser oder Dampf entweicht. Umgekehrt kann aber auch keine Luft in das Gefäß *a* dringen, da dies die auf den unteren Sitz sich legende Ventilkugel verhindern würde. Um indessen der Luft den Zutritt beim Ansaugen ganz sicher abzuschneiden, ist das seitliche Röhrchen mit einem Gummischlauch, der nach einem Wasserbehälter führt und dort unter der Wasseroberfläche mündet, versehen.

Auch das U-Rohr *d* ist an seinem höchsten Punkt mit einem Hähnchen zum Auslassen der Luft ausgerüstet. Eine kleine mit einem

Schmelzpfropfen versehene Signalpfeife *o* (vergleiche Seite 226) ertönt, wenn die Vorrichtung längere Zeit versagt und sich mit Dampf gefüllt hat. Die bereits oben erwähnte Black'sche Pfeife meldet dagegen, wenn der Wasserstand unter den zulässig tiefsten gesunken ist. Der Vorrichtung wird endlich oft ein Zählwerk *n*, welches die Spiele zählt und hiernach die in den Kessel geförderte Wassermenge mißt, beigegeben.

Die Ingangsetzung der Cohnfeld'schen Speisevorrichtung ist sehr einfach; man füllt dieselbe durch das Entluftungsventil, oder, wenn ihr das Wasser aus einem höher gelegenen Behälter zufließt, mittelst des Saugrohres mit Wasser an; dieselbe kann nunmehr in Wirksamkeit treten. Wird das im Rohr *h* befindliche Ventil geöffnet, so beginnt die Vorrichtung zu speisen. Soll sie außer Betrieb gesetzt werden, so braucht dieses Ventil nur geschlossen zu werden.

Die Cohnfeld'sche Speisevorrichtung hat den Vorzug, daß sie keine bewegten Theile besitzt, weshalb sie auch selten versagt. Der Preis derselben ist allerdings beträchtlich, und hat dies wohl ihre allgemeinere Anwendung verhindert.

Alle selbstthätigen Speisevorrichtungen regeln die Speisung des Kessels genau nach dem Dampfverbrauch, weshalb der Druck im Allgemeinen weniger Schwankungen unterworfen ist, als wenn die Speisung in Pausen erfolgt. Es wird daher dem Heizer auch möglich, gleichmäßiger zu heizen. Der letztere Umstand hat aber gewöhnlich eine bessere Verbrennung und Ausnutzung des Brennmateriales zur Folge.

Für Kessel mit großem Wasserinhalt sowie solche mit mäßigem Wasserinhalt und regelmäßigem Dampfverbrauch sind daher selbstthätige Speisevorrichtungen sehr zu empfehlen. Für Kessel mit mäßigem Wasserinhalt und unregelmäßigem Dampfverbrauch oder solche mit kleinem Wasserinhalt ist allerdings den gewöhnlichen Speisevorrichtungen der Vorzug zu geben, weil diese gestatten, vor Zeiten mit starkem Dampfverbrauch den Wasserstand zu erhöhen und im Kessel einen Vorrath erhitzten Wassers aufzuspeichern, welcher der Erhaltung des Dampfdruckes förderlich ist.

Es ist selbstverständlich, daß die selbstthätigen Speisevorrichtungen dem Heizer nicht ersparen, das Wasserstandsglas gut im Stande zu halten und regelmäßig zu beobachten. Den Befürchtungen, daß diese Vorrichtungen den Heizer in dieser Beziehung nachlässig machen und hierdurch zu Unglücksfällen Anlaß geben können, muß entgegengehalten werden, daß dafür auch weit seltener einmal Wassermangel eintritt, weil eben die Speisung nicht ausschließlich in die Hände des Heizers gelegt ist.

Ein Vergleich der vier gebräuchlichen Arten von Speisevorrichtungen lehrt, daß die Rücklaufvorrichtungen zwar einfach aber verhältnißmäßig theuer sind und sich nur für Anlagen eignen, in welchen der Dampf dem Kessel in Gestalt von heißem Wasser wieder zufließt. Die Speisepumpen und Injektoren sind überall anwendbar. Doch zeigen sich die Pumpen den Injektoren überlegen, falls erstere mit einer Einrichtung verbunden werden, welche das Speisewasser vor seinem Eintritt in den Kessel durch den Abgangsdampf der Maschine oder die Wärme der nach dem Schornstein ziehenden Feuergase stark erwärmt (vergleiche Seite 231); auch bieten die Pumpen den Vortheil, heißeres Speisewasser verarbeiten zu können. Für Kessel mit reichlichem Wasserinhalt und nicht zu unregelmäßigem Dampfverbrauch eignen sich selbstthätige Speisevorrichtungen gut.

Die Rohrleitungen, welche das Wasser der Speisevorrichtung und die Leitungen, welche das Speisewasser dem Kessel zuführen, die Saug- und Druckrohre, werden gewöhnlich aus Kupfer, zuweilen auch aus Schmiedeeisen, seltener aus Gußeisen hergestellt. Sie müssen eine genügende Weite besitzen und möglichst kurz und ohne scharfe Ecken hergestellt werden, damit sich das Wasser in den letzteren nicht stößt. Es ist dies in besonderem Maße nothwendig, wenn Injektoren verwendet werden, da dieselben bei Mängeln der genannten Art leichter versagen.

Von Wichtigkeit ist nun auch die Wahl des Ortes, an welchem man das Speiserohr in den Kessel münden läßt.

In der Regel wird das Speisewasser dem Kessel derart zugeführt, daß hocherhitzte Kesselwandungen durch kalte Wasserströme nicht getroffen werden, weil hierdurch der Kessel leicht eine Beschädigung erleidet. Auch darf ein anderer Umstand nicht unbeachtet bleiben. Das Wasser enthält stets Luft und Kohlensäure in nicht unbeträchtlichen Mengen, welche sich bei dem Erwärmen ausscheiden. Füllt man ein Glasgefäß mit kaltem Wasser an, und läßt man dasselbe eine Zeit lang in der Sonne stehen, damit es sich erwärmt, so bedecken sich die Wände des Glases bald mit einer großen Menge von Bläschen, welche aus Luft und Kohlensäure bestehen. Das Eisen wird von solchen Luft- und Kohlensäurebläschen angegriffen und zerstört; es muß daher vermieden werden, daß sich in einem Dampfkessel ein solcher Beschlag bildet.

Bei den Cylinderkesseln bringt man demzufolge das Speiseventil immer oben, auf dem hinteren Theile des Kessels an und führt das Wasser durch ein Rohr in den Kessel herab; doch muß dieses Rohr schon in mindestens 300 mm Abstand vom Boden enden, damit das zugeführte kalte Wasser nicht unmittelbar auf die über dem ersten Feuerzug liegenden, erhitzten Blechplatten stößt.

Bei den Siederohrkesseln darf das kalte Wasser nicht in das Siederohr, aus welchem die Luft- und Kohlensäurebläschen sich nur schwer entfernen können, gespeist werden; dasselbe ist vielmehr dem Oberkessel in der bei dem Cylinderkessel erläuterten Weise zuzuführen (vergleiche Figur 83).

Bei den Flammenrohrkesseln mit Innenfeuerung und freiliegendem, vorderen Kesselboden läßt man das Speisewasser vom Kesselboden aus unter Zuhilfenahme eines Ansatzrohres in geringer Tiefe unter dem Wasserspiegel in das Kesselwasser treten, damit die im Wasser enthaltene Luft und Kohlensäure sich nicht auf den Flammenrohren und dem Kesselmantel ansetzen können; der Kessel nimmt dann auch in allen seinen Theilen eine gleichmäßigere Temperatur an, was seiner Haltbarkeit und Dichtheit zu Gute kommt.

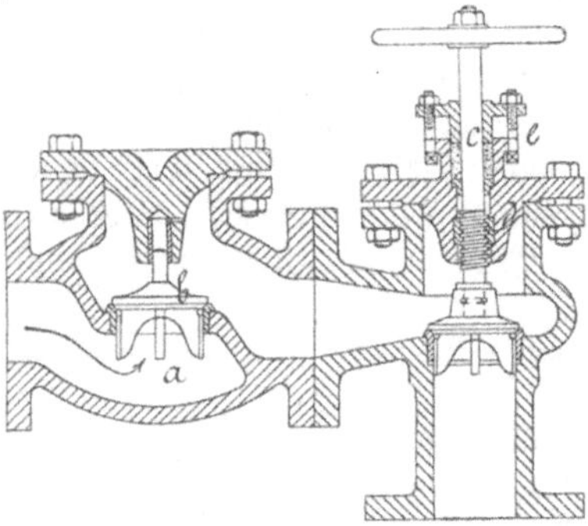

Fig. 98.

Die meistens mit Unterfeuerungen versehenen Heizröhrenkessel werden wie die Cylinderkessel behandelt.

Bei den stehenden, nicht eingemauerten Kesseln bringt man das Speiseventil meistens unten am Kesselmantel an.

Bei den Lokomotiv- und Lokomobilkesseln befindet sich dasselbe in der Regel an dem der Feuerbüchse entgegengesetzten Ende des Kesselmantels, bei den Schiffskesseln aber wieder der größeren Bequemlichkeit der Handhabung wegen am vorderen Kesselboden.

Das Speiseventil: Damit die Speisevorrichtungen nicht beständig dem im Kessel herrschenden Druck ausgesetzt sind, und auch ein etwaiges Schadhaftwerden des Druckrohres nicht ein Entleeren des Kessels zur Folge hat, muß in dieses Rohr, möglichst dicht am Kessel ein besonderes Ventil, welches zwar dem Wasser den Eintritt in den Kessel gestattet, den Wiederaustritt aber verwehrt, eingeschaltet werden. § 3 der allgemeinen polizeilichen Bestimmungen über die Anlegung von Dampfkesseln schreibt für jeden Kessel ein solches Ventil, welches man Speiseventil nennt, ausdrücklich vor.

Ein Speiseventil der gebräuchlichsten Bauart (von Dreyer,

Rosenkranz & Droop in Hannover) ist im linken Theil der Figur 98 dargestellt.

Das Ventil besteht aus einem gußeisernen Gehäuse a, in welches ein Ventilsitz aus Rothguß mit einem eben solchen Ventilteller b eingesetzt ist; der letztere kann sich frei bewegen. Das Wasser muß natürlich das Ventil in der Richtung des eingezeichneten Pfeiles durchfließen.

Damit ein Festklemmen des Ventiltellers infolge Schiefstellens unmöglich wird, ist es nothwendig, den Ventilteller gut senkrecht zu führen, was durch eine gehörige Länge des Sitzes und der Flügel sowie durch einen langen, im Deckel des Gehäuses geführten Stiel des Tellers erzielt wird.

B. Sonstige Vorrichtungen.

Die nunmehr zu besprechenden, im Kesselbetrieb Anwendung findenden Vorrichtungen sollen entweder die gesetzlich vorgeschriebenen ergänzen und die Sicherheit des Betriebes erhöhen; oder sie sind für den praktischen Betrieb theils unentbehrlich, theils insofern von Nutzen, als sie die Sparsamkeit des Betriebes erhöhen und zur Erhaltung des Kessels beitragen.

1. Sicherheitsvorrichtungen.

Den Wasserstandssteigern werden oft Vorrichtungen zur Seite gestellt, die den Zweck haben, auf einen zu tief gesunkenen Wasserstand durch hörbare Zeichen aufmerksam zu machen.

Die eine Gruppe dieser Vorrichtungen ist mit Pfeifen ausgerüstet und wird mit dem Namen Speiserufer bezeichnet. Die Thätigkeit der Pfeifen wird nun entweder dadurch eingeleitet, daß ein Schwimmer auf ähnliche Weise, wie bei dem Amphlett'schen Schwimmerzeiger, bei zu tiefem Wasserstand des Kessels ein Dampfventilchen öffnet, welches der Pfeife Dampf zuführt und dieselbe zum Ertönen bringt; oder dadurch, daß ein leicht schmelzbarer Metallpfropfen, welcher zwischen Kessel und Pfeife eingeschaltet wird, bei zu tief gesunkenem Wasserstand durch die Wärme des Dampfes zum Schmelzen kommt, worauf der Dampf zur Pfeife gelangt, und letztere in Thätigkeit tritt.

Ueber Speiserufer der zuerst genannten Art ist nichts mehr hinzuzufügen; bei solchen der zweiten Art, welche nach ihrem Erfinder Black als Black'sche Speiserufer bezeichnet werden, macht sich als ein wichtiger Theil ein senkrechtes, unten offenes und bis unter die

Höhe des tiefsten zulässigen Wasserstandes in den Kessel hinabreichendes Rohr geltend.

Am oberen, außerhalb des Kessels gelegenen Ende dieses Rohres *a* (vergleiche die Figuren 99 und 100) ist ein Dreiweghahn *b* angebracht, der für gewöhnlich offen steht und vom Heizer nicht geschlossen werden kann, da der Handgriff des Hahnes unter Verschluß gelegt ist; den hierzu gehörigen Schlüssel nimmt der Werkmeister oder Fabrikherr an sich. Von diesem Hahn zweigt sich seitlich ein senk-

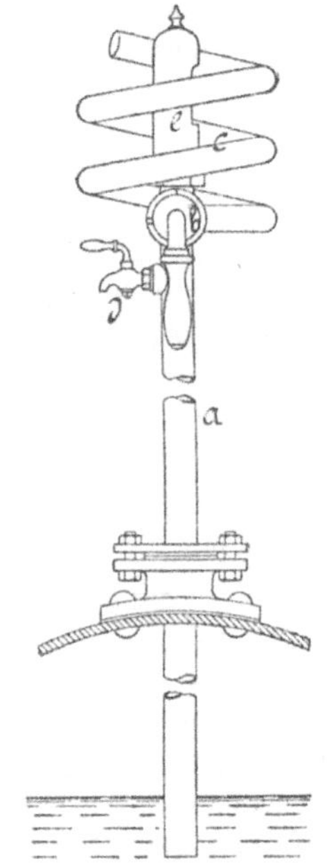

Fig. 99.

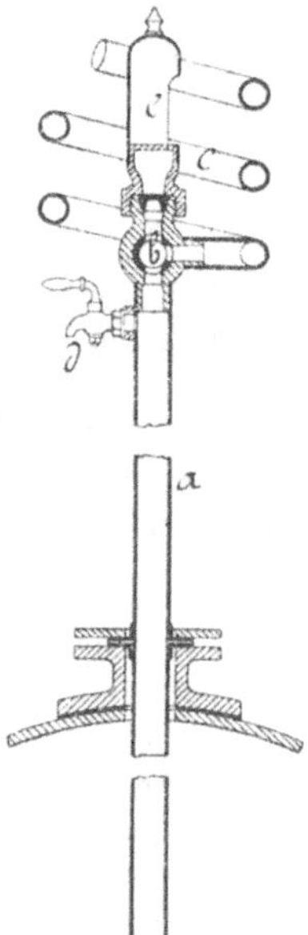

Fig. 100.

rechtes, an seinem oberen Ende geschlossenes Schneckenrohr *c* ab, dessen Zweck sich weiterhin noch ergeben wird. Unterhalb des Dreiweghahnes ist ein kleines Entluftungshähnchen *d* angebracht, oberhalb desselben die Signalpfeife *e* aufgeschraubt. Den Zugang zu der letzteren versperrt ein Metallpfropfen, welcher aus einer Legirung hergestellt ist, deren Schmelzpunkt nur um ein Geringes über 100° C liegt.

Wird der Kessel zum ersten Mal oder nach seiner Reinigung wieder angeheizt, so muß zunächst, sobald etwas Druck entstanden ist, das Entluftungshähnchen geöffnet werden, damit aus dem Rohr *a* die Luft entweicht und an deren Stelle Wasser tritt. Ist dies geschehen, so wird das Hähnchen wieder geschlossen. Mit dem steigenden Druck wird nun die Luft in dem Schneckenrohr zusammengepreßt, und füllt sich dasselbe auch zum Theil mit Wasser an; infolge der großen Oberfläche dieses Rohres kühlt sich das Wasser gut ab, und bleibt daher der obere Theil der ganzen Vorrichtung ziemlich kühl, so daß niemals ein vorzeitiges Schmelzen des Pfropfens eintritt.

Ist der Wasserstand des Kessels so tief gesunken, daß die untere Oeffnung des senkrechten Rohres aus dem Wasser taucht, so fällt das in dem Rohr befindliche Wasser herab; die Vorrichtung füllt sich mit Dampf an, welcher den Pfropfen zum Schmelzen und die Pfeife zum Ertönen bringt. Die letztere ertönt so lange, bis der Verschluß des Hahnes gelöst und der Hahn geschlossen wird, worauf nach dem Abschrauben der Pfeife ein neuer Pfropfen eingesetzt und die Vorrichtung wieder in Dienstbereitschaft gesetzt werden kann.

Der Black'sche Speiserufer wirkt ziemlich zuverlässig; doch muß er von Zeit zu Zeit probirt werden. Bei Verstopfungen des Rohres und Versetzungen des Pfropfens mit Kesselstein und Schlamm versagt natürlich die Vorrichtung.

Der verbesserte Black'sche Speiserufer von Krupp in Essen besitzt die Einrichtung, daß das geschmolzene Metall des Pfropfens nicht in den Kessel herabfällt, sondern in einem Näpfchen aufgefangen wird. Die Ausführung desselben haben C. W. Julius Blancke & Co. in Merseburg übernommen.

Als zweite Gruppe kommen die elektrischen Lärm-Vorrichtungen in Betracht. Auch hier finden entweder Schwimmer oder Schmelzpfropfen Verwendung.

Im ersteren Falle schließt der Schwimmer in seiner tiefsten Lage die Leitung eines elektrischen Stromes und setzt ein im Kesselhaus befindliches Läutewerk in Thätigkeit; wird ein zweites in denselben Stromkreis geschaltetes Läutewerk im Zimmer des Werkmeisters oder im Contor des Fabrikherrn aufgestellt, so meldet sich auch dort die Gefahr.

Weit öfter werden auch bei den Vorrichtungen dieser Art Schmelzpfropfen verwendet. Die beliebteste und beste ist die von R. Schwartzkopff in Berlin, welche nicht nur einen zu tiefen Wasserstand, sondern auch einen zu hohen Dampfdruck anzeigt (Figur 101 und 102).

Ein senkrechtes, an seinem unteren Ende geschlossenes Rohr *a* reicht bis über den zulässig tiefsten Wasserstand in den Wasserraum des Kessels herab; ein weiteres, unten offenes Rohr, welches in der Höhe des zulässig tiefsten Wasserstandes abgeschnitten ist, umgiebt das erstere. Beide Rohre sind nach außen geführt und nahe dem oberen Ende des inneren Rohres verbunden; hier ist nun ein kupfernes, die Abkühlung des aufsteigenden Wassers begünstigendes

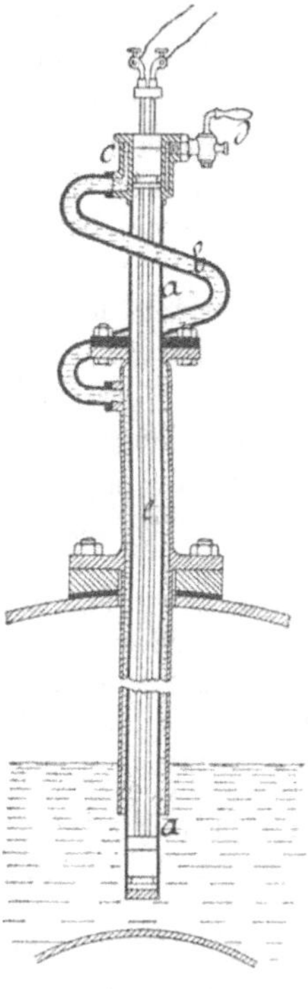

Fig. 101.

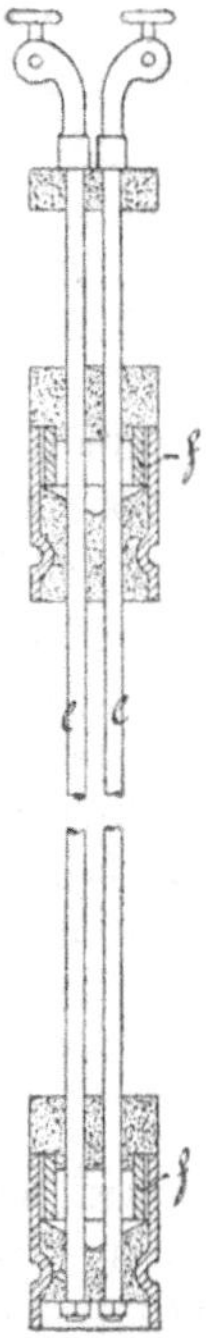

Fig. 102.

Schneckenrohr *b* eingeschaltet, welches in dem doppelwandigen Kopf *c* endigt. Dieser Kopf ist, wie der Black'sche Speiserufer, mit einem Entluftungshähnchen *d* versehen.

In das innere Rohr sind zwei kupferne Drähte *e* eingehängt, die bis nahe zum Boden desselben reichen; einige mit zwei Löchern versehene, über die Drähte gesteckte Scheibchen aus Serpentinstein, welches Material die Elektricität nicht leitet, verhindern, daß sich die

Drähte, die nach einem elektrischen Läutewerk führen, berühren, und das letztere in Thätigkeit tritt.

Zwei der Serpentinscheiben, welche sich am oberen beziehungsweise unteren Ende des inneren Rohres befinden, besitzen nun an ihrer oberen Seite eine trichterförmige Vertiefung und einen durch eine übergeschobene Metallhülse hergestellten, vorstehenden Rand; in das hierdurch gebildete Näpfchen wird je ein Ring *f* gelegt, der mit einem Schlitz versehen ist, damit er über die Drähte geschoben werden kann, im Uebrigen aber die Drähte nicht berührt. Beide Ringe sind aus einem leicht schmelzbaren Metall hergestellt; der Schmelzpunkt des oberen Ringes liegt bei etwa 100^{0} C., der des unteren bei einer Temperatur, welche nur um ein Geringes höher ist, als die Siedetemperatur des Wassers bei einem Dampfdruck, der dem höchsten zulässigen Dampfdruck des Kessels gleich ist. Die Näpfchen sind endlich mit Deckeln aus Serpentinstein versehen.

Bei der Inbetriebsetzung des Kessels wird der Zwischenraum der beiden Rohre, wie bei dem Black'schen Rufer, unter Zuhilfenahme des Entluftungshähnchens mit Wasser gefüllt.

Sobald durch zu tiefen Wasserstand das untere Ende des äußeren Rohres aus dem Wasser taucht, fällt das Wasser aus dem Kopf *c* und dem Schneckenrohr *b* herab, und füllt sich der Zwischenraum der beiden Rohre mit Dampf an, dessen Wärme den oberen Metallring zum Schmelzen bringt. Das geschmolzene Metall des Ringes fließt nunmehr nach der tiefsten Stelle des Näpfchens, stellt eine metallische Verbindung der beiden Drähte her und schließt den Strom, infolgedessen das Läutewerk ertönt.

Wird weiter der Druck im Kessel ein zu hoher, so kommt der untere Ring infolge der gesteigerten Temperatur des Kesselwassers zum Schmelzen und setzt das Läutewerk in Bewegung.

Derselbe Vorgang spielt sich nun auch ab, wenn der Kessel ohne genügenden Wasserstand angeheizt werden sollte. Ist das Flammenrohr nicht völlig mit Wasser bedeckt, und nimmt es infolgedessen eine hohe Temperatur an, so theilt sich dieselbe dem über ihm befindlichen Rohr mit, worauf die Vorrichtung ebenfalls in Thätigkeit tritt.

Eine außerordentliche Bequemlichkeit der Vorrichtung besteht darin, daß dieselbe sogleich nach ihrer Bethätigung, während des Betriebes, wieder in betriebsfähigen Zustand gesetzt werden kann. Man zieht dann nur die Drähte mit ihrer Ausrüstung aus dem inneren Rohr heraus, entfernt das geschmolzene Metall aus dem Näpfchen, legt neue Schmelzringe ein, hängt die Drähte wieder in das Rohr, und die Vorrichtung ist wieder dienstbereit.

Die Schwartzkopff'sche Sicherheits-Vorrichtung leistet vortreffliche Dienste; nur bedarf die Pflege der elektrischen Batterie und Leitungen einiger Sorgfalt.

2. Hilfsvorrichtungen.

Die für jeden Dampfkessel zur Zuleitung und Ableitung des Wassers und des Dampfes erforderlichen Rohrleitungen müssen mit Absperrvorrichtungen ausgerüstet werden; auch werden in diese Rohrleitungen häufig besondere Hilfsvorrichtungen eingeschaltet. Im Nachstehenden sollen nur die wichtigsten dieser Vorrichtungen besprochen werden.

Bei den Speiserohrleitungen bietet die Einschaltung einer Absperrvorrichtung, bei kleineren Kesseln eines Hahnes, bei größeren eines Absperrventiles zwischen Speiseventil und Kessel (vergleiche den rechten Theil der Figur 98) große Vortheile; es kann dann die gesammte Speisevorrichtung einschließlich des Speiseventiles nach dem Schließen des ersteren Ventiles während des Betriebes nachgesehen und in Ordnung gebracht werden. Damit hierbei auch die Instandsetzung der Stopfbüchse des Absperrventiles möglich ist, wird dasselbe derart am Kessel befestigt, daß das Kesselwasser unter dem Ventilteller steht.

Während des Betriebes ist natürlich der Hahn oder das Absperrventil geöffnet zu halten; über Nacht wird die Absperrvorrichtung geschlossen, um ein etwaiges Ausfließen von Wasser infolge von Undichtheiten des Speiseventiles oder des Druckrohres zu verhüten.

Bei Kesseln mit gemeinschaftlicher Speiserohrleitung sind Absperrventile unbedingt erforderlich. Mittelst dieser Ventile wird die Speisung der verschiedenen Kessel geregelt; die Speisevorrichtungen gehen dann ununterbrochen fort, und werden nur die Absperrventile derjenigen Kessel geöffnet, welche Wasser erhalten sollen.

Auch Sicherheitsgründe sprechen für die Anbringung solcher Absperrventile. Es kann vorkommen, daß das Speiseventil nicht gehörig schließt, und auch der Druck in zwei benachbarten Kesseln nicht völlig gleich ist; dann wird aber das Wasser aus dem Kessel mit höherem Druck und hängengebliebenem Speiseventil nach dem anderen Kessel übertreten, und für den ersteren Kessel die Gefahr des Glühendwerdens seiner vom Wasser entblößten Wandungen nahegerückt. Bemerkt der Heizer ein solches Vorkommniß noch rechtzeitig, so kann er den gefährdeten Kessel durch Benutzung des Absperrventiles vor dem Entleeren bewahren.

Scholl hat ein Ventil erfunden, welches sich als eine Verbindung des Speiseventiles mit dem Absperrventil darstellt und sehr häufig angewendet wird (Figuren 103 und 104); bei demselben kann der Teller des Ventiles mittelst einer Schraubenspindel *a* auf seinen Sitz gepreßt werden.

Oft werden in das nach dem Kessel führende Speiserohr Vorrichtungen eingeschaltet, welche dazu dienen, dem Speisewasser vor seinem Eintritt in den Kessel noch Wärme zuzuführen; man nennt derartige Vorrichtungen Vorwärmer. Die dem Speisewasser mitzutheilende Wärme wird entweder von dem verbrauchten Dampf der Maschine oder den abziehenden Heizgasen geliefert.

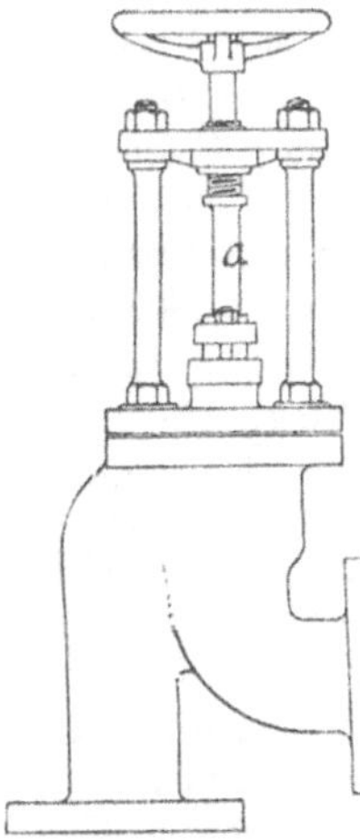

Fig. 103.

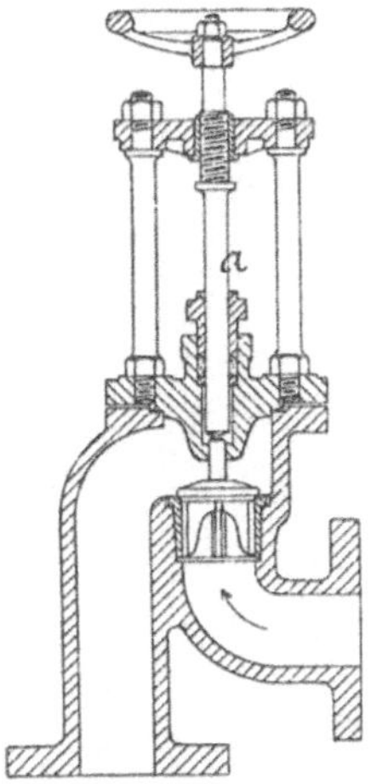

Fig. 104.

Einen Vorwärmer, welcher die Wärme des Abstoßdampfes nutzbar macht, stellt Figur 105 (nächste Seite) dar. Derselbe besteht aus einem cylindrischen Gefäß *a*, welches an seinen beiden Enden durch starke, schmiedeeiserne Böden geschlossen ist. Der obere Boden ist mit einer aufgeschraubten, gußeisernen Haube *b* versehen; an den unteren schließt sich ein Behälter *c* an. Zwischen beiden Böden sind eine Anzahl schmiedeeiserne Röhren *d* eingezogen.

Die Röhren werden von dem abziehenden Dampf der Maschine, der bei *e* ein- und bei *f* wieder austritt, umspült. Das oben in die Haube geführte, durch die Röhren sich bewegende und unten wieder abgeleitete Speisewasser nimmt daher einen beträchtlichen Theil der in dem Dampf enthaltenen Wärme auf.

Durch den Stutzen *g* fließt das aus dem Dampf sich bildende Wasser ab; der Deckel *h* ermöglicht die Reinigung des Behälters.

Muß kaltes Speisewasser Verwendung finden, so wird der Betrieb einer mit einem solchen Vorwärmer verbundenen Speisepumpe vortheilhafter, als der eines Injektors, da auf diese Weise Wärme wieder in den Kessel gebracht wird, welche sonst verloren geht.

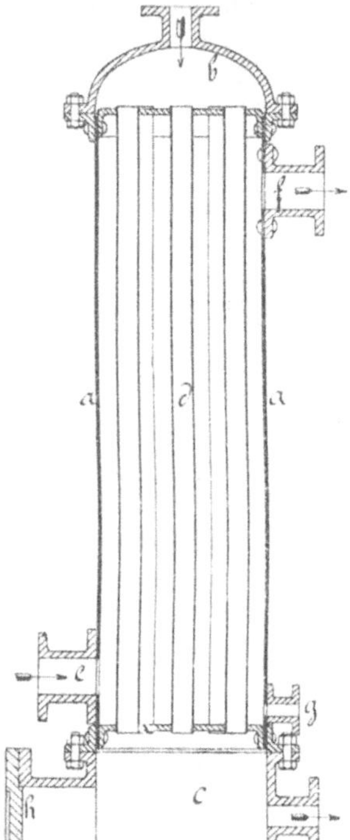

Fig. 105.

Die Erwärmung des Speisewassers durch die abziehenden Heizgase erfolgt in der Regel in Röhren, welche in den Fuchs gelegt und vom Wasser durchzogen werden (vergleiche Figur 45). Es scheint, als ob solche Vorwärmer sich erst dann von erheblichem Nutzen erweisen, wenn die Heizgase sehr heiß sind, d. h. wenn die Kessel zu klein sind und die Heizgase nicht gehörig ausgenutzt werden. Eine Vergrößerung der Kesselanlage wird meistens größeren Nutzen bringen, als die Beschaffung solcher Vorwärmer.

Die Menge des von einer Kesselanlage verbrauchten Wassers kann auf verschiedene Weise ermittelt werden; es finden hierzu Meßgefäße, an der Speisepumpe angebrachte Hubzähler und Wassermesser Verwendung.

Auf die einfachste Weise läßt sich die Speisewassermenge mit Hilfe von Gefäßen ermitteln, deren Inhalt berechnet wird. Diese Gefäße werden mit dem zu verspeisenden Wasser gefüllt; hierauf wird letzteres mittelst der Speisevorrichtung in den Kessel gefördert. Dieses Verfahren erfordert zwar etwas Arbeit, führt aber zu recht zuverlässigen Ergebnissen. Man hat daher mit Erfolg versucht, zwei derartige Meßgefäße, welche selbstthätig gefüllt werden und sich entleeren, mit einander zu verbinden; ein Zählwerk läßt die Zahl der Füllungen und den Verbrauch von Speisewasser jederzeit erkennen.

Die Ermittelung der Speisewassermenge mittelst eines Hubzählers, welche an der Speisepumpe angebracht wird, ist ebenfalls eine recht mühelose; aus der Zahl der Spiele der Pumpe und den Maßen der letzteren läßt sich leicht die in den Kessel geschaffte Wassermenge berechnen. Die auf diese Weise ermittelten Ziffern lassen indessen an Genauigkeit zu wünschen übrig.

Zuverlässigere Angaben liefern Wassermesser, welche entweder in die das Speisewasser zuführende Rohrleitung, oder auch in die Speiserohre selbst eingeschaltet werden.

Bei der einen Bauart, die nur für kaltes Wasser verwendbar ist, durchfließt das zu messende Wasser ein Gehäuse und bewegt ein in demselben befindliches Schaufelrädchen von Hartgummi, dessen Umdrehungen mit Hilfe eines Zählwerkes die Wassermenge anzeigen. Bei der anderen Art, Patent Schmidt, durchläuft das Wasser zwei Cylinder mit Kolben, welche eine Welle in Bewegung setzen, deren Umdrehungen die Wassermenge angeben; ein solcher Wassermesser verträgt schon ziemlich warmes Wasser und kann daher auch in die Druckleitung eingeschaltet werden.

Mit der Herstellung von Wassermessern beschäftigt sich besonders die Firma Dreyer, Rosenkranz & Droop in Hannover.

Jeder Kessel muß weiter mit einer Ablaßvorrichtung, welche sowohl ein theilweises Abblasen des Kesselwassers unter Druck als auch ein Entfernen des ganzen Wasserinhaltes ermöglicht, versehen werden. Es bedarf keiner Erläuterung, daß die hierbei verwendeten Hähne oder Ventile immer am tiefsten Punkt des Kessels und leicht zugänglich anzubringen sind. Wird das Ablaßventil auf den Mantel eines eingemauerten Kessels geschraubt, so muß es, damit sich der Kessel vollständig entleert, mit einem besonderen, bis nahe zum Kesselboden reichenden Ansatzrohr versehen werden.

Die Ablaßrohre führt man gewöhnlich in die Schleusen, damit durch den austretenden Strahl heißen Wassers Niemand verletzt wird.

Die Rohrleitungen, welche den im Kessel erzeugten Dampf nach seinen Verbrauchsorten führen, müssen ebenfalls, je nach ihrer Weite, mit Hähnen oder Ventilen ausgerüstet werden. Solcher Dampfabsperrvorrichtungen besitzt oft ein Dampfkessel, wenn der Dampf nach verschiedenen Punkten der Fabrik zu leiten ist, ein beträchtliche Anzahl. Stets werden diese Vorrichtungen am höchsten Punkte des Kessels, gewöhnlich an dem Dampfdom, welcher mit besonderen, hierzu bestimmten Stutzen versehen angebracht wird.

Die Figuren 106 und 107 stellen ein Dampfabsperrventil in der Ansicht und im Längenschnitt dar.

Das Absperrventil besteht aus einem gußeisernen, bei hohem Dampfdruck auch wohl gußstählernen Gehäuse a mit einem Ventilsitz und Ventilteller b aus Rothguß. Der Ventilteller ist drehbar an einer mit Gewinde versehenen Ventilspindel *c*, welche sich in der Mutter *e* dreht, nach außen hin durch die Stopfbüchse *d* abgedichtet ist und ein Handrad *f* trägt, befestigt.

Die Drehung des Handrades bewirkt ein Oeffnen oder Schließen des Ventiles.

Das in den Figuren 106 und 107 dargestellte Ventil ist ein sogenanntes Bauchventil; das in Figur 98 an das Speiseventil sich anschließende Absperrventil nennt man ein Eckventil.

In der Regel werden die Dampfabsperrventile in der Weise eingebaut, daß der Dampf den Weg des Pfeiles nimmt; der Dampfdruck unterstützt dann den dichten Abschluß des Ventiles. Bei größeren, aus mehreren Kesseln bestehenden Anlagen bringt man

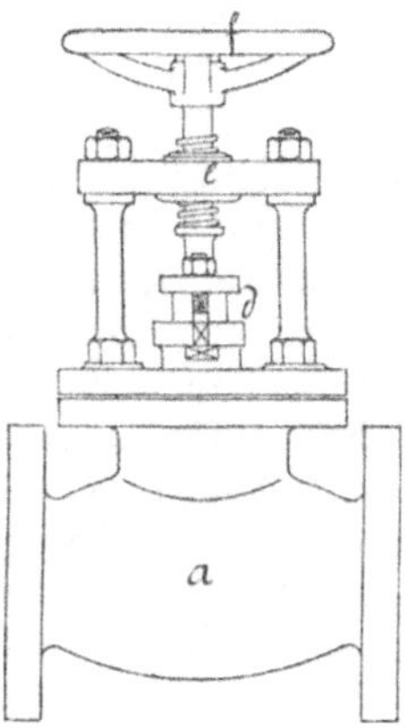

Fig. 106.

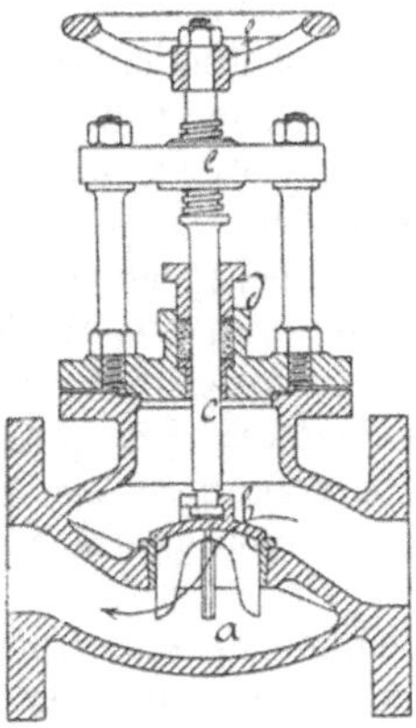

Fig. 107.

die Ventile am Dom auch derart an, daß der in der gemeinschaftlichen Rohrleitung befindliche Dampf die Ventile der außer Betrieb stehenden Kessel zu schließen sucht.

Neuerdings werden in die Rohrleitungen zuweilen besondere Ventile eingeschaltet, welche sich im Falle eines Rohrbruches selbstthätig schließen und das Ausströmen des Dampfes aus den Kesseln verhindern.

Häufig werden die Dampfkessel mit Dampfpfeifen ausgerüstet. Diese Pfeifen besitzen entweder eine der Hirtenpfeife ähnliche Form, oder sie sind mit einer Glocke versehen.

Pfeifen der ersten Art (Figur 108), welche man auch als Nebelhörner bezeichnet, sind z. B. bei den auf der Elbe verkehrenden

Dampfern im Gebrauch; das in den Untersatz der Pfeife a eingebaute Ventil b, welches der Dampfdruck zu schließen sucht, kann mittelst eines Winkelhebels c und eines Drahtzuges geöffnet werden. Derartige Pfeifen geben einen tiefen, heulenden Ton von sich.

Bei den auf den Lokomotiven gebräuchlichen Glockenpfeifen (Figuren 109 und 110) entströmt der Dampf einem ringförmigen Schlitz, bricht sich an dem scharfen Rand einer Metallglocke a und bringt diese sowie die in derselben eingeschlossene Luft mit etwas hellerem Klang zum Ertönen.

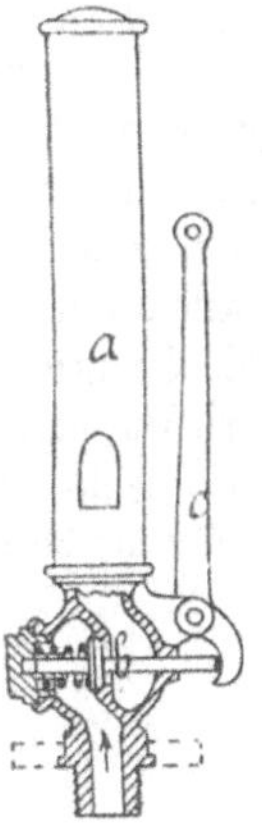

Fig. 108.

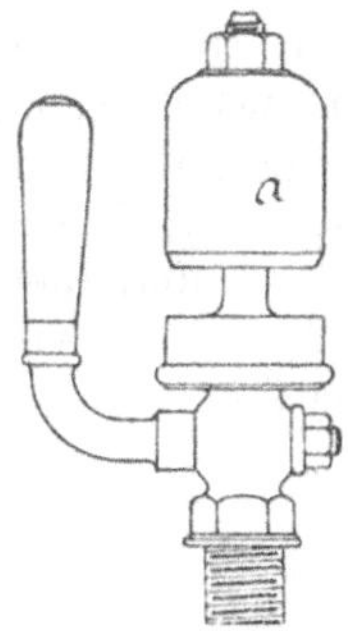

Fig. 109.

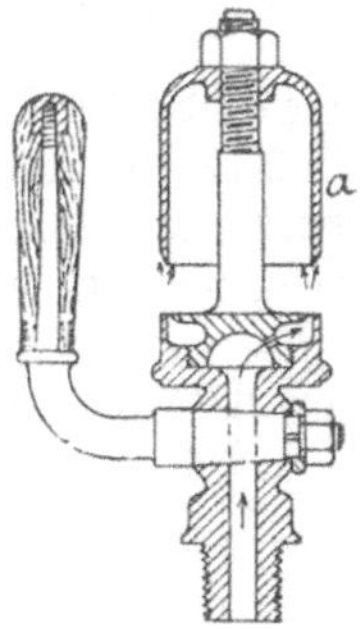

Fig. 110.

Die zuweilen angebrachten, zum Ablassen des Dampfes bei Betriebseinstellungen bestimmten Vorrichtungen bedürfen keiner Besprechung.

Um die Reinigung des Kessels zu ermöglichen, ist endlich jeder Kessel an geeigneten Stellen mit ovalen Reinigungsöffnungen oder Mannlöchern, die durch Deckel verschließbar sind, zu versehen. Kleinere Reinigungsöffnungen erhalten eine Größe, bei welcher man mit dem Arm bequem durchfahren kann. Damit ein Mannloch dem Heizer den Durchgang ermöglicht, muß es eine Breite von mindestens 450 mm und eine Höhe von mindestens 350 mm besitzen.

Die Verschlüsse werden derart hergestellt, daß der Dampfdruck den Deckel aufpreßt, wodurch das Dichthalten begünstigt wird; die Befestigung des Deckels erfolgt mittelst übergesteckter Bügel und Schrauben (vergleiche Figur 54).

Damit der Kessel durch die Dichtung und das Tropfwasser nicht angegriffen wird, darf keines der mit Flanschen versehenen Ausrüstungsstücke unmittelbar auf dem Kessel befestigt werden. Zur Befestigung sind vielmehr stets aufgenietete, schmiedeeiserne oder gußeiserne Stutzen, deren dichter Anschluß im letzteren Falle durch eine zwischengelegte schmiedeeiserne Scheibe erzielt wird, die ein Verstemmen ermöglicht (vergleiche Figur 66), zu benutzen.

Um ein mit Gewinde versehenes Armaturstück, wie den Probirhahn, dampfdicht zu befestigen, muß in die Gewindegänge etwas Hanf gewickelt und ein dicker Kitt von Mennige und Leinölfirniß gestrichen werden.

Die Dichtung der Flanschen stellt man durch zwischengelegte Pappescheiben, welche in Leinölfirniß getränkt werden, oder durch Scheiben von Gummi mit Leinwandeinlage oder Asbestpappe her. Auch Ringe aus schwachem gewellten Kupferblech finden Verwendung.

Bei den Mannlochdeckeln wird als Dichtungsmittel gewöhnlich eine runde oder flache Schnur von Gummi mit Hanfgewebe verwendet. Soll dieselbe recht lange benutzt werden, so müssen die Stellen des Kessels, an welchen sie aufliegt, mit Wasserblei eingerieben werden; sie trennt sich dann bei dem Oeffnen des Verschlusses leicht vom Kessel, ohne zu zerreißen. Neuerdings werden die Mannlochdeckel auch mittelst Cement abgedichtet.

Neunter Abschnitt.

Die Beschaffung, Inbetriebsetzung und der regelmäßige Betrieb eines Dampfkessels; die Unterbrechungen des Betriebes und die Kesselexplosionen.

Inhalt: Die Beschaffung eines Dampfkessels: Wahl des Druckes, Ermittelung der Größe der Anlage; Wahl der Kesselbauart, Bestimmung der Heizflächengröße; Wahl der Art und Größe der Feuerungsanlage; der Kesselraum. — Die Einholung der behördlichen Genehmigung. — Die Anstellung eines Heizers. — Die Inbetriebsetzung des Kessels. — Der regelmäßige Betrieb. — Die Unterbrechungen des Betriebes: Die Beimengungen und Ausscheidungen des Speisewassers, die Reinigung des Wassers; die Reinigung des Kessels; längere Betriebseinstellungen; gefährliche Zustände. Die Kesselexplosionen, ihre Ursachen und Verhütung.

Wer in die Lage kommt, eine neue Dampfkesselanlage — es sei hierbei zunächst an eine feststehende gedacht — zu errichten, hat sich zunächst über die Höhe des Druckes, welcher dem zu erzeugenden Dampf zu geben ist, zu entscheiden.

Handelt es sich um eine Anlage, welche lediglich Dämpfe zum Betrieb von Maschinen erzeugen soll, und ist die Anlage eine kleinere, so wird man sich auch mit einem mäßigen Dampfdruck begnügen und nicht über 7 Atmosphären Ueberdruck hinausgehen. Bei großen derartigen Anlagen mit ziemlich gleichmäßigem Kraftbedarf wird aber ein möglichst hoher Dampfdruck, bis zu 12 Atmosphären Ueberdruck, zu wählen sein, damit der Betrieb sich zu einem recht sparsamen gestaltet. Große Anlagen mit unregelmäßigem Kraftbedarf müssen indessen wieder mit mäßigerem Dampfdrucke betrieben werden, weil dann Kessel mit einem im Verhältniß zur Heizfläche großen Wasserinhalt erforderlich sind; solche Kessel werden aber bei hohem Dampfdruck leicht zu schwer.

Soll eine Anlage lediglich oder überwiegend Dämpfe für Koch- und Heizzwecke erzeugen, so ist ebenfalls ein mäßiger Dampfdruck angezeigt.

Hiernach ist eine Entscheidung über die Größe der Anlage zu treffen. Die Größe der Anlage hängt aber im Wesentlichen von der zu verrichtenden Leistung, d. h. der Menge des zu erzeugenden Dampfes ab.

Handelt es sich um den Ersatz einer älteren Anlage, so ist diese Dampfmenge leicht durch Messung der bisher durchschnittlich verbrauchten Speisewassermenge zu bestimmen.

Auch die Ermittelung der zu erzeugenden Dampfmenge, wenn eine neue Dampfmaschinenanlage in Frage steht, macht nicht viel Schwierigkeiten; selbstverständlich muß aber bekannt sein, welche Leistung die in Betrieb zu setzende Dampfmaschine in Pferdestärken auszuüben hat.

Es ist nun durch Versuche festgestellt worden, daß für jede effective, d. h. an die Transmission abgegebene Pferdestärke in der Stunde eine Dampfmenge verbraucht wird von:

30 kg bei kleinen Hochdruckmaschinen ohne Expansion ($^6/_{10}$ Füllung),

20 kg bei größeren Hochdruckmaschinen mit Expansion ($^3/_{10}$ Füllung),

15 kg bei älteren Kondensationsmaschinen mit $^1/_5$ Füllung,

9,5 kg bei neueren Hochdruckmaschinen mit $^1/_{10}$ Füllung und Kondensation,

8,0 kg bei den neuesten, großen Verbund-Dampfmaschinen mit starker Expansion und Kondensation.

Mit Hilfe dieser Zahlen kann mühelos der Dampfverbrauch einer Maschinenanlage berechnet werden.

Der Dampfverbrauch für Heiz- und Kochzwecke läßt sich weniger leicht im Voraus bestimmen; die hierüber anzustellenden Berechnungen sind ziemlich schwierig und können hier nicht erörtert werden. Oft wird man sich auch mit Abschätzungen, welchen aber der Sicherheit wegen ein reichlicher Zuschlag zu ertheilen ist, begnügen müssen.

Nunmehr ist zur Wahl der Kesselbauart zu schreiten; hierbei spielen außer dem gewählten Dampfdruck und der Menge des zu erzeugenden Dampfes nochmals die Gleichmäßigkeit des Dampfverbrauches, weiter die Betriebsweise, ob die Anlage ununterbrochen oder mit Pausen in Betrieb kommen soll, und ob dieselbe recht rasch in betriebsfertigen Zustand versetzbar sein muß, ferner der zur Aufstellung der Anlage verfügbare Raum und endlich auch die Beschaffenheit des zu verwendenden Speisewassers wichtige Rollen.

Für Anlagen mit mäßigem Dampfdruck kommen der Cylinderkessel, der Siederohrkessel, der Flammenrohrkessel, der Heizröhrenkessel und der zusammengesetzte Kessel (der Tischbeinkessel ꝛc.) in Frage; bei hohem Dampfdruck ist aber zum Wasserröhrenkessel zu greifen.

Bei kleineren und mittleren Anlagen sind der Cylinderkessel, Siederohrkessel, Flammenrohrkessel und Heizröhrenkessel anwendbar; große Anlagen werden häufig mit zusammengesetzten Kesseln versehen.

Je ungleichmäßiger der Dampfverbrauch ist, einen im Verhältniß zur Heizfläche desto größeren Wasserinhalt muß weiter die zu wählende Kesselbauart besitzen; für Betriebe, wie die Förderanlagen der Bergwerke, für Färbereien und Brauereien bleibt dahre nur die Wahl zwischen dem Cylinderkessel, Siederohrkessel, und Flammenrohrkessel übrig. Für Anlagen mit häufig unterbrochenem Betrieb und solche, welche in kurzer Zeit betriebsfertig sein müssen, wie z. B. kleinere, nur im Sommer benutzte Wasserhebewerke u. A., sind dagegen Kesselarten mit reichlichem Wasserinhalt völlig ungeeignet; zu diesen Zlwecken finden hauptsäch lich Feuerbüchsenkessel Verwendung.

In recht nachtheiliger Weise übt zuweilen der für die Aufstellung der Anlage verfügbare Raum auf die Wahl der Kesselbauart einen Einfluß aus. Häufig genug werden bei knapp bemessenem Raum trotz des vorauszusehenden, unregelmäßigen Dampfverbrauches Kesselbauarten mit geringem Wasserinhalt, wie Feuerbüchsenkessel oder gar Wasserröhrenkessel, angewendet; daß der Betrieb dann zu einem wenig befriedigenden wird, darf nicht Wunder nehmen. Nur wenn der Betrieb ein ziemlich gleichmäßiger ist, erscheint die Verwendung derartiger Kessel angezeigt; andernfalls ist Alles aufzubieten, um einen angemessenen Raum für die Anlage zu beschaffen.

Einen nicht unerheblichen Einfluß übt endlich die Beschaffenheit des Speisewassers auf die Wahl der Kesselbauart aus. Muß ein schlechtes, viel Schlamm und Kesselstein absonderndes Speisewasser benutzt werden, und ist es nicht möglich, das Wasser vor seiner Verwendung zu reinigen, so wird es unter Umständen, wenn man mit dem Raum nicht zu sehr beschränkt ist, gerathener sein, einen einfacheren, aber leichter zu reinigenden und dann weniger zu Reparaturen Anlaß gebenden Kessel, der zugleich einen größeren, der Gleichmäßigkeit des Dampfdruckes günstigen Wasserinhalt besitzt, zu wählen und auf die Vortheile des hohen Dampfdruckes zu verzichten.

Aus den vorstehenden Erörterungen dürfte ersichtlich sein, daß es oft recht schwierig ist, für einen bestimmten Fall die günstigste Kesselbauart ausfindig zu machen.

Die beweglichen Dampfkessel, deren Bauart feststeht, bereiten natürlich diese Schwierigkeiten nicht.

Aus der ermittelten Dampfmenge ist endlich leicht die erforderliche **Größe der Heizfläche** zu bestimmen; es braucht dann nur mit einer der im siebenten Abschnitt für die verschiedenen Kesselbauarten mitgetheilten Zahlen, welche sich auf die stündlich von einem Quadratmeter Heizfläche bei regelrechtem Betrieb zu erwartende Dampfmenge beziehen, in jene ermittelte Dampfmenge dividirt zu werden, so ergiebt sich die Heizflächengröße der zu errichtenden Kesselanlage in Quadratmetern. Es zeigt sich hierbei auch, ob die Anlage aus einem oder mehreren Kesseln zu bestehen hat.

Für die Art und Größe der anzuwendenden **Feuerungsanlage** ist die Art des Brennmateriales, welches benutzt werden soll, und wieder die zu erzeugende Dampfmenge maßgebend.

Bei stückförmiger Stein- und Braunkohle, Koks und Holz in Stücken sowie auch klarer, backender Steinkohle ist eine Planrostfeuerung zu wählen; bei klarer, magerer Steinkohle, erdiger Braunkohle und Holzabfall dagegen eine Treppenrostfeuerung.

Ob nunmehr eine Unterfeuerung, Vorfeuerung oder Innenfeuerung anzuwenden ist, hängt von dem verfügbaren Raume, der Kesselbauart und dem Brennmaterial ab.

Mit Hilfe der auf Seite 59 mitgetheilten Verdampfungszahlen läßt sich weiter leicht ermitteln, wie viele Kilogramm Brennmaterial stündlich erforderlich sind, um die für den Betrieb nothwendige Dampfmenge zu erzeugen. Aus dieser Brennmaterialmenge kann aber wieder mit Hilfe der auf Seite 87 und 94 mitgetheilten Zahlen, welche angeben, wie viele Kilogramm Brennmaterial auf einem Quadratmeter Rostfläche stündlich unter günstigen Verhältnissen verbrannt werden können, berechnet werden, wie groß die Fläche des Rostes zu sein hat.

Endlich ergiebt sich aus der ermittelten Rostgröße die erforderliche Weite des Schornsteines an seiner Mündung, wenn die auf Seite 125 mitgetheilten Verhältnißzahlen für die Schornsteine benutzt werden, nach welcher Größe schließlich auch der Querschnitt oder die Weite der Züge zu bemessen ist.

Beispiel: Eine Fabrik brauche zu ihrem Betrieb eine 100-pferdige Dampfmaschine; die letztere soll mit starker Expansion arbeiten und mit einer Kondensationseinrichtung versehen sein. Wie ist die hierzu erforderliche Dampfkesselanlage zweckmäßig zu gestalten? —

Da es sich nicht um eine sehr große Anlage handelt, so kann

man sich mit einem Dampfdruck von 7 Atmosphären Ueberdruck begnügen.

Die Maschine braucht nach den oben mitgetheilten Ziffern stündlich $100 \times 9{,}5 = 950$ kg Dampf.

Wählt man nach reiflicher Erwägung als geeignetste Kesselform für die zu errichtende Anlage die des Flammenrohrkessels, von welchem der Quadratmeter Heizfläche stündlich unter günstigen Verhältnissen 15 kg Dampf zu liefern vermag, so würde der Kessel bei einer Heizfläche von $\frac{950}{15} = 63$ Quadratmetern genügend groß sein. Mit Rücksicht auf eine größere Sparsamkeit im Brennmaterialverbrauch und eine etwaige Verstärkung des Betriebes bei flottem Geschäftsgang erscheint es aber rathsam, die Heizfläche noch reichlicher zu nehmen und vom Quadratmeter stündlich nur 12 kg Dampf zu verlangen, was eine Heizfläche von $\frac{950}{12} = 79$ Quadratmetern nothwendig macht.

Da man in zweckmäßigen Fabrikanlagen stets einen Kessel in Reserve hält, um die Reinigung und Instandsetzung der Kessel bequem und gründlich vornehmen zu können, ohne im Betrieb gestört zu werden, so würde man entweder 2 Kessel mit je 80 Quadratmetern Heizfläche, welche abwechselnd, oder 3 Kessel mit je 40 Quadratmetern, von welchen dann immer zwei im Betrieb wären, beschaffen müssen.

Als Brennmaterial diene Zwickauer Steinkohle, von welcher jedes Kilogramm bei einer so reichlich bemessenen Kesselanlage rund 7 kg Wasser zu verdampfen vermag. Alsdann werden im Betrieb stündlich $\frac{950}{7} = 136$ kg Steinkohle verbraucht, welche zu ihrer Verbrennung, da zweckmäßig auf 1 Quadratmeter Rostfläche stündlich 80 kg Steinkohle verbrannt werden, eine Rostfläche von $\frac{136}{80} = 1{,}7$ Quadratmetern erfordern. Der Kessel mit 80 Quadratmetern Heizfläche hätte daher einen Planrost von etwa 1,8 oder jeder der Kessel mit 40 Quadratmetern einen solchen von 0,9 Quadratmetern totaler Rostfläche zu erhalten.

Das Speisewasser sei etwas hart, so daß das Ansetzen festen Kesselsteines zu erwarten steht; es wird dann rathsam sein, eine Innenfeuerung anzuwenden.

Wird die Anlage mit einem 30 m hohen, runden Schornstein versehen, so muß dessen obere Mündung (vergleiche Seite 125) einen Querschnitt von $1/5 \times 1{,}8 = 0{,}36$ Quadratmetern erhalten, welchem ein lichter Durchmesser von 0,68 m entsprechen würde; mit Rücksicht auf eine mögliche Vergrößerung der Dampfkesselanlage wird man aber den Schornstein mit 0,80 m lichter Weite errichten.

Die Züge des Kessels mit 80 Quadratmetern Heizfläche müßten endlich Querschnitte von mindestens 0,36 Quadratmetern, die eines Kessels mit 40 Quadratmetern Heizfläche aber solche von mindestens 0,18 Quadratmetern erhalten.

Den Kessel lasse man nur in einer Fabrik, die sich eines guten Rufes erfreut, anfertigen und zahle lieber etwas mehr, um einen recht dauerhaften Kessel zu erhalten. Ein mangelhaft gearbeiteter Kessel aus schlechtem Material ist bald reparaturbedürftig; hieraus ergeben sich aber nicht bloß Geldverluste, sondern auch Betriebsstörungen, welche dem Unternehmen noch größeren Schaden bereiten.

Die Kesselfabrik hat übrigens auch stets dafür zu sorgen, daß der Kessel vor seiner Ablieferung der amtlichen Druckprobe unterworfen wird.

Vor dem Ankauf gebrauchter Kessel ist im Allgemeinen zu warnen; selten paßt ein solcher Kessel so recht in die Verhältnisse, unter welchen er wieder in Betrieb kommen soll, und öfters hat er verborgene Fehler, die dem Auge des nicht in diesen Dingen Bewanderten entgehen. Niemals kaufe man aber einen solchen Kessel, wenn er nicht vorher vom Aufsichtsbeamten innerlich und äußerlich untersucht, mit Wasserdruck probirt und noch für diensttüchtig erklärt worden ist; zur Vergewisserung dessen verlange man vor Abschluß des Handels vom Verkäufer das von jenem Beamten hierüber ausgestellte Zeugniß.

Für die zu errichtende und in ihren Hauptverhältnissen festgegesetzte Kesselanlage ist endlich an einen Aufstellungsraum oder ein Kesselhaus zu denken.

Kleinere Kesselanlagen, deren Betriebsüberdruck 6 Atmosphären nicht überschreitet, und solche, bei welchen die Zahl, welche man erhält, wenn die Anzahl der Quadratmeter Heizfläche des Kessels mit der Zahl der Atmosphären (Ueberdruck) multiplizirt wird, 30 nicht übersteigt, dürfen auch in Räumen und unter Räumen aufgestellt werden, in welchen sich Menschen aufzuhalten pflegen. Doch ist dann die Feuerungsanlage des Kessels so einzurichten, daß die Einwirkung des Feuers auf den Kessel im Falle einer Gefahr sofort gehemmt werden kann, d. h. der Rost muß kippbar hergestellt werden, damit sich das Feuer sofort vom Roste werfen läßt.

Alle übrigen Kessel, mit Ausnahme der aus Siederöhren von weniger als 10 cm Weite hergestellten Wasserröhrenkessel, welche dieselbe Vergünstigung, wie die oben bezeichneten Kessel genießen, bedürfen eines besonderen, geräumigen Kesselhauses.

Ein solches Kesselhaus darf weder überwölbt sein, noch eine feste Balkendecke besitzen; es ist mit einem möglichst leichten und feuersicheren Dache zu versehen (vergleiche § 14 der allgemeinen polizeilichen Bestimmungen über die Anlegung von Dampfkesseln).

Es muß ferner berücksichtigt werden, daß die Thüren des Kesselhauses nach außen aufschlagen, damit eine gefährdete Person leicht den Ausgang gewinnen kann. Bei Kesselhäusern mit zahlreichen Kesseln sind aber zwei Thüren, welche entgegengesetzt liegen sollen, zu beschaffen.

Das Kesselhaus ist, wenn irgend thunlich, dahin zu stellen, wo sich das Brennmaterial mit möglichst wenig Mühe bis vor den Kessel bringen läßt, also in die Nähe der Einfahrt in das Fabrikgrundstück oder des etwa vorhandenen Eisenbahngeleises; zugleich muß auch darauf Bedacht genommen werden, daß möglichst kurze Rohrleitungen nach dem Maschinenhaus und der Fabrik erforderlich werden.

An die Errichtung der gesammten Kesselanlage darf nun nicht eher gegangen werden, als bis die zuständige Behörde hierzu die Genehmigung*) ertheilt hat; denn § 24 der Gewerbeordnung des Deutschen Reiches besagt: „Zur Anlegung von Dampfkesseln, dieselben mögen zum Maschinenbetrieb bestimmt sein oder nicht, ist die Genehmigung der nach den Landesgesetzen zuständigen Behörden erforderlich“.

Es ist daher ein Gesuch um Genehmigung zur Errichtung der Anlage bei der Polizeibehörde einzureichen; dem Gesuche sind die erforderlichen Zeichnungen und Beschreibungen der Anlage beizufügen.

Die Behörde übergiebt das Gesuch dem ihr beigeordneten technischen Beamten (dem Gewerbe-Inspektor oder Revisions-

---

*) Nur die unter dem Namen der Kochkessel bekannten Dampferzeuger (vergleiche § 22, Ziffer 3 der allgemeinen polizeilichen Bestimmungen) bedürfen keiner behördlichen Genehmigung; es sind dies Dampfkessel, welche mit einem offenen, nicht verschließbaren Standrohr oder einer diesem gleichwirkenden Sicherheitsvorrichtung versehen sind.

Das Standrohr muß ein Stück bis über den tiefsten Wasserstand in den Wasserraum des Kessels hinabreichen und mindestens 8 Centimeter Weite besitzen; es darf nicht über 5 Meter hoch sein. In diesem Standrohr steigt das Wasser unter dem Drucke des Dampfes empor; ist letzterer so groß geworden, daß der Spiegel im Rohre die Höhe von 5 Metern erreicht hat, so fließt das Wasser oben so lange über, bis der Wasserspiegel im Kessel bis zur unteren Mündung des Standrohres gesunken ist, und nunmehr auch der Dampf entweicht. Der Druck kann in einem solchen Kessel mithin nicht höher gebracht werden, als wie auf 5 Meter Wassersäule = einer halben Atmosphäre Ueberdruck über den äußeren Luftdruck.

Die Kochkesselanlagen sind bei den Behörden der Feuerungsanlage wegen anzumelden.

ingenieur ꝛc.), welcher die Eingaben an der Hand der gesetzlichen Bestimmungen prüft; sie ertheilt hierauf die Genehmigung, entweder ohne jeden Vorbehalt, oder unter gewissen Bedingungen und Vorschriften, oder erklärt auch die Anlage für unzulässig, wenn dieselbe gegen gesetzliche Bestimmungen verstößt.

Wird eine genehmigte Anlage nicht innerhalb eines Jahres ausgeführt, so erlischt nach § 49 der Gewerbeordnung die ertheilte Genehmigung mit Ablauf dieses Zeitraumes; eine genehmigte und im Betrieb gewesene Anlage verliert aber ebenfalls die Genehmigung, wenn sie länger als 3 Jahre unbenutzt geblieben ist. Soll die Anlage nach der erstgenannten Frist doch noch errichtet oder nach einem dreijährigen Stillstand wieder in Betrieb gesetzt werden, so ist hierzu von Neuem Genehmigung einzuholen.

Soll ein beweglicher Dampfkessel dauernd an demselben Ort benutzt werden, so wird er bei der Genehmigung als feststehender Kessel behandelt.

Auch wesentliche Veränderungen einer bereits als vorschriftsmäßig erachteten Anlage bedürfen nach § 25 der Gewerbeordnung der behördlichen Genehmigung.

Nachdem eine genehmigte Kesselanlage fertiggestellt worden ist, muß sie vor ihrer Inbetriebnahme gemäß § 24 Absatz 3 der Gewerbeordnung durch den technischen Beamten (Gewerbeinspektor ꝛc.) einer Untersuchung — der Abnahmeuntersuchung unterworfen werden. Der genannte Beamte prüft hierbei an Ort und Stelle, ob die Anlage allen gesetzlichen Vorschriften entspricht; ob die bei der Genehmigung ausgesprochenen Bedingungen erfüllt, ob das Kesselhaus, die Feuerungsanlage, insbesondere auch die Feuerzüge vorschriftsmäßig hergestellt (vergleiche Seite 119) und die Sicherheitsvorrichtungen zuverlässig sind. Je nach dem Ergebniß dieser Untersuchungen ertheilt hierauf der Beamte die Erlaubniß zur Inbetriebsetzung der Anlage, oder er beanstandet dieselbe noch und schreibt die vorzunehmenden Aenderungen vor; erst wenn eine neue Untersuchung ergeben hat, daß alle Anstände behoben worden sind, darf der Betrieb begonnen werden.

Nach wesentlichen Veränderungen oder Umbauten, z. B. der Erneuerung der Einmauerung eines feststehenden Dampfkessels hat das gleiche Verfahren stattzufinden.

Für die nunmehr statthafte Inbetriebsetzung des Kessels ist die Herbeiziehung und Anstellung eines tüchtigen Heizers erforderlich.

Ueber die nothwendigen persönlichen Eigenschaften eines Heizers mögen folgende Bemerkungen Platz finden:

Der Heizer muß vor allen Dingen die Bedienung des Kessels, insbesondere das Heizen und die Behandlung die Sicherheitsvorrichtungen gründlich verstehen; er muß auch ein gewissenhafter, aufmerksamer und im Nothfalle entschlossener Mann sein. Weitere Eigenschaften, die vom Heizer gefordert werden müssen, sind Pünktlichkeit, Ordnungsliebe, Reinlichkeit und Nüchternheit. Endlich muß der Heizer ein kräftiger, gesunder Mann sein, denn sein Dienst ist in jedem größeren Betrieb ein angestrengter.

Unbedingt erforderlich ist bei dem Heizer gründliche Sachkenntniß, welche sich nicht auf die Bekanntschaft mit den Sicherheitsvorrichtungen und deren Handhabung beschränken darf. Der Heizer muß vielmehr auch mit dem Wesen der Verbrennungsvorgänge vertraut sein; denn durch die Hand des Heizers gehen jährlich Tausende von Mark in Gestalt von Brennmaterial, von welchen er durch Verständniß und Geschicklichkeit Hunderte sparen kann.

Von der Sorgfalt, Umsicht und Kaltblütigkeit des Heizers hängen ferner oft genug die Sicherheit und das Leben seiner Mitarbeiter, sowie die Bewahrung des Eigenthumes seines Herrn vor Vernichtung ab; er haftet aber auch mit seiner Person für alle die Schäden und alles Unheil, welche durch seine Unachtsamkeit und Fahrlässigkeit herbeigeführt werden. Der Posten eines Heizers ist daher ein sehr verantwortungsvoller.

Weiter ist es Pflicht des Heizers, früh rechtzeitig in der Fabrik zu sein, damit, wenn die Glocke das Zeichen zum Beginne der Arbeit giebt, der Kessel genug Dampfdruck besitzt, die Maschine sich mit voller Kraft in Bewegung setzen kann, und nicht Hunderte von Arbeitern durch die Schuld des Heizers, der zu spät in die Fabrik kam, an der Arbeit verhindert werden und nun warten müssen.

Ein Heizer muß auch an Ordnung gewöhnt sein; jedes Stück seines Handwerkszeuges, Mutterschlüssel, Hammer, Meisel u. a. m. hat einen bestimmten Platz zu erhalten, damit es im Falle des Bedarfes sofort zur Hand ist.

Es muß ferner vom Heizer verlangt werden, daß er den Kessel, die Maschine und die Räume, in welchen dieselben aufgestellt sind, insbesondere auch die Sicherheitsvorrichtungen des Kessels stets sauber und blank hält; wer die letzteren verschmutzen läßt, ist nachlässig in der Instandhaltung und gleichgültig gegen das Zugrundegehen derselben.

Streng verpönt ist aber bei dem Heizer der Trunk; einem diesem Laster ergebenen Menschen darf ein solcher verantwortungsreicher Posten niemals anvertraut werden.

Daß nur ein gelernter Schlosser sich für diesen Posten eignete, läßt sich bestreiten; für entlegenere Fabriken wird es allerdings wünschenswerth sein, daß der Heizer alle kleineren Reparaturen selbst zu besorgen im Stande ist. Im Allgemeinen kann aber ein jeder andere Handwerker bei Strebsamkeit und Fassungsvermögen ein ebenso vortrefflicher Heizer werden.

Nothwendig erscheint es, daß ein Jeder, der sich dem Heizerberufe widmen will, wenigstens ein Jahr in einer größeren Anlage unter einem tüchtigen Heizer eine gründliche Lehre durchmacht und dann eine der jetzt schon recht zahlreichen Heizerschulen besucht, um sich die zu einer zielbewußten Ausübung seines Berufes erforderlichen Kenntnisse anzueignen.

So viel über den Heizer!

Die **Inbetriebsetzung eines Kessels** erfordert zunächst, daß der noch leere Kessel nach dem Wasserstandglas, von dessen Wirksamkeit man sich zu überzeugen hat, bis zur Marke des tiefsten zulässigen Wasserstandes oder noch ein paar Centimeter darüber hinaus mit Wasser gefüllt wird.

Ist die Anlage mit einem neuen, gemauerten Schornstein versehen, so äußert derselbe zunächst noch keine Zugwirkung; um eine solche hervorzurufen, muß unten im Schornstein, nachdem die daselbst angebrachte Reinigungsthür geöffnet worden ist, ein leichtes Feuer von Stroh oder Reiserholz angezündet und so lange unterhalten werden, bis die im Schornstein enthaltene kalte, feuchte und daher schwere Luft ausgetrieben ist, und der Schornstein sich mit warmen, leichten Feuergasen gefüllt hat. Nunmehr kann die Reinigungsthür des Schornsteines geschlossen und auf dem Rost des Kessels ein Feuer angezündet werden; sehr rasch entleeren sich jetzt auch die Züge des Kessels von kalter Luft, und der Schornstein fängt an, kräftig zu ziehen.

Ist der Kessel ein eingemauerter, so wäre es indessen sehr unklug, sofort ein lebhaftes Feuer in Gang zu setzen und mit der Dampferzeugung zu beginnen; die rasche Erhitzung würde eine lebhafte Verdampfung des in dem feuchten Kesselmauerwerk noch enthaltenen Wassers zur Folge haben, und der hierbei gebildete Wasserdampf die Einmauerung zertreiben und rissig machen. Um dies zu verhüten, muß zunächst zwei bis drei Tage lang auf dem Rost ein schwaches Feuer mit Holz, womöglich bei halb offenstehender Feuerthür, unterhalten werden, damit das Mauerwerk durch nur mäßig heiße Feuergase recht langsam ausgetrocknet wird; erst nachdem dies geschehen ist, darf an die Dampferzeugung gegangen und das Feuer verstärkt werden.

Wird am Manometer, dessen Verbindung mit dem Kessel natürlich offen und in Ordnung sein muß, wovon man sich ebenfalls zu überzeugen hat, bemerkbar, daß die Dampfentwickelung begonnen hat, so ist das Sicherheitsventil zu lüften und auf seine leichte Gangbarkeit zu prüfen.

Nachdem der Dampfdruck eine genügende Höhe erreicht hat, kann der Dampf seiner Verwendung zugeführt werden; es beginnt nun der regelmäßige Betrieb des Kessels.

Nunmehr ist es die Aufgabe des Heizers, die Dampferzeugung dem Dampfverbrauche entsprechend zu regeln, damit der Dampfdruck möglichst auf gleicher Höhe bleibt, zugleich aber auch darauf zu achten, daß der infolge der Verdampfung abnehmende Wasserstand nicht unter den zulässig tiefsten sinkt, zu welchem Zweck dem Kessel in entsprechendem Maße frisches Wasser zuzuführen ist. Der Heizer wird daher unablässig das Manometer und das Wasserstandglas des Kessels im Auge zu behalten haben.

Bezüglich des sparsamen und rauchfreien Heizens ist auf die früher aufgestellten Regeln (Seite 46) und die ertheilten Winke (Seite 89) zu verweisen, welche sorgfältig zu beachten sind.

Die Regelung des Wasserstandes, welche ebenfalls eine gewisse Geschicklichkeit und Umsicht vom Heizer erfordert, hat nach folgenden Gesichtspunkten zu erfolgen:

Im Allgemeinen wird die Speisung, welche entweder in Pausen oder ununterbrochen erfolgt, mit dem Dampfverbrauch gleichen Schritt zu halten haben.

Ist der Dampfverbrauch ein unregelmäßiger, und stockt derselbe plötzlich, so steigt infolgedessen der Druck rasch, und beginnen die Sicherheitsventile abzublasen; der Heizer muß nunmehr dem zu hohen Anwachsen des Druckes sowie dem eintretenden Dampfverlust durch Dämpfung des Zuges, Aufwerfen frischen Brennmateriales und durch längere Anstellung der Speisevorrichtung zu begegnen suchen. Das zugeführte Wasser nimmt den Ueberschuß an Wärme auf nnd verhindert hierdurch das weitere Steigen des Druckes. Selbstverständlich darf aber hierbei der Kessel nicht überfüllt werden; erweisen sich daher die ebenbezeichneten Mittel nicht als ausreichend, den steigenden Dampfdruck zu bemeistern, so muß schließlich die Einwirkung des Feuers auf den Kessel auch durch Oeffnen der Feuer- oder der Rauchkammerthüren möglichst abgeschwächt werden.

Die Speisung, welche sich somit als ein Mittel erweist, dem unerwünschten Anwachsen des Dampfdruckes entgegen zu arbeiten, bietet aber zugleich den weiteren wichtigen Vortheil, in Betrieben mit unregelmäßigem Dampfverbrauch dem Sinken des Druckes bei vorübergehend starker Inanspruchnahme des Kessels entgegen zu wirken. Weiß der Heizer, daß zu einer gewissen Stunde der Dampfverbrauch der Fabrik ein besonders starker ist, so wird er bestrebt sein, vor jenem Zeitpunkt den Wasserstand allmählich zu erhöhen, damit der Kessel zur Zeit der stärkeren Beanspruchung reichlich mit Wasser versehen ist; braucht während dieser Zeit dem Kessel nur wenig frisches Wasser zugeführt zu werden, so wird auch der Druck eine geringere Abnahme erfahren.

Dieser Kunstgriff ist natürlich bei Kesseln, welche einen im Verhältniß zu ihrer Heizfläche erheblichen Wasserraum besitzen, mit weit größerem Erfolge durchzuführen, als bei Kesseln mit kleinem Wasserraum (Wasserröhrenkesseln); die Ausübung desselben erfordert indessen stets eine gewisse Geschicklichkeit.

Während des regelmäßigen Betriebes hat nun der Heizer darauf zu sehen, daß alle Sicherheitsvorrichtungen des Kessels zuverlässig wirken.

Von Zeit zu Zeit, mindestens ein Mal täglich, sind die Probirhähne und die Wasserstandsgläser durchzublasen sowie die Schwimmerzeiger auf leichten Gang zu probiren. Springt eines der Glasrohre, so ist sofort ein anderes einzuziehen; es müssen daher stets eine Anzahl solcher Rohre bereit gehalten werden.

Ab und zu ist auch das Manometerrohr auszublasen; die Sicherheitsventile sind aber täglich zu lüften und auf ihre Gangbarkeit zu prüfen. Wenn das Manometer den höchsten Dampfdruck anzeigt, müssen die Sicherheitsventile abzublasen beginnen; geschieht dies nicht, so ist eine der Vorrichtungen in Unordnung, und hat der Heizer, falls er den Fehler nicht selbst beseitigen kann, hiervon dem Vorgesetzten sofort Anzeige zu machen und auf Abhilfe, nöthigenfalls auf Ersatz des schadhaft gewordenen Manometers zu dringen. Niemals aber darf sich der Heizer durch Belasten des anscheinend zu früh abblasenden Sicherheitsventiles mit Gewichten oder sonstigen Gegenständen zu helfen suchen.

Täglich sind endlich auch die Speisevorrichtungen, welche für gewöhnlich nicht benutzt werden, zu probiren und auf ihre Diensttüchtigkeit zu prüfen.

Unausgesetzt hat der Heizer den Kessel zu beobachten; er soll daher nicht mit Nebenarbeiten beschäftigt werden, welche seine Aufmerksamkeit vom Kessel ablenken. So lange der letztere Dampf entwickelt, darf der Heizer seinen Posten nicht verlassen; es ist von ihm auch nicht zu dulden, daß unbefugte Personen das Kesselhaus betreten.

Die Reinigung des Rostes von Schlacken hat in regelmäßigen Zeitabschnitten, die am besten mit den Arbeitspausen zusammenfallen, zu erfolgen.

Schon einige Zeit vor Beginn der Arbeitspausen, der Mittagsstunde u. s. w., ist das Feuer zu mäßigen; der Zunahme des Druckes während der Pausen muß durch zeitweiliges Speisen entgegen gewirkt werden.

Gegen Ende der täglichen Arbeitszeit ist allmählich das Heizen einzustellen und der Kessel für den nächsten Tagesbetrieb noch mit genügend viel Wasser zu versehen. Alsdann hat der Heizer den Rest des Brennmateriales und die Schlacken vom Rost sowie die Asche aus dem Aschenfall, wenn nöthig, die letztere auch aus den Zügen und Heizröhren zu entfernen. Hierauf sind die Feuer- und Aschenfallthüren sowie der Essenschieber zu schließen, damit der Kessel und das Mauerwerk sich über Nacht nicht durch einströmende kalte Luft übermäßig abkühlen; erst dann, wenn er überzeugt ist, daß der Dampfdruck nicht mehr wesentlich steigt, darf sich der Heizer entfernen.

Das sogenannte Decken des Feuers über Nacht, welches manchen Ortes geübt wird, gewährt zwar dem Heizer eine Erleichterung seines Dienstes, ist aber zu verwerfen.

Dieses Verfahren besteht darin, daß am Schlusse der Arbeitszeit der Rest des brennenden Brennmateriales mit einer größeren Menge frischen, angefeuchteten Brennmateriales überdeckt wird, welches während der Nacht schwach fortglimmt und am nächsten Morgen nach dem Aufbrechen mit der Schürstange und dem Heben des Essenschiebers sich sofort wieder zu einem normalen Feuer entwickelt.

Gegen das Decken des Feuers läßt sich Folgendes geltend machen:

Es kann zunächst vorkommen, daß während der Nacht das Glimmen des auf dem Rost lagernden Brennmateriales doch zu lebhaft wird, und der Druck des ohne Aufsicht stehenden Kessels eine bedenkliche Höhe erreicht. Dann aber entwickeln sich bei dem schwachen Glimmen des Brennmateriales brennbare Gase, Kohlenoxydgas und Kohlenwasserstoffe, welche nicht genügenden Abzug finden, sich in den Zügen ansammeln, mit Luft vermischen und alsdann sehr gefährlich sind. Werden sie am nächsten Morgen durch die Flamme des angefachten Feuers entzündet, so tritt eine heftige Explosion ein, welche nicht nur die Feuerungsanlage beschädigen, sondern auch dem Kessel verderblich werden kann.

Soll während stundenlanger Pausen das Decken des Feuers doch Anwendung finden, so darf der Kessel wenigstens nicht ohne Aufsicht gelassen und auch der Essenschieber oder die Aschenfallklappe nicht völlig geschlossen werden, damit die sich entwickelnden Gase entweichen können.

Der erste Blick des Heizers am nächsten Morgen wird sich wieder auf das Manometer und das Wasserstandsglas zu richten haben; erst wenn sich der Heizer überzeugt hat, daß der Kessel genug Wasser enthält, darf er mit dem Heizen beginnen.

In gewissen Zeitabschnitten ist der regelmäßige Betrieb eines Dampfkessels gänzlich einzustellen; diese Maßregel wird erforderlich, wenn der Kessel einer Reinigung bedarf.

Das von der Natur dargebotene Wasser ist niemals rein, sondern enthält eine Anzahl Stoffe, welche es auf seinem Laufe unter oder über der Erde aufgenommen hat; die Art und Mengen dieser Stoffe sind sehr verschieden.

Mit Säuren, z. B. Schwefelsäure, Salzsäure u. a., verunreinigtes Wasser nennt man saures Wasser; dasselbe wirkt besonders schädlich auf den Kessel ein, da die Säuren, obgleich sie meistens nur in geringen Mengen vorhanden sind, doch langsam aber sicher das Eisen des Kessels auflösen und den letzteren durchfressen. Dieser Feind ist indessen leicht unschädlich zu machen; es braucht dem Wasser vor seiner Einführung in den Kessel nur eine bestimmte Menge Aetznatron oder Soda zugesetzt zu werden, so bildet die Säure mit dem Zusatz eine dem Kessel unschädliche Verbindung, welche im Wasser gelöst bleibt.

Die Verunreinigung des Wassers durch Säuren kommt glücklicherweise selten vor.

Weit öfter enthält das Wasser neben einer geringen Menge Sand und erdigen, sowie verschiedenartigen, der Pflanzen- und Thierwelt entstammenden Stoffen Salze, und zwar meistens kohlensauren Kalk, schwefelsauren Kalk (Gyps) und kohlensaure Magnesia in gelöstem Zustand; der kohlensaure Kalk und die kohlensaure Magnesia werden allerdings erst im Wasser löslich, wenn sich im letzteren freie Kohlensäure befindet, die sich ebenfalls im Wasser löst. Man nennt Wasser, welches solche Salze enthält, hartes Wasser.

Diese Beimengungen des Wassers bleiben bei der Verdampfung zurück und scheiden sich aus; sie bilden entweder Schlamm oder auch feste zusammenhängende Massen.

Scheiden sich die Beimengungen des Wassers in Form eines losen Schlammes aus, so begünstigt derselbe, wenn er sich in größeren Mengen angesammelt hat, das Schäumen des Wassers; es wird dann viel Schlamm und Wasser von dem seiner Verwendung zugeführten Dampf mit fort gerissen, was insbesondere für die Dampfmaschinen sehr schädlich ist.

Diesem Uebelstand kann leicht durch ein zeitweiliges, theilweises Ablassen des Kesselinhaltes abgeholfen werden; der Heizer hat dann nur nach Feierabend, wenn das Feuer erloschen, das Wasser des Kessels zur Ruhe gekommen und der Schlamm zu Boden gesunken ist, oder auch am Morgen vor Beginn des Heizens den Ablaßhahn des Kessels zu öffnen und unter Beihilfe des im Kessel noch herrschenden Dampfdruckes so viel Wasser aus dem Kessel strömen zu lassen, bis der Wasserspiegel um einige Centimeter gesunken ist. Das entfernte Wasser nimmt einen großen Theil des Schlammes mit sich fort.

Wie oft ein solches Abblasen stattzufinden hat, hängt von der Beschaffenheit des Wassers ab. In Fabriken wird es meistens genügen, wenn dasselbe wöchentlich einmal, am Sonnabend nach Schluß der Arbeit, vorgenommen wird; bei den Schiffskesseln der Elbdampfer muß es nebenbei bemerkt täglich mehreremale während des Betriebes erfolgen.

Weit unangenehmer ist die Ausscheidung der Bestandtheile des Wassers in harten, fest auf den Kesselwandungen haftenden Krusten, die wohl auch abblättern und zu großen Kuchen zusammenbacken; man nennt dieselben bekanntlich Kesselstein.

Der Kesselstein ist ein schlechter Wärmeleiter; er hemmt den Uebergang der Wärme an das Kesselwasser und schmälert die Dampferzeugung. Starke Kesselsteinkrusten sind aber nicht nur der Ausnutzung der in den Heizgasen aufgespeicherten Wärme hinderlich, sondern geben unter Umständen auch zu Beschädigungen des Kessels Anlaß; sie heben die Berührung zwischen Wasser und Kessel ganz auf, sodaß die nunmehr glühend werdenden Kesselbleche verbrennen und schließlich aufreißen.

Der Kessel muß daher von Zeit zu Zeit geöffnet und vom Kesselstein, welcher höchstens eine Stärke von 5 mm erreichen darf, befreit werden, was in der Regel eine recht mühsame, zeit- und geldraubende Arbeit ist.

Es hat nun nicht an Vorschlägen gefehlt, den Kesselstein unschädlich zu machen oder zu beseitigen.

So wurden bei Kesseln mit Unterfeuerung muldenförmige Tröge, welche aus dünnem Blech hergestellt waren und sich über die vordere Kesselhälfte erstreckten, eingehängt. Diese Tröge hatten von der Kesselwand etwa 5 cm Abstand, reichten mit ihrem oberen Rande nicht ganz bis zum Wasserspiegel und waren oben offen.

Zwischen dem Trog und der Kesselwandung stellte sich nun im Betrieb ein lebhafter Wasserumlauf ein, da das mit Dampf vermischte leichtere Wasser rasch emporstieg und Wasser vom hinteren Ende des Kessels nachzog; hierbei wurde aber der im Kessel befindliche Schlamm mit emporgehoben und über den Rand des Troges hinweg in den letzteren gespült, wo er sich in größeren Mengen ansammelte.

Da der Ansatz von Kesselstein doch nicht völlig zu vermeiden, die Handhabung der Tröge aber recht unbequem war, und der Schlamm in mindestens eben so bequemer und sicherer Weise durch Abblasen entfernt werden kann, so finden diese Tröge heutigen Tages nirgends mehr Anwendung.

Einen gewissen Werth haben bereits Hifsmittel, welche die Entfernung des Kesselsteines erleichtern, zu welchem Zwecke die Kesselwandungen innerlich nach der Reinigung mit einem geeigneten Anstrich versehen werden.

So streicht man häufig die Kessel, welche hierbei aber noch warm sein müssen, dünn mit heißem Theer aus; dieser Anstrich muß natürlich, ehe der Kessel wieder in Betrieb gesetzt wird, vollständig hart und fest geworden sein, damit der Theer nicht aufschwimmt und die Sicherheitsvorrichtungen des Kessels verschmiert und verstopft. Andere bedienen sich einer Mischung von Graphit und Talg, was zweckmäßiger erscheint.

Alle diese Anstriche machen die Kesselwand glatt und verhindern das feste Ansetzen des Kesselsteines, welcher beim Reinigen des Kessels durch Schläge mit einem stumpfen Hammer in Schaalen abblättert.

Bringt man ferner in den Kessel Stoffe, welche die Kesselwand schlüpfrig machen und den Schlamm einhüllen, so wird ebenfalls das feste Anbrennen des Kesselsteines und zugleich das Zusammenbacken desselben bis zu einem gewissen Grade verhindert. Als solche Mittel finden Kartoffeln, Gerberlohe, auch Katechu (gerbstoffhaltiger Extrakt überseeischer Hölzer) Verwendung; ihr Nutzen ist ein mäßiger, sie verschmieren auch die Sicherheitsvorrichtungen des Kessels.

Man hat dem Kessel auch eine gewisse Menge Petroleum zugeführt, welches das Entstehen von festem Kesselstein verhindert und etwa vorhandenen allmählich löst. Da das Petroleum explosible Gase entwickelt, welche zu Unfällen Anlaß geben können und thatsächlich schon gegeben haben, ist die Anwendung desselben nicht anzurathen.

Häufig werden den Kesselbesitzern geheimnißvolle Kesselsteinmittel angeboten, die nach den Anpreisungen ihrer Verfertiger Wunder verrichten sollen.

Nützen sie wirklich etwas, so verdanken sie ihre Wirkung entweder dem Zusatz eines der oben genannten Stoffe oder dem Gehalt an Chemikalien, welche das Wasser zu reinigen vermögen und weiterhin zu besprechen sind. Doch sind dies noch die harmlosesten ihrer Art, obgleich sie in der Regel mit dem 10, ja 20fachen ihres Werthes bezahlt werden müssen. Weit schlimmer erweisen sich diejenigen, welche schädlich wirken, und deren werden leider auch zum Kauf empfohlen. Man hat thatsächlich in solchen Mitteln den Schlamm und Kesselstein vermehrende Stoffe, ja sogar Säuren vorgefunden, welche letzteren zwar den Kesselstein, zugleich aber auch das Eisen aufzulösen vermögen und demnach zerstörend auf den Kessel einwirken.

Es kann daher nicht eindringlich genug vor dem Ankauf und der Verwendung solcher Kesselsteinmittel gewarnt werden.

Der Kesselstein wird am wirksamsten bekämpft, wenn die Beimengungen des Wassers in lauter lösliche und losen Schlamm bildende Körper verwandelt werden; hierzu bedarf es aber des Zusatzes gewisser chemischer Stoffe.

Der kohlensaure Kalk und die kohlensaure Magnesia werden bereits unlöslich gemacht und setzen sich als Schlamm zu Boden, wenn die freie, im Wasser gelöste Kohlensäure, welche sich nur in kaltem Wasser zu lösen vermag, entfernt wird. Hierzu ist es aber nur nothwendig, das zu reinigende Wasser etwa bis auf 60° C zu erwärmen. Das gleiche Ziel wird erreicht, wenn man dem Wasser Kalk oder Aetznatron zusetzt, welche sich mit der freien Kohlensäure verbinden, worauf die kohlensauren Salze des Kalkes und der Magnesia ausfallen; die Wirkung wird eine vollkommenere, wenn man auch hier das zu reinigende Wasser erwärmt.

Der schwefelsaure Kalk oder Gyps läßt sich dagegen durch den Zusatz von Soda (kohlensaurem Natron) in lösliches, schwefelsaures Natron (Glaubersalz) und unlöslichen, kohlensauren Kalk umwandeln.

Ein Haupterforderniß ist es nun, daß diese Reinigungsmittel in richtigen Mengen angewendet werden; denn ein zu großer Zusatz von

Kalk vermehrt nur den Schlamm, und überschüssige Soda macht da Wasser schäumend. Es muß daher ein Chemiker zu Rathe gezogen werden, der nach einer Untersuchung des zur Verwendung kommenden Wassers leicht angeben kann, in welchem Verhältniß die Chemikalien zugesetzt werden müssen*).

Die Reinigung des Wassers wird im Dampfkesselbetrieb in verschiedener Weise durchgeführt:

Das Einfachste ist es offenbar, die erforderliche Menge der Reinigungsmittel durch das Mannloch und später während des Betriebes vermittelst der Speisevorrichtungen oder auf sonstige Weise in den Kessel zu bringen; der gebildete Schlamm und die im Kesselwasser gelösten Salze müssen dann durch öfteres Abblasen des Kessels entfernt werden.

Zur Entfernung des Schlammes eignet sich die Dervaux'sche (sprich Derwoh) Vorrichtung vortrefflich, deren Anfertigung H. Reisert in Köln übertragen ist.

Bei derselben steigt beständig das Kesselwasser vom tiefsten Punkte des Kessels nach einem außerhalb des letzteren aufgestellten, geschlossenen Gefäß empor, scheidet dort den Schlamm ab und kehrt in den Kessel zurück. Eine Vorrichtung, welche das zurückfließende Wasser abkühlt, so daß es schwerer wird, als das aufsteigende, veranlaßt die selbstthätige Bewegung der Wassermassen. Der im Gefäß gesammelte Schlamm wird mittelst eines Ablaßhahnes entfernt.

Zweifellos ist es am zweckmäßigsten, das Wasser vor seiner Verwendung zu reinigen und den sich bei der Reinigung bildenden Schlamm vom Kessel ganz fern zu halten.

Eine derartige Reinigung des Wassers kann in Bottichen oder Gefäßen vorgenommen werden, in welchen dasselbe zugleich durch eingeleiteten Dampf etwas erwärmt wird. Solcher Bottiche müssen natürlich mehrere vorhanden sein, da der gebildete Schlamm nur langsam zu Boden sinkt, und das reine Wasser erst nach einigen Stunden abgezogen und verwendet werden kann; leider wird aber hierdurch für die Reinigungseinrichtung ein recht beträchtlicher Raum erforderlich.

Eine gedrängtere Form erhalten Einrichtungen, in welchen die Reinigung des Wassers ununterbrochen erfolgt; es sollen hier nur die gebräuchlichsten derselben erwähnt werden.

---

*) Wird dem Wasser Soda als Reinigungsmittel zugesetzt, so ist deren Menge die richtige, wenn das Kesselwasser beginnt, rothes Lackmuspapier deutlich blau zu färben.

Bei dem Verfahren von Béranger & Stingl*) in Wien kommen als Reinigungsmittel Kalkwasser und Aetznatron zur Anwendung; Soda wird nicht zugesetzt, weil sich dieselbe aus der Kohlensäure des Wassers und dem Aetznatron von selbst bildet, das Aetznatron aber die Reinigung des Wassers außerordentlich beschleunigt. Die Zuführung des Wassers und der Reinigungsmittel erfolgt ununterbrochen. Der entstehende Schlamm setzt sich in cylindrischen Gefäßen, in welchen das mit den Chemikalien versetzte Wasser langsam emporsteigt, ab und kann durch Hähne abgelassen werden.

Bei dem Verfahren von A. L. G. Dehne in Halle wird das zu reinigende Wasser durch den Abdampf der Maschine oder auch durch frischen Kesseldampf auf 70 bis 80 °C erhitzt; als Reinigungsmittel dienen Aetznatron und Soda. Ein Theil des gebildeten Schlammes wird bereits in dem Mischgefäß, der Rest mit Hilfe von Filterpressen, durch welche das mit den Chemikalien versetzte Wasser gedrückt wird, ausgeschieden.

Es ist endlich der Einrichtung zu gedenken, welche die Maschinenbauanstalt Humboldt in Kalk ausführt; bei derselben finden Kalkwasser und Soda als Reinignngsmittel Verwendung. Der sich bildende Schlamm wird in einer von dem Franzosen Gaillet erfundenen Vorrichtung abgeschieden, welche aus einem rechteckigen Behälter mit zahlreichen geneigt liegenden Scheidewänden besteht. Die Scheidewände veranlassen das Wasser, eine abwechselnd schräg ansteigende und wieder abfallende Bewegung anzunehmen; der Schlamm setzt sich unten ab und kann durch Hähne abgezogen werden.

Die beschriebenen Einrichtungen haben sich vortrefflich bewährt; freilich sind dieselben auch recht kostspielig.

Enthält das Wasser Chlorverbindungen, z. B. Chlormagnesium, so muß es von Zeit zu Zeit durch frisches ersetzt werden. Das Wasser wird sonst immer reicher an diesen Verbindungen, welche sich schließlich an den heißen Feuerplatten zersetzen und hierbei Salzsäure bilden, die nunmehr den Kessel anzehrt.

Auch durch Oel, namentlich Mineralöl, verunreinigtes Wasser kann dem Kessel verderblich werden; das Oel setzt sich auf den

*) Nach dem Béranger und Stingl'schen Verfahren werden in Leipzig für die Lokomotiven der Staatseisenbahnen jährlich 42000 Kubikmeter Wasser gereinigt; obgleich die Unkosten für einen Kubikmeter 8¼ Pfennige betragen, sind doch bedeutende Ersparnisse durch die sich weniger oft nothwendig machende Reinigung und die verminderte Reparaturbedürftigkeit der Lokomotiven erzielt worden.

Kesselwandungen fest und verhindert die Berührung des Wassers, so daß die Kesselwandungen glühend werden und Ausbeulungen erleiden.

Ist es an der Zeit, einen Dampfkessel der Reinigung zu unterwerfen, so muß zunächst der Kessel mit Hilfe des Ablaßhahnes entleert werden; hiermit warte man, bis das Mauerwerk der Züge durch längere Zeit hindurchströmende Luft genügend abgekühlt ist.

Hat sich der Kessel entleert, so lasse man ihn einige Zeit stehen und sich noch weiter abkühlen, ehe man daran geht, ihn mit kaltem Wasser auszuspülen und vom Schlamm zu befreien. Das heiße Mauerwerk eingemauerter Kessel hält den letzteren nach der Betriebseinstellung oft recht lange noch warm; die Abschreckung des Kessels mit kaltem Wasser führt aber leicht Undichtheiten der Nähte herbei.

Soll nunmehr an die Reinigung des Kessels gegangen werden, so muß derselbe der Sicherheit der in demselben Beschäftigten wegen gegen die etwa vorhandenen, im Betrieb befindlichen Nachbarkessel durch sogenannte Blindflanschen, d. h. zwischen die Flanschen der Dampfrohre und Speiserohre eingeschobene volle Blechscheiben von etwa 5 mm Stärke sicher abgesperrt werden.

Der im Kessel zurückgebliebene Schlamm wird abgekratzt und zusammen gekehrt, der harte Kesselstein aber mit meiselartigen Hämmern entfernt, in deren Handhabung eine gewisse Vorsicht zu üben ist, damit die Bleche und Nieten des Kessels durch scharfe Meiselhiebe nicht beschädigt werden. Weiter ist der Kessel von dem äußerlich angesetzten Ruß zu befreien, und muß aus den Zügen die angesammelte Flugasche entfernt werden.

Bei der Reinigung des Kessels hat nun auch der Heizer den Kessel einschließlich seiner Einmauerung auf das Gewissenhafteste zu untersuchen.

Innerlich machen sich zuweilen das Fehlen von Nietköpfen, an den Kesselwandungen grubenartige Auszehrungen, Beulen oder Risse bemerkbar; oder das Blech ist durchweg dünn geworden, wovon man sich allerdings erst genau überzeugen kann, wenn man dasselbe anbohrt.

Aeußerlich zeigen sich oft Risse im Blech, insbesondere an den Feuerplatten solche, welche von Nietloch zu Nietloch laufen, ferner Beulen, die von Abschieferungen sogenannter unganzer Stellen im Blech herrühren, endlich Abzehrungen der Bleche an den Stellen, wo der Kessel im Mauerwerk, welches zuweilen feucht ist, liegt; um den Kessel hier besichtigen zu können, müssen einige Ziegel herausgezogen werden.

Jeden Schaden, welchen der Heizer entdeckt, hat er dem Kesselbesitzer zu melden, damit der Kesselschmied gerufen wird, der den

Mangel beseitigt. Kleinere Flicken werden, nebenbeibemerkt, besser von innen aufgesetzt, als von außen, da dann der Dampfdruck das Dichthalten des Flickens unterstützt; unbedingt zu verwerfen sind von außen auf den Kessel geschraubte Flicken.

Weiterhin sind auch einzelne herabgefallene Ziegel, insbesondere aber eingestürzte Stellen der Seitenzüge und ausgebrannte Stellen der Feuerung vom Maurer zu ersetzen beziehungsweise auszubessern; im Mauerwerk entstandene Risse müssen gut verschmiert werden.

Endlich sind bei dieser Gelegenheit auch alle Dichtungen der Sicherheits- und Speisevorrichtungen nachzusehen und nöthigenfalls zu erneuern, sowie undichte Hähne und Ventile nachzuschleifen; erst nach allen diesen Arbeiten kann der Betrieb des Kessels wieder beginnen.

Soll der Betrieb eines Kessels Monate lang unterbrochen werden, so reinige man ihn gründlich und lasse ihn leer mit offenem Mannloch stehen. Wenn die Unterbrechung des Betriebes Jahre andauert, so streiche man den Kessel auch innerlich mit Theer aus. Mit Wasser gefüllte Kessel werden stark vom Roste zerfressen.

Wenn bisher nur von den Obliegenheiten des Heizers gesprochen wurde, so ist endlich darauf hinzuweisen, daß auch dem Kesselbesitzer Verpflichtungen erwachsen.

Der Kesselbesitzer hat darauf zu achten, daß seine Anlage nur geeigneten und gewissenhaften Leuten, welche ihre Pflicht voll erfüllen, übergeben ist; er hat ferner dafür zu sorgen, daß sich der Kessel nebst seinen Sicherheitsvorrichtungen stets in gutem Zustand befindet, Mängeln irgend welcher Art aber sofort abgeholfen wird.

Daß aber sowohl Heizer, wie Kesselbesitzer ihren Pflichten nachgehen, darüber haben die Aufsichtsbeamten (Gewerbeinspektoren und Revisionsingenieure) zu wachen, zu welchem Zwecke von denselben jede Kesselanlage alljährlich wenigstens einmal äußerlich, nach Erforderniß aber auch innerlich zu untersuchen ist.

Im regelmäßigen Betrieb eines Dampfkessels kann nun zuweilen ganz gegen den Willen der Betheiligten eine plötzliche Unterbrechung eintreten, ja der Betrieb kann sogar für immer seinen schluß finden.

Entstehen an einem im Betrieb befindlichen Dampfkessel an irgend einer Verschraubung oder Verbindung Undichtheiten oder in den Wandungen irgend welche Oeffnungen, und fällt infolge von Wasserverlusten der Wasserspiegel im Glas, so muß der Heizer zunächst durch verstärktes Speisen den Wasserstand des Kessels zu halten suchen. Gelingt ihm dies nicht, oder kommen die Speisevorrichtungen derart in

Unordnung, daß der Wasserstand rasch unter den zulässig tiefsten sinkt, und weiß der Heizer schließlich gar nicht mehr, wie weit sich der Kessel bereits entleert hat, so ist Gefahr im Verzuge.

Es muß jetzt befürchtet werden, daß bereits Kesselwandungen, wie die Obertheile der Flammenrohre und die Decken der Feuerbüchsen vom Wasser entblößt und glühend geworden sind, in welchem Zustand dieselben aber dem Dampfdruck nicht mehr genügend Widerstand zu leisten vermögen. Dann steht aber auch eine Zerstörung des Kessels durch den Dampfdruck jeden Augenblick zu erwarten.

Vergeblich wäre der Versuch, auch jetzt noch dem zu tief gesunkenen Wasserstand durch eine mit allen Kräften eingeleitete Speisung abhelfen zu wollen; hebt sich wirklich der Wasserstand, so werden nur infolge der Berührung des Wassers mit den schon glühenden Kesselwandungen Dampfmengen erzeugt, die den Druck und die Gefahr erhöhen.

Geradezu pflichtvergessen aber handelte der Heizer, wenn derselbe, um nur das eigene Leben in Sicherheit zu bringen, kopflos davon eilen wollte; denn eine Explosion des Kessels wäre dann die unausbleibliche Folge.

In einem solchen Falle muß der Heizer vor Allem kaltes Blut bewahren. Er hat zunächst sofort das Feuer von den Rosten zu entfernen und hierauf eine allmähliche Abnahme des Druckes anzustreben. Zu diesem Zwecke sind die Feuerthüren und der Essenschieber weit zu öffnen, damit ein durch die Züge streichender Luftstrom den Kessel abkühlt. Ferner ist es gut, die Dampfmaschine ruhig weiter laufen zu lassen und auch das Sicherheitsventil des Kessels langsam zu öffnen, damit der im Kessel enthaltene Dampf möglichst bald entfernt wird.

Hierbei halte sich indessen der Heizer nicht länger, wie nöthig, vor den Feuerthüren und den Stirnwänden des Kessels auf; denn tritt doch noch ein Ereigniß ein, reißt die Feuerplatte auf, oder wird das Flammenrohr zusammengedrückt, so werden häufig genug an jenem Orte befindliche Personen durch die aus der Feuerthüre geschleuderten Trümmer und siedendes Wasser verletzt oder getödtet.

Erst nachdem der Heizer die vorgenannten Maßregeln getroffen hat, darf er endlich an seine eigene Sicherheit denken und die Nähe des Kessels verlassen.

Ist alles gut abgelaufen, so darf der Kessel doch keineswegs sofort wieder in Betrieb gesetzt werden; der Heizer hat sich zunächst zu überzeugen, ob der Kessel etwa Schaden gelitten hat.

Oft sind die Nähte des Kessels oder die Heizröhren undicht geworden, was sich entweder sofort zeigt, oder wenn der entleerte Kessel, dessen vollständige Abkühlung aber abzuwarten ist, wieder mit Wasser gefüllt wird. Dann muß natürlich der Kesselschmied herbeigeholt werden, der die undichten Stellen beseitigt und nach dieser Arbeit eine Wasserdruckprobe vornimmt, um sich von dem Erfolg seiner Arbeit zu überzeugen.

Zeigen sich dagegen an den Kesselwandungen Ausbiegungen, Beulen oder Risse, so sind die beschädigten Theile vom Kesselschmied zu entfernen und durch neue zu ersetzen. Gleichzeitig ist dem Aufsichtsbeamten (dem Gewerbeinspektor ꝛc.) eine Anzeige zu erstatten. Erst wenn von dieser Seite die weitere Benutzung des Kessels für statthaft erklärt worden ist, oder die für erforderlich erachtete amtliche Druckprobe stattgefunden hat, darf der Kessel wieder angeheizt werden.

Ein plötzliches, oft von den furchtbarsten Folgen begleitetes Ende des Betriebes tritt ein, wenn der Kessel durch den Dampfdruck zertrümmert wird, wenn er explodirt. Es wird die letzte Aufgabe dieses Buches sein, die Ursachen solcher Explosionen zu erörtern, um Winke für deren Verhütung zu gewinnen.

Ein Kessel vermag dem Dampfdruck nicht genügenden Widerstand zu leisten, wenn er zu schwache Wandungen besitzt und fehlerhaft gebaut ist, insbesondere wenn diejenigen Theile, die der Dampfdruck in ihrer Form zu ändern sucht, wie die ebenen Böden, Flammenrohre, Feuerbüchsen, Feuerkisten u. a. nicht genügend versteift und verankert sind.

Fehler dieser Art kommen ziemlich selten vor; auch werden dieselben zumeist schon bei der vor der Benutzung des Kessels gesetzlich vorgeschriebenen und seitens der hierzu bestellten Beamten gewissenhaft durchgeführten Wasserdruckprobe entdeckt, so daß der Kessel entweder gar nicht oder doch nur mit einem Druck in Betrieb gesetzt werden darf, welchem er mit Sicherheit gewachsen ist.

Ein Dampfkessel wird ferner dem Dampfdruck nicht gewachsen sein, wenn sein Material ein schlechtes ist.

Wenn nicht Theile der Kesselbleche vor ihrer Verwendung auf ihre Festigkeit und Güte geprüft worden sind, lassen sich derartige Mängel allerdings weniger leicht entdecken; doch darf wohl behauptet werden, daß die Kesselfabriken, welche sich ja für die Folgen einer Explosion unter Umständen vor dem Strafrichter zu verantworten haben, ausnahmslos bemüht sind, zu den Kesseln nur gute Bleche zu verwenden.

Zu schwache oder fehlerhafte Bauart und schlechtes Material werden daher nicht so oft die Ursache einer Explosion sein.

Eine große Anzahl von Kesselexplosionen wird veranlaßt durch

Wassermangel; vom Wasser entblößte, glühende Kesselwandungen verlieren ihre Widerstandsfähigkeit und werden leicht vom Dampfdruck zerstört.

Wassermangel tritt ein, wenn der Heizer entweder die Speisung unterlassen oder die Wasserstandszeiger, welche mehr Wasser anzeigen, als im Kessel vorhanden ist, nicht in Ordnung gehalten hat, oder wenn sich der Kessel während des Betriebes infolge irgend eines Umstandes entleert.

Es leuchtet ein, daß fast ohne Ausnahme dem Heizer, der bei größerer Sorgfalt den Kessel nicht in eine so gefährliche Lage gebracht hätte, oder der mit Umsicht und Entschlossenheit der Gefahr entgegentreten mußte (vergleiche Seite 258), die Schuld der nachfolgenden Explosion zuzuschreiben ist.

Auch durch zu hohen, das zulässige Maß überschreitenden Dampfdruck werden eine Anzahl Kesselexplosionen verursacht.

Entweder hat dann der Heizer den zu hohen Dampfdruck absichtlich durch Belastung der Sicherheitsventile herbeigeführt, oder der nachlässige Heizer wußte nichts davon, daß das Manometer falsch zeigte, und das Sicherheitsventil nicht wirksam war; der hohe Dampfdruck stellte sich unbemerkt ein.

Auch solche Explosionen müssen als lediglich vom Heizer verschuldete angesehen werden.

Eine erhebliche Anzahl von Kesselexplosionen tritt ferner ein, wenn der Kessel abgenutzt, in seinen Blechen stellenweise oder durchgängig geschwächt und daher nicht mehr widerstandsfähig genug ist.

Gerade über diesen Punkt soll sich ja aber der Heizer bei der jedesmaligen Reinigung des Kessels gründlich unterrichten; auch ist der Heizer verpflichtet, Wahrnehmungen dieser Art zur Kenntniß des Kesselbesitzers und des Aufsichtsbeamten zu bringen, welche schon dafür sorgen werden, daß Abhilfe erfolgt.

Es müssen somit auch die auf diese Weise veranlaßten Explosionen auf die Schuldliste des Heizers geschrieben werden.

Weiter kann die unterlassene Reinigung eines Kessels zu einer Explosion führen.

Setzen sich auf den Feuerplatten dicke Kuchen von Kesselstein fest, so wird darunter das Blech glühend und reißt schließlich auf; oder jene Kuchen springen plötzlich los, und es stürzt sich das Wasser auf die glühenden Platten, welche nunmehr durch die rasche Abkühlung Schaden leiden und Risse erhalten.

Auch in diesen Fällen muß dem Heizer, der den Kessel gar nicht oder nicht oft und gründlich genug reinigte, die Schuld an der Explosion beigemessen werden.

Endlich kann der Kessel explodiren durch den Stoß, welchen er durch die Explosion eines Nachbarkessels oder durch die Explosion eines Gemisches von brennbaren Gasen und Luft, welches sich in den Zügen angesammelt hat (vergleiche Seite 249), erleidet.

Auch in diesen Fällen wird vielleicht den Heizer die Schuld treffen.

Nach den amtlichen Ermittelungen ereigneten sich in den Jahren 1877 bis mit 1897, also in 21 Jahren im Deutschen Reiche 354 Explosionen von Dampfkesseln, durch welche 273 Personen getödtet, 162 schwer und 389 leicht verwundet, insgesammt also 824 Personen verletzt wurden*).

Die Ursachen dieser Explosionen waren:

in	47	Fällen	mangelhafte Bauart;
„	40	„	schlechtes oder abgenutztes Material;
	87		
„	124	Fällen	Wassermangel;
„	77	„	örtliche Blechschwächung;
„	30	„	zu hoher Dampfdruck;
„	22	„	Kesselstein (unterlassene Reinigung);
„	10	„	mangelhafte Wartung;
	263		
„	2	Fällen	Explosion eines Nachbarkessels;
„	1	Fall	Explosion von Gasen;
„	1	„	nicht zu ermitteln gewesene Ursache.

War demnach in 87 Fällen die Schuld der Explosion dem Erbauer oder dem allzu sorglosen Käufer des Kessels beizumessen, so trifft dieselbe doch bei dem weitaus größeren Theil der Explosionen — 263 vielleicht auch 266 Fälle den Heizer, welcher den Kessel schlecht bediente, die entstandenen Mängel nicht genug beachtete und um eine rechtzeitige und gründliche Reinigung nicht genug besorgt war.

Hieraus folgt aber die Lehre, daß man, um vor einer Explosion möglichst sicher zu sein, sich bei der Beschaffung eines Kessels nur an eine gute, bewährte Kesselfabrik wenden, vor allem mit der Bedienung des Kessels nur zuverlässige, verständige und gewissenhafte Heizer be-

*) Die furchtbarste Explosion fand auf dem Eisenwerke „Friedenshütte" in Oberschlesien in der Nacht vom 24. zum 25. Juli 1887 statt, bei welcher in weniger als einer Minute 22 Kessel zertrümmert wurden, 12 Personen den Tod fanden, weitere 5 schwer und 30 leicht verletzt wurden.

trauen und den Kessel auch öfter von amtlicher oder sachverständiger Seite untersuchen lassen soll.

Es ist endlich darauf aufmerksam zu machen, daß der Kesselbesitzer oder dessen Vertreter im Falle einer Explosion sofort die Polizeibehörde und den Gewerbeinspektor in Kenntniß zu setzen hat, Aenderungen in dem Zustande des explodirten Kessels aber, insofern nicht die Rettung oder Bewahrung von Menschenleben oder die Offenhaltung des Verkehres einer Eisenbahn oder eines öffentlichen Weges dies erfordern, vor Beendigung der behördlichen Erörterungen nicht vornehmen lassen darf.

Zehnter Abschnitt.

Bekanntmachung,

betreffend allgemeine polizeiliche Bestimmungen über die Anlegung von Dampfkesseln.

Vom 5. August 1890.

Auf Grund der Bestimmung im § 24 der Gewerbeordnung hat der Bundesrath nachstehende

Allgemeine polizeiliche Bestimmungen über die Anlegung von Dampfkesseln

erlassen.

I. Bau der Dampfkessel.

§ 1. Die vom Feuer berührten Wandungen der Dampfkessel, der Feuerröhren und der Sioderöhren dürfen nicht aus Gußeisen hergestellt werden, sofern deren lichte Weite bei cylindrischer Gestalt fünfundzwanzig Centimeter, bei Kugelgestalt dreißig Centimeter übersteigt.

Die Verwendung von Messingblech ist nur für Feuerröhren, deren lichte Weite zehn Centimeter nicht übersteigt, gestattet.

§ 2. Die um oder durch einen Dampfkessel gehenden Feuerzüge müssen an ihrer höchsten Stelle in einem Abstand von mindestens zehn Centimeter unter dem festgesetzten niedrigsten Wasserspiegel des Kessels liegen. Dieser Minimalabstand muß für Kessel auf Fluß- und Landseeschiffen bei einem Neigungswinkel der Schiffsbreite gegen die Horizontalebene von vier Grad, für Kessel auf Seeschiffen bei einem Neigungswinkel von acht Grad noch gewahrt sein.

Diese Bestimmungen finden keine Anwendung auf Dampfkessel, welche aus Sioderöhren von weniger als zehn Centimeter Weite bestehen, sowie auf solche Feuerzüge, in welchen ein Erglühen des mit dem Dampfraum in Berührung stehenden Theiles der Wandungen nicht zu befürchten ist. Die Gefahr des Erglühens ist in der Regel als ausgeschlossen zu betrachten, wenn die vom Wasser bespülte Kesselfläche, welche von dem Feuer vor Erreichung der vom Dampf bespülten Kesselfläche bestrichen wird, bei natürlichem Luftzug mindestens zwanzigmal, bei künstlichem Luftzug mindestens vierzigmal so groß ist, als die Fläche des Feuerrostes.

II. Ausrüstung der Dampfkessel.

§ 3. An jedem Dampfkessel muß ein Speiseventil angebracht sein, welches bei Abstellung der Speisevorrichtung durch den Druck des Kesselwassers geschlossen wird.

§ 4. Jeder Dampfkessel muß mit zwei zuverlässigen Vorrichtungen zur Speisung versehen sein, welche nicht von derselben Betriebsvorrichtung abhängig sind, und von denen jede für sich im Stande ist, dem Kessel die zur Speisung erforderliche Wassermenge zuzuführen. Mehrere zu einem Betriebe vereinigte Dampfkessel werden hierbei als ein Kessel angesehen.

§ 5. Jeder Dampfkessel muß mit einem Wasserstandsglase und mit einer zweiten geeigneten Vorrichtung zur Erkennung seines Wasserstandes versehen sein. Jede dieser Vorrichtungen muß eine gesonderte Verbindung mit dem Innern des Kessels haben, es sei denn, daß die gemeinschaftliche Verbindung durch ein Rohr von mindestens sechszig Quadratcentimeter lichtem Querschnitt hergestellt ist.

§ 6. Werden Probirhähne zur Anwendung gebracht, so ist der unterste derselben in der Ebene des festgesetzten niedrigsten Wasserstandes anzubringen. Alle Probirhähne müssen so eingerichtet sein, daß man behufs Entfernung von Kesselstein in gerader Richtung hindurchstoßen kann.

§ 7. Der für den Dampfkessel festgesetzte niedrigste Wasserstand ist an dem Wasserstandsglase, sowie an der Kesselwandung oder dem Kesselmauerwerk durch eine in die Augen fallende Marke zu bezeichnen.

An der Außenwand jedes Dampfschiffskessels ist die Lage der höchsten Feuerzüge nach der Richtung der Schiffsbreite in leicht erkennbarer, dauerhafter Weise kenntlich zu machen; ferner sind an derselben zwei Wasserstandsgläser in einer zur Längenrichtung des Schiffes normalen Ebene, in gleicher Höhe symmetrisch zur Kesselmitte und möglichst weit von ihr nach rechts und links abstehend anzubringen. Durch das hierdurch bei Dampfschiffskesseln geforderte zweite Wasserstandsglas wird die im § 5 angeordnete zweite Vorrichtung zur Erkennung des Wasserstandes nicht entbehrlich gemacht.

§ 8. Jeder Dampfkessel muß mit wenigstens einem zuverlässigen Sicherheitsventil versehen sein.

Wenn mehrere Kessel einen gemeinsamen Dampfsammler haben, von welchem sie nicht einzeln abgesperrt werden können, so genügen für dieselben zwei Sicherheitsventile.

Dampfschiffs-, Lokomobil- und Lokomotivkessel müssen immer mindestens zwei Sicherheitsventile haben. Bei Dampfschiffskesseln, mit Ausschluß derjenigen auf Seeschiffen, ist dem einen Ventil eine solche Stellung zu geben, daß die vorgeschriebene Belastung vom Verdeck aus mit Leichtigkeit untersucht werden kann.

Die Sicherheitsventile müssen jederzeit gelüftet werden können. Sie sind höchstens so zu belasten, daß sie bei Eintritt der für den Kessel festgesetzten Dampfspannung den Dampf entweichen lassen.

§ 9. An jedem Dampfkessel muß ein zuverlässiges Manometer angebracht sein, an welchem die festgesetzte höchste Dampfspannung durch eine in die Augen fallende Marke zu bezeichnen ist.

An Dampfschiffskesseln müssen zwei dergleichen Manometer angebracht werden, von denen sich das eine im Gesichtskreise des Kesselwärters, das andere mit Ausnahme der Seeschiffe auf dem Verdeck an einer für die Beobachtung bequemen Stelle befindet. Sind auf einem Dampfschiffe mehrere Kessel vorhanden, deren Dampfräume mit einander in Verbindung stehen, so genügt es, wenn außer den an den einzelnen Kesseln befindlichen Manometern auf dem Verdeck ein Manometer angebracht ist.

§ 10. An jedem Dampfkessel muß die festgesetzte höchste Dampfspannung, der Name des Fabrikanten, die laufende Fabriknummer und das Jahr der Anfertigung, bei Dampfschiffskesseln außerdem die Maßziffer des festgesetzten niedrigsten Wasserstandes auf eine leicht erkennbare und dauerhafte Weise angegeben sein.

Diese Angaben sind auf einem metallenen Schilde (Fabrikschild) anzubringen, welches mit Kupfernieten so am Kessel befestigt ist, daß es auch nach der Ummantelung oder Einmauerung des letzteren sichtbar bleibt.

III. Prüfung der Dampfkessel.

§ 11. Jeder neu aufzustellende Dampfkessel muß nach seiner letzten Zusammensetzung vor der Einmauerung oder Ummantelung unter Verschluß sämmtlicher Oeffnungen mit Wasserdruck geprüft werden.

Die Prüfung erfolgt bei Dampfkesseln, welche für eine Dampfspannung von nicht mehr als fünf Atmosphären Ueberdruck bestimmt sind, mit dem zweifachen Betrage des beabsichtigten Ueberdruckes, bei allen übrigen Dampfkesseln mit einem Druck, welcher den beabsichtigten Ueberdruck um fünf Atmosphären übersteigt. Unter Atmosphärendruck wird ein Druck von einem Kilogramm auf das Quadratcentimeter verstanden.

Die Kesselwandungen müssen dem Probedruck widerstehen, ohne eine bleibende Veränderung ihrer Form zu zeigen und ohne undicht zu werden. Sie sind für undicht zu erachten, wenn das Wasser bei dem höchsten Druck in anderer Form als der von Nebel oder feinen Perlen durch die Fugen dringt.

Nachdem die Prüfung mit befriedigendem Erfolge stattgefunden hat, sind von dem Beamten oder staatlich ermächtigten Sachverständigen, welcher dieselbe vorgenommen hat, die Niete, mit welchen das Fabrikschild am Kessel befestigt ist (§ 10), mit einem Stempel zu versehen. Dieser ist in der über die Prüfung aufzunehmenden Verhandlung (Prüfungszeugniß) zum Abdruck zu bringen.

§ 12. Wenn Dampfkessel eine Ausbesserung in der Kesselfabrik erfahren haben, oder wenn sie behufs der Ausbesserung an der Betriebsstätte ganz bloß gelegt worden sind, so müssen sie in gleicher Weise wie neu aufzustellende Kessel der Prüfung mittelst Wasserdruckes unterworfen werden.

Wenn bei Kesseln mit innerem Feuerrohr ein solches Rohr und bei den nach Art der Lokomotivkessel gebauten Kesseln die Feuerbüchse behufs Ausbesserung und Erneuerung herausgenommen, oder wenn bei cylindrischen und Siederkesseln eine oder mehrere Platten neu eingezogen werden, so ist nach der Ausbesserung oder Erneuerung ebenfalls die Prüfung mittelst Wasserdruckes vorzunehmen. Der völligen Bloßlegung des Kessels bedarf es hier nicht.

§ 13. Der bei der Prüfung ausgeübte Druck darf nur durch ein genügend hohes offenes Quecksilbermanometer oder durch das von dem prüfenden Beamten geführte amtliche Manometer festgestellt werden.

An jedem Dampfkessel muß sich eine Einrichtung befinden, welche dem prüfenden Beamten die Anbringung des amtlichen Manometers gestattet.

IV. Aufstellung der Dampfkessel.

§ 14. Dampfkessel, welche für mehr als sechs Atmosphären Ueberdruck bestimmt sind, und solche, bei welchen das Produkt aus der feuerberührten Fläche in Quadratmetern und der Dampfspannung in Atmosphären Ueberdruck mehr als dreißig beträgt, dürfen unter Räumen, in welchen sich Menschen aufzuhalten pflegen, nicht aufgestellt werden. Innerhalb solcher Räume ist ihre Aufstellung unzulässig, wenn dieselben überwölbt oder mit fester Balkendecke versehen sind.

An jedem Dampfkessel, welcher unter Räumen, in welchen Menschen sich aufzuhalten pflegen, aufgestellt wird, muß die Feuerung so eingerichtet sein, daß die Einwirkung des Feuers auf den Kessel sofort gehemmt werden kann.

Dampfkessel, welche aus Sieder öhren von weniger als zehn Centimeter Weite bestehen, und solche, welche in Bergwerken unterirdisch oder in Schiffen aufgestellt werden, unterliegen diesen Bestimmungen nicht.

§ 15. Zwischen dem Mauerwerk, welches den Feuerraum und die Feuerzüge feststehender Dampfkessel einschließt, und den dasselbe umgebenden Wänden muß ein Zwischenraum von mindestens acht Centimeter verbleiben, welcher oben abgedeckt und an den Enden verschlossen werden darf.

V. Bewegliche Dampfkessel (Lokomobilen).

§ 16. Bei jedem Dampfentwickler, welcher als beweglicher Dampfkessel (Lokomobile) zum Betriebe an wechselnden Betriebsstätten benutzt werden soll, müssen sich befinden:

1. Eine Ausfertigung der Urkunde über seine Genehmigung, welche die Angaben des Fabrikschildes (§ 10) enthält und mit einer Beschreibung und maßstäblichen Zeichnung, dem Prüfungszeugniß (§ 11 Absatz 4), der in § 24 Absatz 3 der Gewerbeordnung vorgeschriebenen Bescheinigung und einem Vermerk über die zulässige Belastung der Sicherheitsventile verbunden ist.
2. Ein Revisionsbuch, welches die Angaben des Fabrikschildes (§ 10) enthält. Die Bescheinigungen über die Vornahme der im § 12 vorgeschriebenen Prüfungen und der periodischen Untersuchungen müssen in das Revisionsbuch eingetragen oder demselben beigefügt sein.

Die Genehmigungsurkunde und das Revisionsbuch sind an der Betriebsstätte des Kessels aufzubewahren und jedem zur Aufsicht zuständigen Beamten oder Sachverständigen auf Verlangen vorzulegen.

§ 17. Als bewegliche Dampfkessel dürfen nur solche Dampfentwickler betrieben werden, zu deren Aufstellung und Inbetriebnahme die Herstellung von Mauerwerk, welches den Kessel umgiebt, nicht erforderlich ist.

§ 18. Die Bestimmungen der §§ 16 und 17 treten außer Anwendung, wenn ein beweglicher Dampfkessel an einem Betriebsorte zu dauernder Benutzung aufgestellt wird.

VI. Dampfschiffskessel.

§ 19. Die Bestimmungen des § 16 finden auf jeden mit einem Schiffe dauernd verbundenen Dampfkessel (Dampfschiffskessel) mit der Maßgabe Anwendung, daß die vorgeschriebene maßstäbliche Zeichnung sich auf den Schiffstheil, an welchem der Kessel eingebaut oder aufgestellt ist, zu erstrecken hat.

VII. Allgemeine Bestimmungen.

§ 20. Wenn Dampfkesselanlagen, die sich zur Zeit bereits im Betriebe befinden, den vorstehenden Bestimmungen aber nicht entsprechen, eine Veränderung der Betriebsstätte erfahren sollen, so kann bei deren Genehmigung eine Abänderung in dem Bau der Kessel nach Maßgabe der §§ 1 und 2 nicht gefordert werden. Im Uebrigen finden die vorstehenden Bestimmungen auch für solche Fälle Anwendung, jedoch mit der Maßgabe, daß für Lokomobilen und Dampfschiffskessel den Vorschriften in den §§ 10, 11, 16 bis zum 1. Januar 1892 zu entsprechen ist.

§ 21. Die Centralbehörde der einzelnen Bundesstaaten sind befugt, in den einzelnen Fällen von der Beachtung der vorstehenden Bestimmungen zu entbinden.

§ 22. Die vorstehenden Bestimmungen finden keine Anwendung:

1. auf Kochgefäße, im welchen mittelst Dampfes, der einem anderweitigen Dampfentwickler entnommen ist, gekocht wird;
2. auf Dampfüberhitzer oder Behälter, in welchen Dampf, der einem anderweitigen Dampfentwickler entnommen ist, durch Einwirkung von Feuer besonders erhitzt wird;
3. auf Kochkessel, in welchen Dampf aus Wasser durch Einwirkung von Feuer erzeugt wird, wofern dieselben mit der Atmosphäre durch ein unverschließbares, in den Wasserraum hinabreichendes Standrohr von nicht über fünf Meter Höhe und mindestens acht Centimeter Weite oder durch eine andere von der Centralbehörde des Bundesstaates genehmigte Sicherheitsvorrichtung verbunden sind.

§ 23. In Bezug auf die Kessel in Eisenbahnlokomotiven bleiben die Bestimmungen des Bahnpolizei-Reglements für die Eisenbahnen Deutschlands in der Fassung vom 30. November 1885*)

*) Ersetzt durch die Betriebsordnung für die Haupteisenbahnen Deutschlands vom 5. Juli 1892.

und der Bahnordnung für deutsche Eisenbahnen untergeordneter Bedeutung vom 12. Juni 1878*) in Geltung.

§ 24. Die Bekanntmachung, betreffend allgemeine polizeiliche Bestimmungen über die Anlegung von Dampfkesseln vom 29. Mai 1871 Reichs-Gesetzbl. S. 122) und die diese Bekanntmachung abändernden Bekanntmachungen vom 18. Juli 1883 (Reichs-Gesetzbl. S. 245) und vom 27. Juli 1889 (Reichs-Gesetzbl. S. 173) werden aufgehoben.

Berlin, den 5. August 1890.

Der Reichskanzler.

In Vertretung:

von Boetticher.

---

*) Ersetzt durch die Bahnordnung für die Nebeneisenbahnen Deutschlands vom 5. Juli 1892.

Sachregister.

Druck von E. Buchbinder in Neu-Ruppin

GPSR Compliance

The European Union's (EU) General Product Safety Regulation (GPSR) is a set of rules that requires consumer products to be safe and our obligations to ensure this.

If you have any concerns about our products, you can contact us on ProductSafety@springernature.com

In case Publisher is established outside the EU, the EU authorized representative is:

Springer Nature Customer Service Center GmbH
Europaplatz 3
69115 Heidelberg, Germany

Batch number: 10682439

Printed by Printforce, the Netherlands